DIE GERBEXTRAKTE

EIGENSCHAFTEN, HERSTELLUNG UND VERWENDUNG

VON

PETER PAWLOWITSCH

DIREKTOR DES WISSENSCHAFTLICHEN LEDERFORSCHUNGSINSTITUTES IN MOSKAU, DOZENT DES CHEMISCH-TECHNOLOGISCHEN MENDELEJEW-INSTITUTES, TECHNISCHER LEITER DER AKTIENGESELLSCHAFT „DUBITEL“ FÜR DEN BAU DER EXTRAKT-FABRIKEN

MIT 107 ABBILDUNGEN IM TEXT UND 58 TABELLEN

WIEN

VERLAG VON JULIUS SPRINGER

1929

ISBN 978-3-7091-3045-2 ISBN 978-3-7091-3061-2 (eBook)
DOI 10.1007/978-3-7091-3061-2

Vorwort

Von altersher wurde allgemein, und wird teilweise auch jetzt noch, das Leder in Gruben (im Versatz) gegerbt, indem man die Häute, resp. Blößen, schichtweise mit zerkleinertem, rohem Gerbmaterial (Rinden, Früchten u. a.) bestreute, dann mit Wasser oder mit Gerbbrühe übergoß und den Gerbvorgang sich selbst überließ. Es ist dies die Periode der natürlichen Gerbung, welche ähnlichen Perioden in anderen Gewerbszweigen entspricht. In der Gegenwart haben wir Gelegenheit, den Übergang der Gerberei zu wissenschaftlich begründeter Weiterentwicklung in chemischer Hinsicht zu verfolgen. Es werden immer weniger rohe Gerbmaterialien verwendet, statt dessen werden letztere auf Brühen und Extrakte verarbeitet und kommen dann in dieser konzentrierten Beschaffenheit zur Anwendung. Oft werden diese Extrakte noch besonderer Behandlung unterworfen, um sie für die Gerberei besonders geeignet zu machen. Außerdem kamen neue mineralische, synthetische und sulfitzellulosische Gerbmittel in Gebrauch. Diese Gerbmethoden mit Hilfe von chemischen Gerbmitteln, d. h. mit Extrakten und künstlichen Stoffen, bilden die Errungenschaften unserer Zeit. Die Lederindustrie verläßt allmählich die natürliche Gerbung, um sich in steigendem Maße der chemischen zuzuwenden. Besonders anschaulich tritt dieses z. B. in den Vereinigten Staaten von Nord-Amerika zutage, wenn wir den Verbrauch an rohen Gerbmaterialien und Gerbextrakten während des Zeitraumes von 1905 bis 1919 verfolgen. Während dieser Zeit hat sich die Menge der rohen Gerbmaterialien um das 2,65fache vermindert, dagegen ist die Extraktmenge um das 7,5fache gestiegen. Im Jahre 1919 betrug die Gerbstoffmenge, welche in Gestalt von Rohmaterial verbraucht wurde, 30% der Gesamtmenge und diejenige, welche als Extrakt in Anwendung kam 70%.

Die Ursachen, welche die Entwicklung der Lederindustrie in der angegebenen Richtung leiten, sind hauptsächlich finanziellen, wirtschaftlichen und warenkundlichen Charakters, insofern die chemische Gerbung ein billiges Produkt liefert, das besser den Forderungen der verarbeitenden Industrien und dem Geschmack der Verbraucher angepaßt werden kann. Die frühere langdauernde, natürliche Gerbung bedarf großen Kapitalaufwandes, großen Betriebskapitals.

Seit ungefähr 40 Jahren sind in Europa Diffuseure zur Bereitung von Gerbbrühen in den Gerbereien in Gebrauch. Dadurch wurde es möglich, beim Gerben Brühen von bestimmter Konzentration anzuwenden und die Dauer der Gerbung von 1—2 Jahren auf einige Monate abzukürzen. Das Auslaugen der Gerbmaterialien wuchs sich zu einem selbständigen Gewerbszweige aus, zuerst in Europa und später in Amerika, besonders in Süd-Amerika, wo die Gerbextraktindustrie aus Quebracho zu ungeahnter Entfaltung kam.

Die Entwicklung der Extrakt-Industrie gab den Anstoß zur Rationalisierung der alten Verfahren und zur Einführung chemischer Methoden in die Gerberei, was mit wesentlicher Abkürzung und Verbesserung der Prozesse verbunden war.

Der berühmte, jetzt verstorbene italienische Gerbereichemiker Ettore Andreis prägte schon im Jahre 1898 den Spruch: „L'extrait est un indicateur en tannerie" — „Extrakte sind die Indikatoren in der Lederindustrie", womit er sagen wollte, daß ebenso wie in der Chemie die Indikatoren dazu dienen, einen bestimmten Gehalt der Lösungen zu charakterisieren, die Verwendung von Extrakten in der Gerberei als Maßstab für die vorgeschrittene Entwicklung dient und die Rationalisierung der Gerbmethoden andeutet. Die Extrakte ermöglichten zuerst die Abkürzung der Prozesse auf 6—4 und 2 Monate, weiter auf einige Wochen und schließlich auf Tage.

Die steigende Nachfrage der Lederindustrie nach Gerbextrakten pflanzlichen Ursprungs, im Verein mit den zunehmenden Schwierigkeiten dieselbe zu befriedigen, bringt es mit sich, nach neuen Gerbmaterialien zu forschen und die vorhandenen möglichst rationell auszunutzen.

Das Buch, welches ich hiermit dem fachmännischen Leserkreise übergebe, stellt sich zur Aufgabe, die physikalisch-chemische Natur der Extrakte, ihre Technologie und ihre Aussichten zu behandeln. Ihm ist meine im Jahre 1928 in russischer Sprache erschienene Arbeit zugrundegelegt worden, wobei sämtliche Forschungsergebnisse bis zum Jänner 1929 Berücksichtigung gefunden haben.

Es ist wohl kaum zu erwarten, daß das Thema in einem ersten Versuche mit aller Vollständigkeit bewältigt wird, doch hoffe ich trotzdem, den betreffenden Kreisen durch mein Buch Nutzen und Anregung zu bringen und bitte, mich auf Mängel aufmerksam zu machen, damit dieselben in späteren Auflagen beseitigt werden können.

Moskau, im Sommer 1929.

P. Pawlowitsch.

Inhaltsverzeichnis

A. Allgemeiner Teil

Seite

I. Die Kennzeichnung der Gerbextrakte 1

1. Gambir, Katechu 1
2. Mangrove-Extrakt 2
3. Mimosa-Extrakt 2
4. Kastanienextrakte 3
5. Hemlock-Extrakte, Fichtenrindenextrakte 3
6. Quebracho-Extrakte 4
7. Sumach-, Mirobalanen- und Valonea-Extrakte 5
8. Eichenholzextrakte 5
9. Tizrahextrakt 6
10. Badanextrakt 7
11. Sulfitzellulose-Extrakt 7

II. Vergleich der Gerbwirkung von Extrakten und rohen Gerbmaterialien 9

III. Die gerbereitechnologische Charakteristik der Extrakte 13

1. Die Dispersität der Gerbstoffe 13
2. Die Bestimmung der adstringierenden Wirkung der Gerbstoffe . . . 18
3. Der Zusammenhang zwischen der adstringierenden Wirkung und der elektrischen Ladung der Gerbstoffteilchen 20
4. Mittel zur Herbeiführung von Dispersitätsveränderungen 26
5. Veränderungen der Dispersität auf mechanischem Wege 31
6. Vergleichung der Extrakte bezüglich der Geschwindigkeit ihrer Diffusion in die Blöße 36
7. Vergleich der Extrakte nach der Durchgerbungszahl 43
8. Der Einfluß von pH auf die Gerbung 52
9. Die Chemie der Gerbstoffe 61
10. Die Rolle der Nichtgerbstoffe 64
11. Praktische Folgerungen für den Gerber 69
12. Unlösliche Stoffe (NL) im Eichenholzextrakt 72
13. Methodik der Bestimmung des Unlöslichen 73
14. Der Einfluß der Konzentration auf die unlöslichen Stoffe 75
15. Die Wirkung von pH auf NL 76
16. Die Rolle des Unlöslichen bei der Gerbung 77
17. Die Reinigung der Brühen von den unlöslichen Stoffen 78
18. Die Färbung der Extrakte 79
19. Die Oxydation durch Lufteinwirkung 81
20. Die Sulfitierung 83
21. Die Löslichmachung und Sulfitierung der trockenen Extrakte . . . 88
22. Die Viskosität 90
23. Spezifisches Gewicht 92

B. Spezieller Teil

Seite

I. Die Zerkleinerung der Gerbmaterialien 94
1. Der Einfluß der Zerkleinerung auf die Extraktion 94
2. Das Schneiden des Holzes und Berechnung des hiezu erforderlichen Arbeitsaufwandes 96
3. Maschinen für die Zerkleinerung von Holz 101
4. Maschinen zur Zerkleinerung von Rinden 114

II. Die Diffusion 120
1. Das Prinzip des Gegenstroms 122
2. Der Apparat von Rider 122
3. Der Apparat von Tournecroft 123
4. Die Diffusionsbatterie 123
5. Der Einfluß der Temperatur auf die Extraktion 123
6. Der Einfluß der Temperatur auf die Auslaugung von Eichenholz, Weidenrinde, Fichtenrinde und Badanwurzel 126
7. Die Untersuchungen Gayleys 128
8. Die Wirkung der Extraktionsdauer 130
9. Der Einfluß des Brühenwechsels 130
10. Der Einfluß des Verhältnisses von Wasser zu Material 133
11. Betriebsdaten 133
12. Die fraktionierte Diffusion 134
13. Die Beschaffenheit des Wassers 140
14. Der Einfluß von pH 140
15. Die Extraktionsmethoden 141
16. Offene Diffuseure 146
17. Vergleichung der offenen Diffusion mit der geschlossenen 149
18. Die geschlossene Diffusion 152
19. Die geschlossene Diffusion nach System Neubäcker 157
20. Zwischengeschaltetes Sammelgefäß für starke Brühen 159
21. Die kontinuierliche Diffusion 160
22. Geschlossene Vakuumdiffuseure 165
23. Diffusion in Bewegung 166
24. Die Extraktion von Fichtenrinde 166
25. Praktische Angaben über das Extrahieren von Eichenholz 166
26. Die Auslaugung mit Bisulfit 167
27. Vergleich der Gerbstoffauslaugung aus reichen und armen Materialien 167
28. Unbestimmte Gerbstoffverluste 168
29. Berechnung des Dampfverbrauchs bei der Diffusion 168

III. Die Verdampfung der Brühen 170
1. Die Rolle des Vakuums 170
2. Systeme von Verdampfapparaten 171
3. Die vorteilhafteste Verdampfung 176
4. Das Kondensat 180
5. Der Belag 180
6. Gefäße für den Extrakt 180
7. Trockener Extrakt 181
8. Herstellungsmethoden für trockenen Extrakt 182

IV. Reinigung der Brühen 185
1. Die Abkühlung 186
2. Das Absetzen und Filtrieren 186
3. Die Methode von Gondolo 190
4. Das Zentrifugieren 192
5. Die Reinigung der Sulfitzellulose-Ablaugen 194

Seite

V. Transportvorrichtungen 195

1. Der Elevator 195
2. Das Förderband 196
3. Die Schnecke 197
4. Der Schlepperförderer 199
5. Der pneumatische Förderer 199

VI. Die Verwertung der Lohe 200

VII. Allgemeine Angaben für die Berechnung von Extraktfabriken . . . 217

1. Die normale Leistungsfähigkeit einer Fabrik 217
2. Der Energieverbrauch 218
3. Der Dampfverbrauch 219
4. Der Wasserverbrauch 221
5. Die Bodenfläche der Fabrik und ihres Gebiets 221
6. Ausländische Extraktfabriken 221

Anhang

VIII. Die Entwicklungsmöglichkeiten der Fabrikation von Gerbextrakten in der U. d. S. S. R. 224

1. Weltgerbstoffverbrauch und -produktion 224
2. Bedarf an Gerbstoffen in der U. d. S. S. R. 226
3. Weltextraktproduktion 226
4. Gehaltreiche Gerbmittel in der U. d. S. S. R. 227
5. Die Kastanie 228
6. Die Eiche 229
7. Gerbstoffgehalt in der Höhenrichtung der Eiche 230
8. Gerbstoffgehalt im Querschnitt und nach der Höhe der Kastanie . . 232
9. Die Eichenwälder 233
10. Vergleich der Eichenwälder mit den Quebrachowäldern 235
11. Die Fichte 236
12. Die Weide 240
13. Die Eichenrinde 240
14. Die Mimosarinde 241

Schlußbetrachtung 241

Namenverzeichnis 243

Sachverzeichnis 245

I. Allgemeiner Teil

I. Die Kennzeichnung der Gerbextrakte

Die Gerbextrakte sind mehr oder weniger konzentrierte Auszüge aus pflanzlichen Gerbmaterialien.

Nach dem Konzentrationsgrad unterscheidet man flüssige, deren Dichte nicht weniger als 20° Bé (sp. Gew. 1.162), meistens 25—30° Bé (sp. Gew. 1.21—1.263) beträgt, teigförmige und feste Extrakte von brauner bis schwarzbrauner Farbe vom sp. Gew. 1.4—1.5.

Die am längsten bekannten Vertreter der Gerbextrakte sind der Gambir- und Katechu-Extrakt, fälschlich als japanische Erde bezeichnet, die schon seit Jahrhunderten in Ostindien und auf Ceylon verwendet werden.

1. Gambir, Katechu. Gambir wird aus den Blättern und jungen Trieben von Uncaria Gambir Roxb., Katechu aus dem Holz von Acacia Katechu durch bloßes Auskochen und Eindicken in offenen Kesseln über freiem Feuer gewonnen.

Der eingedickte Gambirextrakt erhärtet in flachen hölzernen Kästen und wird hierauf in Würfel geschnitten, die man im Schatten austrocknen läßt und als Würfelgambir von matter gelblichbrauner äußerer Farbe verkauft, oder auch in Form von gelb gefärbten Klumpen, die in ein Bastgeflecht eingenäht und außen hart, innen teigartig sind.

Der eingedickte Katechu-Extrakt gelangt in Form von dunkel schwarzbraunen Klumpen zum Verkauf.

Die mittlere Zusammensetzung von Würfelgambir ist:[1] T 40.0, NT 32.0, Unlösl. 12.0, Wasser 16.0; von Gambir in Klumpen: T 27.0, NT 25.0, Unlösl. 8.0, Wasser 40.0; von Katechu: T 35—45, Wasser 20—12

Während der letzten 20 Jahre haben zwei Fabriken die Verarbeitung von Gambir nach den neuesten Methoden aufgenommen. Die nur wenig Unlösliches enthaltenden, unter der Bezeichnung Indragiri gambir und Asahan gambir bekannten Produkte, haben folgende Zusammensetzung: Indragiri gambir: T 30.5, NT 29.5, Unlösl. 3.5, Wasser 36.5; Asahan gambir: T 37.0, NT 28.5, Unlösl. 4.0, Wasser 30.5.

---

[1] Alle Analysenwerte sind in % nach der internationalen Schüttelmethode angegeben. T = Gerbstoffe (Tannide), NT = Nichtgerbstoffe.

Gambir findet ausgebreitete Verwendung für die Gerbung leichter Ware, außerdem für die Gewebefärberei und für Färbung und Beschwerung von Seide. Er ist in kaltem Wasser schwer löslich, löst sich aber beim Erwärmen. Bei der Abkühlung konzentrierter Lösungen scheidet sich eine große Menge unlöslicher Substanz aus, bestehend aus Katechin.

Katechu wird hauptsächlich in der Textilindustrie verwendet, seltener in der Gerberei, da er ein dunkleres und weicheres als das mit Gambir gegerbte Leder ergibt.

2. Mangrove-Extrakt. Der historisch nächstfolgende ist der Extrakt aus der Rinde der Mangrovearten, tropischer und subtropischer Bäume aus den Familien der Rhizophoraceen und Combretaceen, die in Ostafrika, Ostindien und Australien vorkommen.

Die Mangroverinde bildet dicke Stücke, innen von rotbrauner, außen von grauer Farbe und ist sehr reich an T, bis 40% bei 14.5% Wassergehalt.

Die aus Borneo und dem malayischen Archipel stammenden Extrakte gelangen hauptsächlich in trockener Form auf den Markt. Ihre Zusammensetzung ist: T 62, NT 21, Unlösl. 1.5, Wasser 15.5.

Die Extrakte, ebenso wie die Rinde selbst, zeichnen sich durch eine intensive Rotfärbung aus, zu deren Milderung oft ein hellgelber Farbstoff oder Sulfitzellulose-Extrakt zugesetzt wird. Solche Gemische werden häufig als Quebrachoextrakt angeboten.

3. Mimosa-Extrakt. 1824 wird über die erste Einfuhr von festem Mimosa-Extrakt aus Süd-Wales nach Deutschland berichtet. Aber es ist zweifelhaft, ob dieser Extrakt für die Gerberei von praktischer Bedeutung war. Die Fabrikation von Mimosa-Extrakt gewann erst im Jahre 1915 in der Provinz Natal in Südafrika Wichtigkeit, entwickelte sich dort auch rasch und erreichte 1923 die Produktionsziffer von 15.500 t festen Extrakts.

Mimosa-Extrakt wird aus der Rinde der Mimosa, einer Akazienart (Acacia pycnantha, mollissima, decurrens, usw.) gewonnen, die ursprünglich in Australien vorkam und dann in der Provinz Natal und an anderen Orten kultiviert wurde.

Die Rinde enthält im Mittel T 35 bei 14.5% Wassergehalt: T schwankt zwischen 20.5 und 46.5.

Flüssige Mimosa-Extrakte von 18—25° Bé haben T 20—34, NT 7—11, Unlösl. 0—0.15, Wasser 55—70; von 30° Bé T 40, NT 12, Unlösl. 0.5, Wasser 47.5.

Feste Extrakte: T 60—67, NT 13—18, Unlösl. 0.5—2, Wasser 16—22.

Im Handel befindet sich noch ein Mimosa-Extrakt D, der nach Ansicht vieler aus Mimosarinde gewonnen wird. In Wirklichkeit handelt es sich um einen kalt löslichen, durch Sulfitierung nach dem Verfahren von Lepetit, Dollfus und Gansser gewonnenen Quebrachoextrakt, der bei 28° Bé folgende Zusammensetzung aufweist: T 36, NT 10, davon 6.5 Mineralsubstanz; Unlösl. 0.0, Wasser 54.0.

4. Kastanienextrakte. 1818 wurde der Kastanienholzgerbstoff entdeckt und in der Seidenfärberei verwendet. Seit dieser Zeit hat sich in Frankreich eine sehr primitive, hauptsächlich für die Zwecke der Seidenfärberei arbeitende Kastanienholzextrakterzeugung entwickelt, die Verdampfen in offenen Gefäßen anwendet.

Erst Ende der Siebzigerjahre kam die Kastanienholzextrakterzeugung für Gerbereizwecke unter Verwendung von Vakuumverdampfapparaten auf. Flüssige Kastanienholzextrakte von 25—30° Bé sind im Mittel wie folgt zusammengesetzt: T 28—34, NT 11.5—13, Unlösl. 0.5, Wasser 60—52.5, feste Extrakte: T 66, NT 18, Unlösl. 1.0, Wasser 15.0.

Den Anstoß zur Entwickelung dieser Fabrikation gaben zwei Entdeckungen: die 1879 von Gondolo gefundene Reinigung der Extrakte mittels Blutalbumin oder Blut und die aus dem Jahre 1876 stammende Anwendung von Bisulfit zur Aufhellung der Extrakte. Kurz nach Bekanntwerden dieser Entdeckungen wurde in Frankreich eine große Fabrik zur Herstellung von Eichen- und Kastanienholzextrakten erbaut. Auf diese Zeit geht auch der Bau der großen Eichenholzextraktfabrik in Slavonien zurück. Die Erzeugung von Eichenholzextrakt hat dann in Slavonien und Kroatien, teilweise in Frankreich und während der Kriegsjahre in Deutschland und Rußland einen großen Aufschwung genommen.

5. In den Siebzigerjahren begann in Nordamerika die Erzeugung von **Hemlock**-Extrakten aus der Rinde des unserer Weißtanne ähnlichen Nadelbaumes Hemlock.

In dieselbe Zeit reichen die Anfänge der **Fichtenrinden**-Extraktfabrikation in Deutschland zurück.

Flüssige Extrakte von 19—24° Bé haben T 17.5—22.5, NT 12.5—19, Unlösl. 0—2, Wasser 70—66, feste Extrakte T 40—50, NT 34.5—43, Unlösl. 2—5, Wasser 20—7 (nach Paessler).

Feste Laboratoriumfichtenrindeextrakte (nach P. Jakimow)	T	NT	Anteilzahl[2]	Unlösl.	Glukose	PH bei 2° Bé.	Ausgesalzene mit 30% NaCl.	Viskosität bei 10 Bé. u. 22° C. in Engler-Graden
Unveredelt								
natürl.	37.94	49.74	43.3	12.3	11.2	3.67	37	2.49
Sulfitiert[1]	42.4	51.6	44.5	6.0	10.3	4.77		1.58
Veredelt								
natürl.	58.4	31.1	65.3	10.6	3.16	4.17	63.5	2.17
Sulfitiert[1]	62.7	32.2	65.3	4.2	2.70	4.94		1.49

[1] Mit 35% $Na_2SO_3 + NaHSO_3$ (zu gleichen Teilen) bezogen auf NL (bei 96° C im Verlaufe von 24 Stunden bearbeitet).

[2] Die Anteilzahl ist die auf 100 Teile löslicher Stoffe entfallende Gerbstoffmenge.

6. Quebracho-Extrakte. Einen besonderen Aufschwung nahm die Extraktindustrie, als in den Siebzigerjahren die gerbenden Eigenschaften des rötlichen, sehr harten Quebrachoholzes entdeckt wurden. Der Quebrachobaum (Quebrachia Lorentzii, Quebracho-colorado), wächst in großen Mengen hauptsächlich in Argentinien und in manchen Teilen von Paraguay und Bolivien. Die mittlere Zusammensetzung des Holzes ist T 19, NT 2.5, Unlösl. 59.5, Wasser 19. Anfangs hatte die Entwicklung dieser Industrie stark darunter zu leiden, daß die Quebrachobrühen reich an unlöslichen, Phlobaphene genannten Stoffen sind. Erst nachdem Lepetit, Dollfuß und Gansser im Jahre 1897 vorgeschlagen hatten, die Phlobaphene durch Behandlung mit Sulfiten und Bisulfiten der Alkalimetalle löslich zu machen, hat sich die Fabrikation der Quebrachoextrakte kräftig entwickelt.

Im Handel kommen zwei Sorten von Quebrachoextrakten vor: 1. der natürliche, beim Erwärmen in Wasser lösliche, in Amerika „Extracto comun“ oder „Extracto ordinario“ genannt und äußerlich durch eine schwarze Marke auf der Verpackung kenntlich und 2. der sulfitierte, in der Kälte lösliche, vor dem Krieg unter der Marke Crown (spanisch Corona) bekannt und seit dem Krieg auch unter anderen Bezeichnungen wie Samuhi claro, Sol, Optimus, Tanextra und Luna, auf den Markt kommend. Alle diese Markenbezeichnungen sind in roter Farbe gehalten.

Die führende Rolle in der Quebrachoextraktindustrie hat die englische Firma Forestal inne.

Die Zusammensetzung der natürlichen Marke des Quebrachoextrakts nach Analysen der Versuchsanstalt des Ledersyndikats in Moskau ist folgende:

	Chaco	Femenia	Formosa	Las Palmas	Superior	Supremo	Chucha	Apex
T	72.74	69.91	65.26	71.24	69.60	68.34	67.89	63.68
NT . . .	4.81	3.17	5.26	5.06	4.46	5.12	4.33	5.26
NL . . .	6.52	8.68	9.57	10.32	8.00	7.84	8.16	9.20
H_2O . . .	15.93	18.24	19.91	13.38	17.94	18.70	19.62	21.86

Die mittlere Zusammensetzung eines natürlichen und sulfitierten argentinischen Quebrachoextraktes ist die folgende:

	Natürl. Extr.	Sulfit. Extr.
Gerbstoffe (T)	63.0 %	66.5 %
Nichtgerbst. (NT)	8.0	11.5
Unlöslich	7.0	0.0
Wasser	22.0	22.0
	100.0	100.0
Asche	0.6—1.2	5.0—6.0

Unter den Bäumen des Quebrachogebietes kommt für die Verarbeitung zu Extrakt noch in Betracht das Kernholz des Urunday, welches 11—14% T enthält. Der Urundaybaum (Astronium Balansae

Engl) hat in seiner Form und seinen Eigenschaften eine sehr große Ähnlichkeit mit dem Quebracho. Wie der Quebrachoextrakt, kommt auch der Urundayextrakt in zwei Sorten in den Handel, entweder als warmlöslicher (natürlicher) oder als kaltlöslicher (sulfitierter) Extrakt.[1] Die Zusammensetzung ist folgende: T 57—64, NT 17—14, Unlösl. 7—0,3, Wasser 22 (Paessler).

7. Sumach-, Mirobalanen- und Valonea Extrakte. Außer den bisher aufgezählten in der Gerberei am verbreitetsten Extrakten sind in den letzten 20 Jahren viele andere aufgetaucht: aus den Blättern des sizilianischen Sumach, aus den Früchten der kleinasiatischen und griechischen Eichenarten — Valonea und Trillo, aus den Früchten eines ostindischen Baumes — Mirobalanen u. a.

Die Sumachextrakte sind gewöhnlich flüssig, von 22—30° Bé, mit einem Gehalt von: T 22—28, NT 13—19, Unlösl. 1.0 und Wasser 64—52.

Mirobalanenextrakte sind gleichfalls meistens flüssig — 22° Bé mit: T 23, NT 11, Unlösl. 1.0, Wasser 65; seltener fest mit T 53, NT 25, Unlösl. 3.0, Wasser 19.

Die flüssigen Valoneaextrakte von 25° Bé haben: T 27.5, NT 11.0, Unlösl. 0.5, Wasser 61.0; die festen der bekannten Marke „Valex" haben: T 63, NT 29.0, Unlösl. 0.5, Wasser 7.5.

Valex wird in Pulverform verkauft und ist in kaltem Wasser leicht löslich.

8. Eichenholzextrakte. Ich führe unten Vergleichsanalysen von im Ausland, hauptsächlich in Jugoslavien und in der U. d. S. S. R. (Maikop Kuban und Kiew) hergestellten Eichenholzextrakt an.

Nach den Angaben der Freiberger Versuchsanstalt ist Eichenholzextrakt seit 22—24 Jahren in drei verschiedenen Dichten auf den Markt gekommen: flüssig mit 55—67% Wasser, konzentrierter mit 38—45% Wasser und fest mit 14—22% Wasser.

Die flüssigen Extrakte haben eine Dichte von 21—27° Bé und einen Gerbstoffgehalt von 22—30% nach der Filtriermethode und von 20—28% nach der Schüttelmethode.[2]

Die festen Extrakte haben folgende Zusammensetzung (die Werte nach der Filtriermethode sind in den ersten, die nach der Schüttelmethode in den zweiten Kolonnen angeführt):

	Im Mittel		Grenzen	
T	59.0 %	55.0 %	54—63 %	50—59 %
NT	20.0	24.0	15—28	19—32
Unlösl.	2.5	2.5	0.5—5.0	5—5.0
Wasser	18.5	18.5	12.0—22.5	12.0—22.5
Anteilzahl	74.7	69.6		

[1] W. Vogel, Gerber, 1927, 39.

[2] Die von Paessler nach der Filtriermethode ermittelten Werte wurden durch Multiplikation mit dem von Paessler und uns abgeleiteten Koeffizienten 0.925 auf die Schüttelmethode umgerechnet.

Bis zum Jahre 1927 wurde der Eichenholzextrakt in Maikop in einer Stärke von etwa 30° Bé hergestellt. Seit 1927 ist man zur Erzeugung von festem Extrakt übergegangen, der infolge Wegfalls der teuren Faßtara und ihres Ersatzes durch Jutesäcke um ca. 10% und durch Verminderung der Transportkosten weiter verbilligt wurde, bei Verfrachtung auf 500 Kilometer beispielsweise um 4% seiner Gestehungskosten.

Die Analyse der Maikop- und Kiew-Extrakte nach der Schüttelmethode ergab folgendes Resultat:

	Bé	T %	NT %	Unlösl. %	Wasser%	Anteilz. %
Maikop	24	23,2	15,47	0,45	60,88	59,3
	trocken	48,9	31,97	1,13	18,0	59,6
	trocken	50,65	32,55	1,97	14,83	60,9
Kiew	24	23,45	15,06	0,68	60,81	60

Wie aus dem Vergleich unseres Extraktes mit dem ausländischen hervorgeht, ist der erstere, was die Anteilzahl betrifft, bedeutend unterlegen.

Der Verdacht liegt nahe, daß die in Freiberg untersuchten Eichenextraktmuster mit Extrakten von höherer Anteilzahl, wie Kastanien- und Quebrachoextrakt, verfälscht waren.

Nach den zahlreichen 1914—1918 von Smaič und Wladika[1 2] nach der Schüttelmethode ausgeführten Analysen hat ein normaler flüssiger Eichenholzextrakt von 22.7° Bé eine Anteilzahl von 67.2 (T 24.8, NT 12.1, Unlösl. 0.5), ein konzentrierter eine solche von 65.5 (T 37.4, NT 19.7, Unlösl. 0.7) und ein fester 69.2 (T 63.1, NT 28.0, Unlösl. 1.9); die schlechtesten Proben flüssiger Extrakte hatten 59.6 (T 23.4, NT 15.9, Unlösl. 0.5). Trotzdem ist auch nach diesen Angaben der ausländische Extrakt besser als der unserige. Einerseits ist die Anteilzahl des ausländischen Eichenholzes etwas höher als die des unserigen, anderseits ist es möglich, daß die ausländischen Extrakte aus von Rinden und Splint befreitem Holz bereitet werden.

Auch bezüglich des Gehalts an Unlöslichem ist unser Extrakt schlechter, da bisher ein ungereinigter Extrakt hergestellt wird.

9. Tizrahextrakt. Tizrah (Rhus pentaphylla) ist ein dorniger Baumstrauch; ziemlich verbreitet ist er in Marokko, Algier und Tunis. Das Tizrahholz enthält 1,3 Prozent mehr T und 0,6 Prozent mehr NT als Quebracho (nach Vogel, Ledertechnische Rundschau, 1928, S. 201). Natürlicher Tizrahextrakt enthält T 67, NT 8,5, Unlösl. 2,5, Wasser 22. In seinen gerberischen Eigenschaften kommt er dem

[1] In allen Literaturangaben wird der Name der Zeitschrift oder des Buches an erster Stelle angeführt, die folgende Zahl bezeichnet das Jahr des Erscheinens, die nächste die Seite und die letzte, wenn nötig, den Band oder die Ausgabe.

[2] Collegium, 1921, 147.

Quebracho nahezu gleich. Seine Sulfitierung bereitet größere Schwierigkeiten als beim Quebracho und ist nicht zu empfehlen.

10. Badanextrakt. Dieser wurde im Großbetrieb zuerst in der Großen Lederfabrik in Taganrog im Juni 1927 aus Badanwurzeln folgender Zusammensetzung gewonnen: Wasser 10.5, Extraktiv-Stoffe 42.08, Unlösl. 1.22, lösliche Stoffe 40.86, NT 20.66, T 20.17, Anteilzahl 49.4.

Nach Bereitung einer kalten Fraktion bei 23° C, wurde das Material bei 95° C ausgelaugt und die erhaltene Brühe von 1.5° Bé in Kestner-Apparaten auf 20° Bé eingedampft.

Die Extrakte hatten folgende Zusammensetzung:

	Bé	Wasser	Trockenrückstd.	Lösl. St.	Unlöslich	NT	T	Anteilzahl
Extrakt der kalten Fraktion bei Zerkleinerung auf Teilchen von 6—15 mm Durchmesser	23°	60.53	39.47	39.40	0.07	28,2	11.2	28.4
Entsprechender Extrakt d. heißen Fraktion	20°	63.3	36.67	35.26	1.41	13.49	21.77	61.5
Extrakt der heißen Fraktion bei Zerkleinerung auf Teilchen von 3—6 mm Durchmesser.	20°	65.81	34.19	33.04	1.15	11.44	21.60	65.4

Die Extrakte der heißen Fraktion übertreffen in der Anteilzahl unsere Eichenholzextrakte.

Es soll erwähnt werden, daß bei der Bereitung von Badanextrakt in Taganrog folgende Umstände sich ungünstig geltend machten: 1. Die Temperatur des Wassers für die kalte Fraktion betrug infolge der Jahreszeit 22—26° C, was den Verlust von T in der kalten Fraktion begünstigt; 2. das Meerwasser mit einem Salzgehalt von 0.4 g i. l u. pH 8;[1] die Salze drückten die Anteilzahl herab und pH unterstützte den Verlust von Gerbstoffen in der kalten Fraktion. Infolgedessen betrug der Gerbstoffverlust in der kalten Fraktion 26% der gesamten Gerbstoffmenge und in der Lohe 7%.

11. Sulfitzelluloseextrakte erhält man aus der Zelluloseablauge, die bei der Zellulosefabrikation in großen Mengen abfällt. Die Zellu-

---

[1] Erklärung von pH s. unten S. 29.

loseextrakte werden gewöhnlich bis zu 30° Bé eingedampft, selten zu Pulver.

Die Zusammensetzung ist folgende:[1]

Ursprung	Handelsbezeichnung	°/Be.	Gerbstoffe (T) %	Nichtgerbstoffe (NT) %	Asche %	Wassergehalt %	PH
Deutschland (Waldhof Manheim) . . .	Hansa	28	18.1	27.3	9.1	54.6	1.9
Byk-Guldenwerke Berlin	Saxonia	27.9	18.2	27.7	10.5	54.1	2.3
Amerika (Rebeson Process Cy New-York)	Super Spruce	30	23.9	28.6	3.4	47.5	2.0
Frankreich (Binders International Cy Paris	Quicotan N	27.8	24.7	21.8	2.0	53.5	1·8-1·9

Amerikanische Zellulose-Extrakt nach der Methode ALCA analysiert, haben im Vergleich mit anderen gebräuchlichen Extrakten folgende Zusammensetzung.[2]

	Gerbstoffe	Nichtgerbstoffe	Anteilzahl
Sulfitzelluloseextrakt N 1	28.33	24.8	53.4
„ N 2	28.79	24.21	54.3
„ N 3	25.96	23.82	52.1
„ N 4	28.90	16.68	60.8
Kastanienholzextrakt	27.33	13.74	66.5
Quebrachoextrakt sulfit.	36.60	10.45	77.8

Die amerikanischen Extrakte werden nach der Methode hergestellt, die in „The Leather Manufacture“, 1926, S. 73, beschrieben ist.

Nach Versuchen von Wallace und Bowker und später Shemotschkin[3] besitzt Sulfitzelluloseextrakt unzweifelhaft gerbende Eigenschaften, besonders wenn er mit anderen Gerbmaterialien, wie z. B. Quebrachoextrakt, Kastanienholzextrakt, gemischt wird.

Nach dieser Aufzählung der gebräuchlichsten Extrakte sehe ich davon ab, ihre Untersuchung und ihre charakteristischen chemischen Eigenschaften zu erörtern, da dies schon von Grasser[4] und Gnamm[5] in ihren Büchern in ausgezeichneter Weise besorgt wurde.

---

[1] Le Cuir Technique, 1928, 158.

[2] Wallace u. Bowker, „Use of sulfite cellulose extract as a tanning material“, Bureau of Standards of the Department of Commerce in Washington, 1927 (U. S. A.).

[3] Westnik d. Lederind. u. d. Lederh., 1928, 368 u. 1929, 48.

[4] Grasser, Handbuch f. gerberei-chem. Laboratorien, 1929, Wien.

[5] „Die Gerbstoffe und Gerbmittel“. Von H. Gnamm, Stuttgart, 1925.

Statt dessen will ich mich mit der Kennzeichnung der Extrakte vom gerbereitechnologischen Standpunkt befassen.

II. Vergleich der Gerbwirkung von Extrakten und rohen Gerbmaterialien.[1]

Vor allem soll folgende Frage beantwortet werden: Sind die gerbenden Eigenschaften der Extrakte gleichwertig denjenigen der entsprechenden Gerbmittel, aus denen sie hergestellt wurden, d. h. erhält man ein gleichwertiges Leder, gleichgültig ob man mit Extrakten gerbt oder mit den rohen Gerbmaterialien im Versatz, bei sonst ganz gleichen Bedingungen der Vorbereitung der Häute, der Gerbdauer und Zurichtung?

Sowohl die Gerbextrakte, welche Pyrogallolgerbstoffe, als auch diejenigen, welche Pyrokatechingerbstoffe enthalten, setzen bei langdauerndem Stehen an der Luft einen Niederschlag in den Gerbbrühen ab. Im ersten Falle besteht derselbe in der Hauptsache aus Ellagsäure, einem weißen Niederschlag, der sogenannten „Blume“, im letzten Falle sind es die sogenannten Rotstoffe, bezw. Phlobaphene. Die Ellagsäure wird in erheblicher Menge gebildet, wenn die Extraktion in kochendem Zustande ausgeführt wird, was sich daraus erklärt, daß die Ellagengerbstoffe zersetzt (hydrolysiert) werden, da sie Glukoside der Ellagsäure vorstellen. Der Zerfall letzterer wird außerdem auch noch durch die Einwirkung von mineralischen Säuren, Fermenten und Luftsauerstoff verursacht. Die Phlobaphene bilden sich als Kondensations- oder Oxydationsprodukte aus den Pyrokatechingerbstoffen, bei Einwirkung von Säuren oder des Luftsauerstoffs oder beim Erwärmen der wässerigen Lösungen. Es sind z. B. unter Wasserabspaltung entstandene Polymerisationsprodukte aus 2, 3 und mehr Gerbstoffmolekülen. Die Ellagsäure und die Phlobaphene spielen eine wichtige Rolle in der Sohlenlederherstellung, indem sie unter entsprechenden Bedingungen sich im Innern der Haut absetzen und dem Leder Härte, Stand, Wasserundurchlässigkeit und Gewicht verleihen.

Der Niederschlag in der Haut kann auf dreierlei Weise zustande kommen:

1. Die entsprechenden Gerbstoffe dringen in die Haut ein und zerfallen, oxydieren oder polymerisieren sich im Innern des Hautgewebes, wobei sie die Blume oder die Phlobaphene bilden. In diesem Falle ist es gleichgültig, ob wir die Häute in Gerbbrühen oder im Versatz gerben.

2. Die Stoffe, welche sich schon in unlöslichem Zustand befinden, sei es im Versatz oder in den Gerbbrühen, können auch in die Haut eindringen und sich dort absetzen, auf Grund zweier physikochemischer Gesetze: das erste sagt aus, daß Stoffe, welche praktisch

[1] P. Pawlowitsch, Collegium, 1926, 441.

als unlöslich gelten, immerhin eine minimale Löslichkeit besitzen, die durch genaue analytische Verfahren festgestellt werden kann, d. h. es gibt keine absolut unlöslichen Stoffe; das zweite Gesetz ist dasjenige des chemischen Gleichgewichts, welches aussagt, daß, sobald ein gewisser Anteil eines gelösten Stoffes in Reaktion getreten ist, ein neuer Anteil des Stoffes gelöst wird, usw. In unserem Falle: wenn ein Anteil der Gerbstoffe von der Haut gebunden wird, so löst sich an seiner Stelle ein neuer Anteil, der wieder von der Haut aufgenommen wird, bis alle „unlöslichen" Bestandteile in Lösung gegangen und von der Haut absorbiert worden sind. Sowohl das Rohmaterial im Versatz, als auch die reinen Gerbbrühen können auf diese Weise alle unlöslichen Bestandteile, welche die Haut zu gerben imstande sind, abgeben. Doch verlangt dieser Vorgang sehr viel Zeit, da viel Unlösliches, z. B. die Phlobaphene, wahrscheinlich Polymerisationsprodukte der echten Gerbstoffe und folglich ihre Moleküle sehr groß sind. Aus diesem Grunde können sie nur langsam in die Haut eindringen. Um den Prozeß in den Gerbbrühen zu beschleunigen und andererseits alles Unlösliche auszunützen, werden dieselben in lösliche Form gebracht durch Behandlung mit Sulfiten und Bisulfiten, worauf sie leicht in die Haut eindringen und dann durch Erhöhung des Säuregrades, bei p H 2—3 niedergeschlagen werden.

3. Auf Grund neuester Arbeiten von K. Freudenberg und Bergmann[1] wissen wir, daß die Gerbstoffe in den Eichenblättern und -Trieben in Gestalt von komplizierten Verbindungen vorhanden sind, welche teils Ester der Ellagsäure, teils Glukoside sind. Solche zusammengesetzte Verbindungen zerfallen bei Einwirkung von Fermenten, den sog. Tannasen. Letztere werden beim Auslaugen der Gerbstoffe bei niedriger Temperatur erhalten. Die durch ihre Einwirkung freiwerdenden Gerbsäuren stellen einfachere Verbindungen vor, welche viel leichter in die Haut eindringen und leichter reagieren als die ursprünglichen Verbindungen. Die beim Zerfall der Moleküle in Erscheinung tretende Ellagsäure kann, auf Grund der oben erwähnten Gesetze, in molekularem Zustande leichter in die Haut eindringen und sich auf den Fasern absetzen. Für die Wirksamkeit der Fermente besteht eine optimale Temperatur, welche für die meisten derselben zwischen 40—50° C liegt; dieselbe beträgt für die Tannasen 33° C. Bei höheren Temperaturen wird die Wirksamkeit schwächer und verschwindet bei einer gewissen Grenze vollständig. Es ist demnach klar, daß beim Extrahieren der Gerbmittel bei hohen Temperaturen die Fermente zerstört werden und die erhaltenen Extrakte in ihren gerbenden Eigenschaften Abbruch erleiden müssen. Es erscheint folglich wahrscheinlich, daß die Gerbmittel im Versatz besser zum Gerben geeignet sind als die aus ihnen gewonnenen Extrakte, da in ihnen die Tannasen erhalten bleiben. Nierenstein hat unlängst zwei Arten von Tannasen isoliert: die Gallotannase und die

[1] Collegium, 1923, 3.

Katechintannase, die wie es scheint diesen zwei Gerbstoffgruppen entsprechen. Im Jahre 1923 haben E. Schell und U. Thuau[1] den Gedanken ausgesprochen, daß mit der Zeit die Wirkung der Fermente, durch deren Einverleibung mit den fertigen Extrakten, beim Gerben bewußt ausgenutzt werden wird. Dadurch kämen die Vorzüge der Grubengerbung mit Eichenrinde auch dem ausschließlich mit Extrakt gegerbten Leder zugute.

Wenn der Gerbprozeß in gewisser Hinsicht von der Wirkung der Enzyme abhängt, so hat das Erwärmen der Extrakte auf Temperaturen über 33° C zur Folge, daß dieselben zerstört werden. (Nur beim Extrahieren im Vakuum nach dem Nancyverfahren und bei der Verwendung von Kolloidmühlen lassen sich diese Temperaturen einhalten.) Das Gerben in reinen Gerbbrühen wird dann nicht denselben Effekt erreichen wie im Versatz.

Um diese Verhältnisse zu prüfen, habe ich folgende Versuche anstellen lassen: Es wurden Stücke aus dem Kern und den Bauchteilen der rechten und linken Hälfte einer Hautblöße entnommen, nachdem letztere die betriebsmäßige Vorgerbung in den Farbengängen durchgemacht hatte. Diese Stücke wurden mit zerkleinerter Mimosenrinde bestreut und mit Eichenholz-Extrakt von 6—7° Bé übergossen, jedoch mit dem Unterschiede, daß eine Partie mit Mimosenrinde in natürlichem Zustande bestreut wurde, während eine andere Partie solche Rinde bekam, welche vorher durch Dampf bei 100° C während 15 Minuten sterilisiert worden war. Die Gerbbrühe wurde in beiden Fällen vorher auf 100° C gebracht und dann abkühlen gelassen. Es wurde angenommen, daß nach der Behandlung mit Dampf die Fermente in der Mimosenrinde vernichtet worden waren und die Analyse des fertigen Leders in beiden Fällen verschieden ausfallen müßte. Tatsächlich stellte sich jedoch heraus, daß gar kein Unterschied festgestellt werden konnte, wie aus den weiter unten angeführten Zahlen zu ersehen ist.[2]

	Normaler Versatz	Steriler Versatz
Auswaschbare Stoffe:		
Bauchteile	18.5	19.0
Kern	15.1	14.9
Hautsubstanz:		
Bauch	34.4	34.6
Kern	38.6	38.7

bei 18 % Wassergehalt

Es wurde im Laboratorium noch ein Versuch paralleler Gerbung ausgeführt, wobei Blößenstückchen von 80 × 40 mm zur Verwen-

[1] Cuir Techn., 1923, 2.

[2] Die Lederanalysen werden nach der Einheitsmethode des russ. Ledersynd. (1925) ausgeführt.

dung kamen. Dieselben wurden in abwechselnder Reihenfolge aus dem Kern einer schweren Rindshaut herausgeschnitten, nachdem die Blöße eine 10 tägige Vorgerbung im Betriebe durchgemacht hatte. Die einzelnen Versuche waren folgendermaßen angeordnet:

Es wurde 1. ein Versatz aus Mimosa 50%, Mangrove 12%, Valonea und Trillo 38% hergestellt. Diese Gerbmittel wurden in solcher Menge gegeben, daß es im Betriebe etwa 20 kg auf eine Haut entsprochen hätte. Das Gerbmaterial wurde während der ganzen Versuchsdauer nicht gewechselt. Die Brühe, mit welcher der Versatz übergossen wurde, war aus denselben Materialien hergestellt worden.

2. Eine parallele Gerbung wurde in der Flotte in klarer Brühe zur Ausführung gebracht. Letztere war durch heiße Auslaugung genannter Materialien in der angegebenen Proportion hergestellt und 2 mal 24 Stunden der Ruhe überlassen worden zum Absetzen der unlöslichen Bestandteile.

3. Die zweite parallele Gerbung geschah in der Flotte in derselben Brühe, jedoch war letztere nicht abgestanden und trübe.

Die Dichte der Brühen sank beim Absetzen um 0,5—0.9° Bé. Die anfängliche Dichte betrug 8.1° Bé in der trüben Brühe und 7.4° Bé in der geklärten. Im Verlaufe der Gerbdauer von 1½ Monaten wurde die Brühe in der Flotte 4 mal verstärkt und 2 mal gewechselt, um die nötige Stärke der Brühen aufrecht zu erhalten und zu erhöhen, sodaß zum Ende der Gerbung die Brühen 10° Bé hatten.

Im Versatz wurden die Brühen nur 2 mal verstärkt und 2 mal gewechselt, denn im Versatz sinkt die Stärke nicht so schnell wie in der Flotte, wegen der Anwesenheit des gehaltvollen rohen Gerbmaterials.

Die Reihenfolge der Brühen ist aus folgender Tabelle ersichtlich.

	Versatz in Grad Bé	Geklärte Flotte in Grad Bé	Trübe Flotte in Grad Bé
Am 6. V.	8.1	7.4	8.1
Am 12. V.	9.8	5.1	6.0
Nach Verstärkung der Brühen	9.8	9.3	9.8
Am 18. V.	9.4	6.8	7.5
Nach dem Wechsel der Brühen	9.7	8,8	9.7
Am 25. V.	9.4	7.8	8.6
Nach Verstärkung der Brühen	9.4	8.6	9.4
Am 2. VI.	9.4	8.0	8.7
Nach Verstärkung der Brühen	9.7	8.8	9.7
Am 6. VI.	9.2	8.5	8.8
Nach dem Wechsel der Brühen	10.0	9.2	10.0
Am 14. VI.	9.2	8.7	9.4
Nach Verstärkung der Brühen	10.0	9.2	10.0
Am 22. VI.	9.5	8.7	9.7

Nach Beendigung der Gerbung wurden die Lederstückchen abgespült, getrocknet und analysiert. In trockenem Zustande hatten die Stücke aus dem Versatz und aus der Flotte mit klarer Brühe einen

Niederschlag von Blume, während das Leder aus der trüben Brühe einen gleichmäßig braunen Farbton aufwies. Augenscheinlich war der Niederschlag durch die unlöslichen Schwebeteilchen maskiert.

Die Analysenresultate finden sich in Tabelle 1.

Tabelle 1.

	I Vor d. Flotte u Versatz	II Aus d. Versatz	II—I	III Aus d. klaren Flotte	III—I	IV Aus d. trüben Flotte	IV—I
Wasser	18	18	—	18	—	18	—
Asche	1.00	0.92	—0.08	0.62	—0.38	0.61	—0.39
Fett	0.53	0.22	—0.31	0.18	—0.35	0.19	—0.34
Auswaschbares	11.86	14.96	+3.10	14.17	+2.31	14.51	+2.65
Hautsubstanz	50.86	37.68	—13.18	37.87	—12.99	37.72	—13.14
Ledersubstanz	68.61	65.90	—2.71	67.03	—1.58	66.69	—1.92
Gebundener Gerbstoff	17.75	28.22	+10.47	29.16	+11.41	28.97	+11.22
Durchgerbungsgrad	34.90	7490	+40.00	76.90	+42.00	76.80	+41.90
Rendement	196	265	+69	264	±68	265	+69

Aus diesen Analysenzahlen ist zu ersehen, daß kein Unterschied zwischen den Lederstücken aus der klaren und trüben Flotte besteht. Was das Leder aus dem Versatz betrifft, so kann eher ein Unterschied zugunsten der Flotte festgestellt werden. Wir sehen somit, daß diese zwei Versuche keinerlei günstigen Einfluß bemerken lassen, welcher auf Enzymwirkung zurückzuführen wäre. Im Gegenteil, auf Grund der angeführten Zahlen kann man eher behaupten, daß in der Gerbwirkung die Extrakte durchaus nicht den rohen Gerbmitteln in unverarbeitetem Zustande nachstehen.

III. Die gerbereitechnologische Charakteristik der Extrakte.

Für den Gerber sind folgende Eigenschaften des Extraktes wichtig: 1. der Gerbstoffgehalt, 2. die Adstringenz, 3. die Diffusionsgeschwindigkeit in der Blöße und 4. der Durchgerbungskoeffizient, d. i. jene Zahl, die angibt, wieviel Gerbstoff sich mit 100 Teilen Hautsubstanz verbindet.

Die erstgenannte Eigenschaft ist nach der internationalen Methode durch Schütteln mit Hautpulver leicht bestimmbar. Die übrigen Eigenschaften hängen so enge zusammen mit der kolloiden Natur der wässerigen Gerbstoffauszüge, daß ihre Erforschung ohne gleichzeitiges Studium der letzteren undenkbar erscheint.

Der wichtigste Faktor bei der Untersuchung der Kolloide ist die Dispersität. Der Dispersitätsgrad oder die spezifische Oberfläche ist das Verhältnis der Gesamtoberfläche aller in einem gegebenen Lösungsmittel gelösten oder suspendierten Teilchen zu ihrem Volum.

1. Die Dispersität der Gerbstoffe. Sämtliche Eigenschaften aller Kolloide werden durch die Dispersität ihrer Teilchen bestimmt. Daher müssen auch die gerberischen Eigenschaften der Gerbstoffe von der Dispersität ihrer kolloiden Teilchen abhängen. Außer der Dispersität ist für die Kolloide noch die Hydratation der Teilchen von Bedeutung, d. h. die Dicke der die Teilchen umgebenden Wasserhülle. Kolloide mit sehr dünner Wasserhülle heißen lyophob, oder genauer hydrophob, Kolloide mit starker Wasserhülle heißen lyophil, oder genauer hydrophil. Je weitgehender die Hydratation eines Kolloidteilchens, im besonderen eines Gerbstoffteilchens, ist, desto beständiger verhält es sich bezüglich der Koagulation durch Aussalzen oder durch andere Mittel. Aber bei einem gegebenen Hydratationsgrad ist die Koagulierung der Gerbstoffe durch Aussalzen umso leichter zu bewerkstelligen, je größer die Teilchen, d. h. je kleiner die Dispersität ist. Der Hydratationsgrad hat auch Einfluß auf die Umkehrbarkeit der Koagulation von Kolloiden: hydrophile Kolloide können nach der Koagulierung leicht wieder in Lösung gebracht werden, hydrophobe dagegen nicht.

Die Gerbstofflösungen sind polydispers, d. h. sie bestehen aus Teilchen von verschiedener Größe.

Vor allem erscheint es unerläßlich, sie in monodisperse Phasen zu trennen, die aus Teilchen von annähernd gleicher Größe bestehen.

Eine derartige Spaltung eines polydispersen Kolloids in monodisperse Anteile hat Sven Odén an Schwefelsolen mit Hilfe der Aussalzmethode ausgeführt. Die Schwefelsole bestehen aus Teilchen verschiedener Dispersität, und beim allmählichen Hinzufügen von Elektrolyten scheiden sie zuerst die größeren Teilchen, dann immer kleinere und kleinere aus. So ist für die Koagulierung der Teilchen vom Durchmesser 210 $\mu\mu$ (Millimikron) eine NaCl-Konzentration von 70 Millimol[1] erforderlich, für die Teilchen vom Durchmesser 25 $\mu\mu$ 150 Millimol und für die im Ultramikroskop nicht mehr sichtbaren Teilchen, Amikronen genannt, 300 Millimol.[2]

Prof. Stiasny hat angenommen, daß eine derartige Gesetzmäßigkeit auch für die Gerbstofflösungen besteht, wenngleich die Verhältnisse hier komplizierter sind als beim Schwefel.

Die Gerbstoffe sind weniger empfindlich gegen Elektrolyteinwirkung, woraus hervorgeht, daß sie in höherem Maße lyophil sind, d h. ihre Teilchen besitzen große Wasserhüllen, die sie vor der Koagulation schützen. Daher könnte man annehmen, daß die fraktionierte Aussalzung eine Trennung der Teilchen nicht nur nach ihrer Dispersität, sondern auch nach ihrem Hydratationsgrad (nach der Dicke der Wasserhülle) bewirkt. Aber aus zahlreichen Beobachtungen ergibt sich, daß die größeren Teilchen weniger hydrophil sind als die kleineren, so daß diese beiden Eigenschaften, Dispersität und Hydratation, bei der Aussalzung sich in ihrer Wirkung addieren.

Wenn die Vergrößerung der Gerbstoffteilchen durch Anhydridbildung aus mehreren kleinen Teilchen zustande kommt, dann ist der Parallelismus zwischen Dispersität und Hydratation verständlich, da

---

[1] Millimol = $^1/_{1000}$ Grammolekül.

[2] Freundlich, Kapillarchemie, 1922, Leipzig.

mit der Anhydridbildung die Zahl der aktiven Gruppen (Phenol- und Hydroxylgruppen), die sich durch Hydratationsfähigkeit auszeichnen und damit auch die Hydratation des ganzen Komplexes vermindert wird, d. h. je größer die Teilchen sind, desto weniger hydrophil sind sie und desto geringer ist ihre Löslichkeit in Wasser. Deshalb sind die dunklen Phlobaphene weniger löslich und stärker hydrophob als die lichten Gerbstoffteilchen.

Mit der Verminderung der aktiven Gruppen vermindert sich auch die Zahl der von ihnen abgespaltenen Wasserstoffionen, d. h. mit der Vergrößerung der Teilchen vermindert sich die Wasserstoffionenkonzentration in der Lösung eines gegebenen Gerbstoffs, oder pH steigt an (Tabelle 2). (Bez. pH der Lösungen verschiedener Gerbstoffe S. 79.)

Tabelle 2. pH der Aussalzfraktionen des Quebrachoextraktes.
(Nach den Bestimmungen des Instituts für Lederforschung, Moskau.)

Fraktionen	1. Serie	2. Serie	Mittel
I 2% NaCl	4,93	5.21	5.07
II 9%	4.63	4.75	4.69
III 18%	4.85	4.78	4.82
IV 32%	4.77	4.47	4.62
V Nichtaussalzbar	4.25	—	—

Ausgehend von diesen allgemeinen Voraussetzungen der Kolloidchemie untersuchte Prof. Stiasny und Salomon[1] die Dispersität der Gerbstoffe mit Hilfe der Methode der fraktionierten Aussalzung.

Zur Untersuchung wurden verwendet reines Tannin, Lösungen garantiert reiner Extrakte aus Eichen- und Kastanienholz, dann Auszüge aus Quebracho, Eichenrinde, Mimosa, Sizilianischem Sumach und Trillo, die durch 4stündige Behandlung bei 50—60° C, darauf folgendes rasches Abkühlen und Filtrieren durch eine Berkefeldkerze hergestellt worden waren. Die untersuchten Lösungen wurden auf einen Gerbstoffgehalt von 1% eingestellt. Zu je 100 ccm Lösung wurden bestimmte Kochsalzmengen zugesetzt und durch Schütteln vollkommen gelöst. Nach einstündigem Stehen ließen sich die erhaltenen Niederschläge auf einem entsprechenden Filter (bei den ersten Versuchen ein Papierfilter, später Glasfilter von Schott & Gen., Jena, die eine völlige Abtrennung der Gerbstoffe gestatten) leicht absaugen und wurden sogleich wieder in warmem Wasser von 50° C gelöst.

Die ersten Fraktionen bestehen aus den größten Teilchen und ließen sich in vielen Fällen nur schwer und unvollständig wieder in Lösung bringen, woraus hervorgeht, daß sie ganz oder teilweise lyophob sind. Die weiteren Fraktionen bestehen aus immer kleineren und kleineren Teilchen und sind leicht löslich, erweisen sich also als umkehrbare lyophile Kolloide.

[1] Collegium, 1923, 326.

Das Filtrat von der ersten Fraktion wurde wieder mit einer bekannten Menge Salz versetzt, der entstandene Niederschlag abgetrennt, usw., bis völlige Sättigung mit Salz erreicht war. Im letzten Filtrat wurde der Gehalt an Gerbstoff und Nichtgerbstoff bestimmt. Die ausgesalzenen Fraktionen bestanden aus Gerbstoff, da die Nichtgerbstoffe fast gar nicht ausgesalzen werden.

Wenn man die mit bekannten Kochsalzmengen ausgesalzenen Fraktionen neuerdings in Wasser löst und die gleiche Salzmenge zusetzt, dann erfolgt die Aussalzung nicht vollständig, sondern aus einer Fraktion entstehen deren mehrere. Daraus ist ersichtlich, daß die ausgesalzenen Teilchen bei der neuerlichen Aussalzung in Teile von verschiedener Größe zerfallen. Diese Erscheinung tritt beim Aussalzen von Schwefelsolen nicht auf, wo jede Fraktion nach wiederholter Lösung unverändert bleibt und durch die gleiche Salzmenge ausgesalzen wird.

Deshalb ist die Reinigung der Gerbstofffraktionen durch wiederholtes Auflösen und Aussalzen nicht möglich.

In den gelösten Fraktionen wurde der Gerbstoffgehalt nach Löwenthal analysiert, wobei für jeden Gerbstoff der Faktor von Löwenthal bestimmt wurde, u. zw. auf Grund der Analyse der ursprünglichen Lösung mittels der Schüttelmethode und der Titriermethode nach Löwenthal.

Die Summe der Gerbstoffe in den einzelnen ausgesalzenen Fraktionen und in dem nichtausgesalzenen Filtrat muß gleich sein dem zu 100% angenommenen Gerbstoffgehalt der ursprünglichen Lösung. Die Resultate sind in nachfolgender Tabelle 3 dargestellt:

Tabelle 3.

Bezeichnung des Gerbstoffes	Ausgesalzene Gerbstoffmenge bei Zusatz zu 100 ccm Lösung v. Salz zu 100 ccm Lösung: 8 g	+10 g	+2 g	+6 g	+6 g = 32 g	Summe der ausgesalzenen Gerbstoffe	Gerbstoffmenge im letzten Filtrat	Gesamtsumme der Gerbstoffe
Tannin 7.5 %	0	17.1	—	32.4	17.2	66.7	32.2	98.9
Tannin 3.5 %	0	4.4	—	35.3	11.4	51.1	46.4	97.5
Tannin 1.25%	0	4.6	—	34.0	11.0	49.6	49.4	99.0
Quebracho 1%	23.6	—	25.2	—	24.4	73.2	26.8	100.0[1]
Eichenholz 1%	20.7	—	15.6	—	8.6	44.9	54.5	99.4
Kastanienholz 1%	20.6	—	10.5	—	9.8	40.9	60.0	100.9
Eichenrinde 1%	20.1	—	14.9	12.8	7.3	55.1	36.1	91.2
Mimosa 7.5%	8.3	—	22.1	12.3	1.3	44.0	56.0	100.0[1]
Mimosa 0.85%	10.0	—	14.3	—	19.0	43.3	56.7	100.0[1]
Sumach 1%	7.6	—	16.7	—	14.7	39.0	57.1	96.1
Mangrove 6.8%	17.6	—	26.7	—	15.9	60.2	37.8	98.0
Mangrove 1.7%	11.7	—	17.7	—	17.7	47.1	52.4	99.5
Trillo 1%	4.6	8.8	—	—	9.9	23.3	75.6	97.8

[1] Dort, wo in der letzten Kolonne die Gesamtsumme der Gerbstoffe mit 100% angegeben ist, wurde der Gerbstoffgehalt im letzten Filtrat nicht bestimmt, sondern aus der Differenz von 100 errechnet.

Ähnliche Untersuchungen, welche im Laboratorium der Großen Lederfabrik in Taganrog ausgeführt wurden, ergaben folgende Resultate (Tabelle 4):

Tabelle 4.
Aussalzbarkeit sulfitierter[1] Extrakte von Quebracho, Badan und Eichenholz bei verschiedenen Konzentrationen

% Gerbstoff in Lösung	g NaCl auf 100 ccm: 11 g	+ 11 g / 22 g	+ 11 g / 33 g	Gesamtaussalzung
	Quebracho.			
16%	62.3	+24.0	+ 7.4	93.7
8	56.0	+25.6	+ 9.5	91.1
4	41.8	+25.5	+17.0	84.3
1	34.6	+25.0	+17.3	76.9
	Badan.			
16%	54.7	+21.8	+ 4.2	80.7
8	53.7	+19.2	+10.0	82.9
4	50.4	+17.1	+ 6.6	74.1
1	50.2	+16.0	+ 4.4	70.6
	Eichenholz			
16%	35.3	+18.9	+ 8.0	62.2
8	32.6	+15.2	+ 9.2	57.0
4	28.0	+ 8.5	+13.4	49.9
1	22.2	+10.2	+12.2	44.6

Aus den angeführten Zahlen ist ersichtlich, daß die untersuchten Gerbstoffe sich beim Aussalzen sehr verschieden verhalten. Das weist darauf hin, daß ihre Teilchen von sehr verschiedener Größe sind. Die Konzentration der Lösung ist von großem Einfluß auf die Teilchengröße, wie das an den Werten für Tannin und Mangrove nach Tab. 3 und für Quebracho, Badan, Eichenholz nach Tab. 4, zu beobachten ist: je größer innerhalb des untersuchten Bereichs die Konzentration ist, desto größer sind die Teilchen und desto mehr Gerbstoff wird ausgesalzen. Bei Mimosa hingegen ist ein Einfluß der Konzentration nicht zu bemerken.

Wenn wir die untersuchten Materialien nach wachsenden Mengen ausgesalzener Gerbstoffe, d. h. nach sinkender mittlerer Dispersität bei 1% T anordnen, erhalten wir folgende Reihe: Trillo, Sumach, Kastanienholz, Mimosa, Eichenholz, Mangrove, Tannin, Eichenrinde, Badan, Quebracho. Wenn man nach steigenden Mengen einer bestimmten ausgesalzenen Fraktion anordnet, gelangt man zu einer anderen Reihe.

Besonders interessant ist die Anordnung nach der Mengenzunahme der ersten, aus den größten Teilchen bestehenden Fraktion,

[1] Mit 3% Sulfit und 1% Bisulfit.

welche die adstringierenden Eigenschaften der Gerbstoffe bestimmt: Tannin, Trillo, Sumach, Mimosa, Mangrove, Eichenrinde, Kastanienholz, Eichenholz, Quebracho, Badan.

2. Die Bestimmung der adstringierenden Wirkung der Gerbstoffe. In der gleichen Reihenfolge steigt auch die adstringierende Wirkung der Gerbstoffe an. Offenbar müssen sich die leicht aussalzbaren Gerbstoffe rasch auf der Faser ablagern, d. h. stark adstringierend wirken. Die schwer oder gar nicht aussalzbaren Gerbstoffe wirken auch nur schwach adstringierend.

Die adstringierende Wirkung der Gerbstoffe, die vom Gerber gewöhnlich mittels der Zunge beurteilt wird, ist eine ungemein wichtige Eigenschaft, für die es bisher noch kein genaues Maß gibt. Dabei führt die unangemessene Verwendung von unnötig stark adstringierenden Gerbstoffen zu der dem Gerber wohlbekannten Zusammenziehung oder Totgerbung des Narbens.

Die Bestimmung der Dispersität kann als Meßmethode für die adstringierende Wirkung dienen.

Außerdem schlägt Crede[1] vor, als Maß für die adstringierende Wirkung der Gerbstoffe das in Prozenten ausgedrückte Verhältnis der nach Wilson-Kern bestimmten zu der nach der offiziellen Methode bestimmten Gerbstoffmenge festzulegen.

Die internationale Gerbstoffbestimmungsmethode durch Schütteln mit Hautpulver in der amerikanischen Modifikation, der offiziellen Methode der ALCA[2] wird so ausgeführt, daß eine Gerbstofflösung mit einem Gehalt von 3.75—4.25 g pro Liter mit feuchtem chromierten Hautpulver in einer Menge von nicht mehr als 6.4 g und nicht weniger als 6.1 g Trockensubstanz pro 100 ccm Lösung geschüttelt wird. In der von Gerbstoff befreiten Lösung werden die Nichtgerbstoffe bestimmt und aus der Differenz zwischen der in der ursprünglichen Lösung bestimmten löslichen Substanz und den Nichtgerbstoffen der Gerbstoffgehalt der Lösung und des gegebenen Ausgangmaterials errechnet. Bei dieser Bestimmungsmethode absorbiert das Hautpulver nicht nur Gerbstoffe, sondern teilweise auch Nichtgerbstoffe, besonders Gallussäure, Chinon, Brenzkatechin u. a. Deshalb haben Wilson und Kern eine Methode vorgeschlagen, nach der jener Teil der in den Gerbmaterialien enthaltenen löslichen Substanz bestimmt wird, der Gelatine ausfällt und mit der Hautsubstanz eine wasserbeständige Verbindung eingeht.

Das Prinzip dieser Methode besteht darin, daß eine entsprechende Menge Gerbstofflösung (200 ccm) mit einer bekannten Menge Hautpulver (12 g) geschüttelt wird, bis die Lösung keinen Gerbstoff mehr enthält, was durch Prüfung mit einer Gelatine-Salzlösung (10 g Gelatine und 100 g NaCl pro Liter Wasser) festgestellt wird. Dann wird das Hautpulver bis zur völligen Befreiung von löslicher Substanz,

[1] J. American Leath. Chem. Ass., 1925, 573, 12.
[2] American Leather Chemists Association.

d. i. von den aus der Gerbstofflösung aufgenommenen Nichtgerbstoffen, gewaschen. (Man muß etwa 12mal, bei Kastanie sogar 25mal waschen und jedesmal während 30 Minuten mit 200 ccm Wasser schütteln.)

Dann wird das Hautpulver getrocknet, der Gerbstoffgehalt bestimmt wie im Leder und die gefundene Gerbstoffmenge in Prozenten des Ausgangsmaterials ausgedrückt (oder es wird einfach der Gerbstoffgehalt aus der Gewichtszunahme des Hautpulvers berechnet.)

Die letzte Abänderung der Wilson-Kern-Methode ist die folgende: Ein Standard-Hautpulver wird durch Waschen mit Wasser bis zur völligen Entfernung der auswaschbaren Anteile gereinigt, mit Alkohol entwässert und zweimal mit Xylol befeuchtet und wieder getrocknet. Dann werden 100 ccm der filtrierten Gerbstofflösung mit 2 g Hautpulver (umgerechnet auf Trockensubstanz) durch sechs Stunden geschüttelt.

Das gegerbte Hautpulver wird die Nacht hindurch in einem speziellen Perkolator (Extraktor) gewaschen, bis das Waschwasser nicht mehr mit $FeCl_3$ reagiert, dann getrocknet und gewogen. Die Gewichtszunahme ergibt den Gerbstoffgehalt in 100 ccm Lösung.

Die folgende Tabelle 5 enthält einige von Crede angegebene Analysenresultate, die nach der offiziellen und nach der Wilson-Kern-Methode erhalten wurden und die in Prozenten ausgedrückten Verhältniszahlen der nach der letzteren und der ersteren erhaltenen Werte. Diese Werte sind charakteristisch für die adstringierende Wirkung.

Tabelle 5.

Bezeichnung des Gerbstoffes	Gerbstoffmenge nach der offiziell. Methode	Gerbstoffmenge nach Wilson Kern	Adstringier. Wirkg. % Verh Wilson-Kern: offiz. Methode nach Crede	Menge der ausgesalzenen Gerbstoffe nach Prof. Stiasny
Flüssig. Quebrachoex.	38	27.55	72.5	73 2
„ Hemlockextr.	27.8	17.52	63.0	—
„ Eichenrindenex.	25.22	13.40	53.1	55.1
„ Mimosaextr.	35.44	19.14	54.0	43.3
„ Kastanienholzex.	28.20	13.10	46.5	40 9
Pulverf. Valoneaextr.	65.5	24 6	37.5	23.3 (Trillo)
Divi-Diviextrakt	5.69	1.21	21.3	—
Mirobalanenextrakt	35.82	5.92	16.5	—

Wenn wir die Ziffern der dritten Kolonne mit den nach Prof. Stiasny erhaltenen Werten für die ausgesalzenen Gerbstoffe (vierte Kolonne) vergleichen, finden wir eine überraschende Übereinstimmung. Offensichtlich werden nach der Methode von Wilson-Kern diejenigen Gerbstoffe erhalten, die sich irreversibel mit der Hautfaser verbinden und aussalzbar sind. Die Gerbstoffe hingegen, die dank ihrer großen Dispersität nicht ausgesalzen werden, verbinden sich nicht fest mit dem Hautpulver und werden nach Wilson-Kern ausgewaschen.

Es ist interessant, daß durch Zusatz von Gallussäure zu Quebracho dessen Dispersität ansteigt, wie dies oben gezeigt wurde, und daß auch nach Wilson das Prozentverhältnis der nach Wilson-Kern und nach der offiziellen Methode erhaltenen Werte beträchtlich kleiner wird und sich den für schwach adstringierende Gerbstoffe geltenden Zahlen nähert. So wird bei Vermischung von fünf Teilen Quebrachoextrakt mit neun Teilen trockener Gallussäure das Verhältnis

$$\frac{\text{Gerbstoff nach Methode Wilson-Kern}}{\text{Gerbstoff nach der offiziellen Methode}} \times 100 = 46$$

3. Der Zusammenhang zwischen der adstringierenden Wirkung und der elektrischen Ladung der Gerbstoffteilchen. Wilson, Thomas und Foster[1] bringen die adstringierende Wirkung der Gerbstoffe in Zusammenhang mit der elektrischen Ladung der Teilchen oder mit der Potentialdifferenz zwischen den Teilchen und der Lösung, in Übereinstimmung mit der elektrischen Gerbtheorie von Procter-Wilson.

Entsprechend dieser Theorie bilden die in Wasser gelösten Gerbstoffe kolloidale Lösungen (Sole), deren einzelne Teilchen negativ geladen sind, u. zw. derart, daß die die Teilchen unmittelbar umgebende Schicht eine gewisse Konzentration an positiven Ionen aufweist, die durch elektro-chemische Anziehung mit den negativ geladenen Gerbstoffteilchen verbunden sind.

Die Lösung, — das Dispersionsmittel —, hat eine andere Konzentration an positiven Ionen. Dadurch entsteht eine Potentialdifferenz, die durch die Donnansche Formel ausgedrückt wird.

Die in einer sauren Lösung befindliche Blöße stellt ein hoch ionisiertes, positiv geladenes Kollagensalz vor. Wenn die Gerbstoffteilchen sich der Hautsubstanz nähern, muß es zur elektrischen Neutralisation mit nachfolgender Ausfällung beider Kolloide kommen.

Je größer die Potentialdifferenz zwischen der Oberflächenschicht der Teilchen und der Lösung ist, desto stärker ist die adstringierende Wirkung der Gerbstoffe, und desto schneller erfolgt die Ausfällung der Gerbstoffe auf der Haut.

Thomas und Foster[2] haben die Potentialdifferenzen von acht verschiedenen Gerbmaterialien mittels Elektrophorese in U-förmigen Röhren gemessen. Sie fanden, daß die Gerbstoffe aller dieser Materialien zur Anode wandern, also negativ geladen sind, und daß die Potentialdifferenz bei natürlichem pH (ungefähr 4) bei dem am

---

[1] Wilson, Die moderne Chemie in der Lederfabrikation, 1925, Leipzig.
[2] J. American Leath. Chem. Ass., 1920, 374; Ind. Eng. Chem., 1922. 191, 14; Ind. Eng. Chem., 1923, 709, 15.

stärksten adstringierenden Quebracho mit 0.028 Volt am höchsten, bei dem milderen Gambir mit 0.0005 am niedrigsten ist. Dies bestätigt die Wilsonsche Theorie[1], derzufolge die adstringierende Wirkung eine Funktion der Potentialdifferenz ist. Die von Thomas und Foster untersuchten Gerbstoffe lassen sich nach wachsenden Potentialdifferenzen in folgender Reihe anordnen: Gambir, Eichenrinde, Kastanienholz, Sumach, Quebracho. Die Stellung des Sumach nach der Eichenrinde und Kastanie steht keineswegs im Einklang mit seiner adstringierenden Wirkung.

Anderseits nimmt der Holländer Bungenberg de Jong[2] auf Grund seiner Forschungen an, daß die Gerbstoffe selbst in wässeriger Lösung keine negative Ladung tragen, sondern daß andere in dieser Lösung vorhandene kolloidale Substanzen negativ geladen sind.

Auch Ricevuto[3] hat festgestellt, daß, wenn ein elektrischer Strom durch eine Tanninlösung geleitet wird, an der Anode eine Färbung entsteht und der Eindruck hervorgerufen wird, daß der Gerbstoff infolge seiner negativen Ladung zur Anode wandert. Aber wenn Ricevuto in unmittelbarer Berührung mit der Lösung befindliche Platinelektroden verwendet hat (er beschreibt seine Apparatur nicht), so ist es möglich, daß an der Anode Oxydation eintrat, die den geschilderten Farbeffekt hervorrief.

Die Versuche de Jongs mit dem Apparat für die Kataphorese nach Burton ergaben keine Farbvertiefung an der Anode.

Grasser[4] gelangt auf Grund seiner kataphoretischen Versuche zu dem Schluß, daß das in wässeriger Lösung befindliche Tannin positiv geladen ist, da es bei seiner Versuchsanordnung sich in dem mit Pergament umhüllten und bis zur Kataphorese mit destilliertem Wasser gefüllten Kathodenraum zeigte. Es ist wahrscheinlich, daß das Tannin durch die elektroendosmotische Strömung des Wassers mitgeführt wurde.

Angesichts so widersprechender Resultate beschloß de Jong, eine empfindlichere Methode anzuwenden, nämlich die viskosimetrische.

Smoluchowski[5] hat gezeigt, daß bei hinreichend kleiner Leitfähigkeit ein elektrisch geladenes Kolloid größere Viskosität haben muß wie ein ungeladenes.

Bei Zusatz sehr kleiner Elektrolytkonzentrationen zu geladenen Kolloiden geht die Ladung verloren und die Viskosität sinkt.

Auf dieser Grundlage hat es de Jong unternommen, die Visko-

---

[1] J. American Leath. Chem. Ass., 1920, 374.

[2] J. American Leath. Chem. Ass., 1924, 14; Recueil d. Travaux Chem. d. Pays-Bas, 1923, 437, 3 und 1924, 25, 5.

[3] Kolloid-Zeitschrift, 1908, 114, 3.

[4] Collegium, 1920, 17, 49, 137, 201, 277 u. 332.

[5] Freundlich, Fortschritte d. Kolloidchemie, 1926, 55; Kolloid-Zeitschrift, 1916, 190, 18.

sität von Tanninlösungen in ihrer Abhängigkeit von Elektrolytzusätzen zu untersuchen.

Eine ganze Reihe von Versuchen hat ergeben, daß die Viskosität von Tanninlösungen nach Elektrolytzusatz unverändert bleibt. Dies weist darauf hin, daß die Tanninteilchen keine elektrische Ladung besitzen.

Immerhin wurden in einigen technischen Gerbextrakten typische Kolloide gefunden, die zweifellos negativ geladen sind und von Thomas und Foster im Sinne der Procter-Wilsonschen Theorie als die eigentlichen Träger des Gerbvorganges betrachtet werden. Dagegen nimmt de Jong an, daß in diesen Extrakten nicht die Gerbstoffteilchen geladen sind, sondern die Teilchen verschiedener in den Extrakten vorhandener lyophiler Kolloide (wie z. B. Stärke, Pflanzenschleime u. ä.) und erklärt den Gerbprozeß vom Standpunkt der Kolloidchemie folgendermaßen: Zuerst erfolgt die Adsorption der Gerbstoffe durch die disperse Phase (die Blöße), dann entwässert der Gerbstoff die lyophilen Elemente dieser Phase, worauf die entstandenen lyophoben Elemente unter dem Einfluß der immer in kleiner Menge vorhandenen Elektrolyte leicht koagulieren. Offenbar ist die Ansicht de Jongs von dem völligen Fehlen einer elektrischen Ladung der Gerbstoffteilchen ebenso extrem wie der Standpunkt Procters, Wilsons und Thomas, demzufolge das ganze Geheimnis der Gerbung in eben dieser elektrischen Ladung liegt. Ebenso ist es klar, daß die Widersprüche zwischen den Versuchen von Grasser, Thomas und de Jong nicht aus Irrtümern eines oder des anderen Forschers hervorgehen, da es schwer ist, sich bei einer korrekt ausgeführten Beobachtung der elektrischen Ladung zu irren.

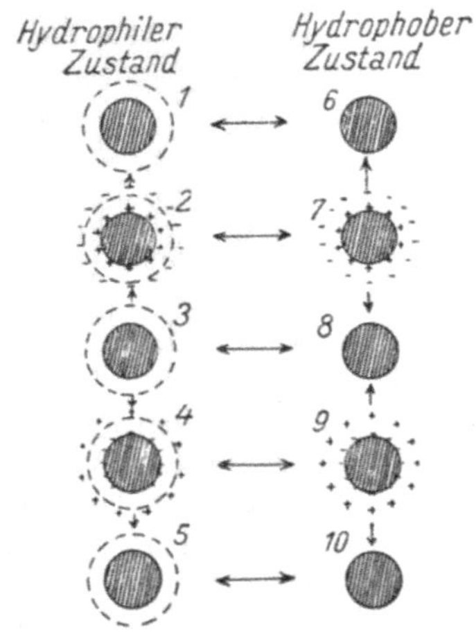

Abb. 1. Zustandsänderungen von Gerbstoffteilchen bei verschiedener Hydratation (nach Freundlich)

Am wahrscheinlichsten ist, daß die Wahrheit in der Mitte liegt. Wie alle Kolloide können auch die Gerbstoffe in Zusammenhang mit einer ganzen Reihe von Faktoren, wie Herstellungsweise, Konzentration, Alter, Temperatur usw. usw., sowohl ihre Dispersität als auch ihren Hydratationsgrad und ihre elektrische Ladung verändern. Die Zustände, die ein Gerbstoffteilchen durchschreiten kann, lassen sich durch das nachfolgende, von Freundlich für Proteinteilchen[1] angegebene Diagramm darstellen (Abb. 1).

[1] Freundlich, Fortschritte d. Kolloidchemie, 1926, 55.

Nr. 1—5 entsprechen hydratisierten Teilchen, Nr. 3 ist der sogenannte isoelektrische Punkt, wo das Potential = Null wird. Kleine Wasserstoffionenkonzentrationen bewirken positive Ladung (Nr. 2), bei noch größerer Konzentration verschwindet die Ladung (Nr. 1). Ähnlich vermitteln Hydroxylionen in kleinen Konzentrationen positive Ladung (Nr. 4), während bei großen Konzentrationen die Ladung verschwindet (Nr. 5).

Unter der Wirkung dehydrierender Substanzen (z. B. Alkohol, Säuren, Salze in hoher Konzentration u. a.) gehen die Teilchen in die Zustände Nr. 6—10 über. In den Fällen 6, 8, 10 nimmt die Beständigkeit der Teilchen infolge des Fehlens von Hydratation und elektrischer Ladung ab, es tritt Koagulation ein, während in den Fällen 7 und 9 eine gewisse Beständigkeit durch die verbliebene elektrische Ladung bedingt ist.

Nach de Jong wirken die Gerbstoffe auf die Proteinteilchen der Haut dehydratisierend ein und führen sie aus dem hydrophilen Zustand (Nr. 1—5) in den hydrophoben über (Nr. 6—10), wobei in den Fällen 6, 8 und 10 Koagulierung eintritt, während in den Fällen 7 und 9 die in technischen Extrakten stets vorhandenen kleinen Elektrolytmengen die Ladung neutralisieren und Koagulation hervorrufen.

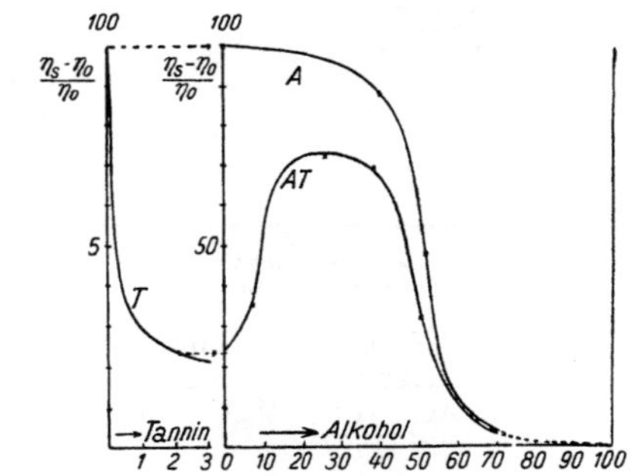

Abb. 2. Viskositätsveränderungen eines Agarsols und eines Gemisches von Agarsol und Tannin unter der Einwirkung von Alkohol

Die empfindlichste Methode zur Bestimmung des Dehydratationsgrades ist die Bestimmung der Viskositätsveränderung. Beim Übergang vom hydrophilen in den hydrophoben Zustand nimmt die Viskosität der Lösung umsomehr ab, je stärker die Dehydratation ist und bei der Rehydratation steigt sie wieder an.

Abb. 2 zeigt die Viskositätsveränderung eines Agarsols (Konzentration ca. $^1/_9\%$) unter der Einwirkung von Alkohol (obere Kurve A) und Tannin (linke Kurve T), dann eines Gemisches von Agarsol mit Tannin in einer Menge von 2.11 g auf 100 ccm unter der Einwirkung von Alkohol (untere Kurve AT) bei 50° C. Auf der Ordinatenachse sind die Viskositätsveränderungen $\frac{\eta_s - \eta_0}{\eta_0} . 100$ in Prozenten aufgetragen, wo η_s die Viskosität der Agarlösung nach dem Zusatz von Alkohol oder Tannin bedeutet, und η_0 die Viskosität der entsprechenden wässerigen Alkohol- oder Tanninlösung von der gleichen Konzentration. Auf der Abszissenachse ist links die Tanninkonzentration und rechts die Alkoholkonzentration in Prozenten aufgetragen.

Es zeigt sich, daß Tannin in kleinen Konzentrationen rasche Dehydrierung des Agarsols herbeiführt und dadurch die Viskosität stark herabdrückt, während Alkohol erst bei Konzentrationen von 40% und aufwärts dehydrierend und viskositätsvermindernd wirkt. In kleinen Konzentrationen vermag Alkohol ein durch Tannin entwässertes Agarsol zu rehydrieren u. zw. maximal bei Anwesenheit von 25% Alkohol, bei welcher Konzentration die Viskosität einen Höchstwert erreicht (Kurve AT).

Die aussalzende Wirkung der Elektrolyten, die selbst stark hydratisiert sind, beruht bei hohen Konzentrationen auf der von ihnen hervorgerufenen Entwässerung und muß von einer Verminderung der Viskosität begleitet sein.

Dabei muß, wie bei kleinen Elektrolytkonzentrationen durch den Verlust der Ladung, — der ersten Stabilitätsbedingung —, hier infolge des Wegfallens der zweiten Stabilitätsvoraussetzung, der Hydratation, Koagulierung eintreten.

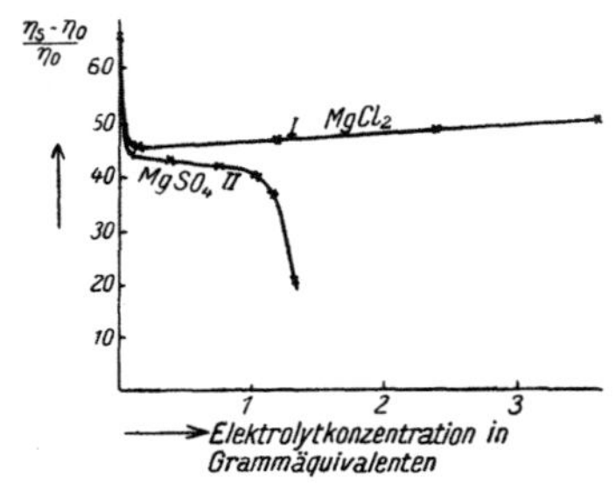

Abb. 3. Viskositätsveränderungen von Agarsolen unter der Einwirkung von $MgCl_2$ und $MgSO_4$

Kurve 1 in Abb. 3 veranschaulicht die Wirkung eines $MgCl_2$-Zusatzes. Nur bei kleinen Konzentrationen tritt infolge der Neutralisation der elektrischen Ladungen ein steiler Viskositätsabfall bei der Agarlösung ein. Später steigt die Viskosität sogar an, d. h. das $MgCl_2$ verursacht keine Dehydratation und salzt infolgedessen auch nicht aus. Die Kurve II für $MgSO_4$ zeigt zuerst aus demselben Grund eine starke Viskositätsverminderung, und hier geht der Abfall der Viskosität infolge der eintretenden Entwässerung weiter, als deren Folge schließlich Koagulation, Aussalzung der Kolloide, eintritt, wie oben beschrieben. Die Aussalzung der Gerbstoffe durch Natriumchlorid erfolgt offenbar gemäß Kurve II.

Die Erscheinungen der Dehydratation und Rehydratation sind für den Gerber außerordentlich interessant, weil er durch Anwendung rehydratisierender Mittel zu Beginn der Gerbung dahin wirken kann, daß die Gerbstoffe die Blöße durchtränken, aber nicht gerben, und in einem späteren Stadium sie durch Dehydratation auf der Faser fällen und fixieren kann. Daher sind die Faktoren, die bei der Rehydratation durch Tannin entwässerter Kolloide eine Rolle spielen, besonders interessant.

De Jong untersuchte folgende drei Faktoren:

1. Temperaturerhöhung,
2. Zusatz gewisser organischer mit Wasser in jedem Verhältnis mischbarer Stoffe,
3. Zusatz von Alkalien.

1. Beim Erwärmen von mit Tannin entwässertem und durch Elektrolytzusatz gefälltem Agarsol verschwindet allmählich der Niederschlag und die Unbeständigkeit, die Koagulierbarkeit durch kleine Elektrolytkonzentrationen, verliert sich. Beim Erwärmen tritt also eine Rehydratation ein, die dem Kolloid Stabilität verleiht.

Beim Erkalten trübt sich die Lösung wieder und der Niederschlag bildet sich von neuem.

Nach den Versuchen Schröders wird eine Gelatinelösung bei 50° C von Tannin nicht ausgefällt, sondern nur leicht getrübt. Beim Erkalten gibt dieselbe Gelatinelösung eine Fällung. Mit steigender Temperatur wird offenbar die Adsorption von Tannin an Agar oder Gelatine immer kleiner und verschwindet schließlich ganz.

2. Zu den rehydratisierenden Stoffen gehören in erster Linie Nichtelektrolyte, wie Alkohol in Konzentrationen unter 25%, der in höherer Konzentration schon dehydrierend wirkt. Zweitens gehören dazu Nichtelektrolyte wie Glyzerin und Glykol, die von kleinen Konzentrationen angefangen rehydratisierend wirken und bei großen Konzentrationen im Gegensatz zu Alkohol keinerlei Dehydratation hervorrufen und drittens Elektrolyte wie z. B Essigsäure, die in sehr kleiner Konzentration wie ein Elektrolyt wirkt, indem sie den Kolloidteilchen die Ladung entzieht, bei mittleren Konzentrationen rehydratisierend und bei großen Konzentrationen wieder dehydratisierend wirkt.

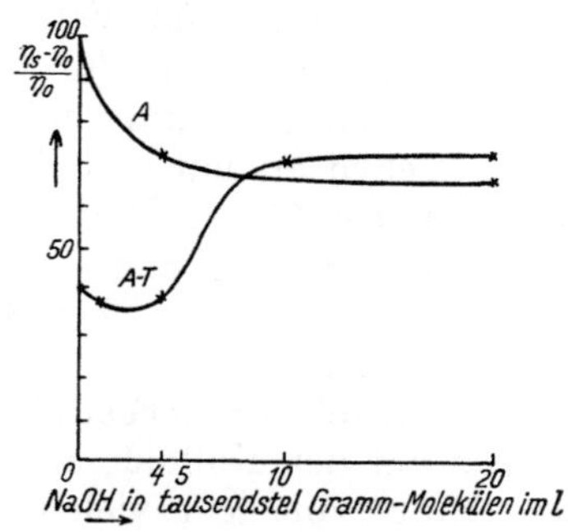

Abb. 4. Viskositätsveränderung von Agarlösung bei Zusatz von Ätznatron

3. Als interessanteste und in der Praxis am leichtesten anwendbare Rehydratationsmittel erweisen sich die Alkalien. De Jong untersuchte die Viskositätsveränderung, die durch Zusatz von Atznatron zu einer Agarlösung ($^1/_9$%) (Kurve A in Abb. 4) und zu einem Gemisch von Agar ($^1/_9$%) und Tannin (0.924 g in 100 ccm) (Kurve AT in Abb. 4) bei 50° C hervorgerufen wird. Die Viskosität von Agar allein sinkt auf Zusatz von NaOH infolge des Ladungsverlustes der Teilchen. Die Viskosität des Systems Agar-Tannin sinkt anfangs aus dem gleichen Grund, aber nur sehr unbedeutend. Dann bleibt sie konstant und steigt bei einer NaOH-Konzentration von mehr als 4 Millimol an. Das läßt darauf schließen, daß die Rehydratation von Anfang an stattfindet, daß aber die zuerst infolge der Neutralisation der elektrischen Ladung eintretende Viskositätsverminderung größer ist als die Viskositätserhöhung durch Rehydratation.

Bei einer 8 Millimol übersteigenden NaOH-Konzentration ist infolge der Rehydratation die Viskosität des Systems Agar-Tannin größer als die des Agars allein; bei 10 Millimol NaOH-Gehalt (das entspricht

4.34% NaOH, bezogen auf Gerbstoff) erreicht die Viskosität einen Höchstwert und bleibt weiter bis 20 Millimol fast konstant. Wahrscheinlich kann eine weitere Konzentrationserhöhung von NaOH zur Aussalzung und Verminderung der Viskosität führen.

Der wahrscheinliche Grund für die Rehydratation der Gerbstoffe durch Alkalien besteht darin, daß die Gerbstoffe mit den Alkalien Tannate bilden, welche nicht die dehydratisierende Wirkung ausüben, wie die freien Gerbstoffe. Außerdem erhöhen die Alkalien den pH-Wert der Lösung, wodurch die Dispersität der Gerbstoffe und gleichzeitig die lyophilen Eigenschaften gesteigert werden, d. h. die Wasserhülle der Teilchen vergrößert wird.[1]

Die Rehydratation der Gerbstoffe durch Alkalizusatz und Temperaturerhöhung findet im ersten Stadium der beschleunigten Gerbung nach Pawlowitsch[2] statt, wobei die Blöße bei Steigerung von pH auf 6—8 und der Temperatur auf 37° C gleich mit starken Extrakten durchtränkt wird. Die Wahl des pH-Wertes hängt von der Leder- und Extraktsorte ab (z. B. für Quebracho 7—8).

Im zweiten Stadium erfolgt hierauf die Fixierung der Gerbstoffe durch Dehydratation und Koagulierung derselben vermittelst pH-Verminderung auf 2—5 (s. u. S. 60 u. 72).

Rehydratation, zugleich mit Dispersitätssteigerung, tritt offenbar bei Zusatz organischer Stoffe, z. B. Tragasol, Stärke u. a. zu den Extrakten ein.

4. Mittel zur Herbeiführung von Dispersitätsveränderungen. Die Dispersität der Kolloide im allgemeinen, der Gerbstoffe im besonderen, hängt von sehr vielen Bedingungen ab: Von der Herstellungsweise, der Temperatur, dem Alter, der Konzentration, dem Gehalt an verschiedenen Beimischungen, besonders Elektrolyten, dem pH usw. So gibt z. B. gemäß der schon zitierten Untersuchung von Prof. Stiasny eine 1%ige frische Quebrachobrühe 73.7% ausgesalzene Gerbstoffe, nach einwöchentlichem Stehen gibt sie 78.9%, nach drei Wochen 86.2%; frische Mangrove 53.3%, nach drei Monaten 60.2%, frische Eichenholzbrühe 44.9%, nach drei Monaten 49.1%.

Durch Zusatz mancher Nichtgerbstoffe, z. B. der Mimosen- und Kastanien-Nichtgerbstoffe zu den entsprechenden Extrakten erhöht sich die Dispersität der in ihnen enthaltenen Gerbstoffe. Z. B. vermindert der Zusatz von 0.86% Mimosa-Nichtgerbstoff (aus Mimosabrühe durch Entfernen der Gerbstoffe mittels chromiertem Hautpulver bereitet) zu einer 0.86%igen Lösung des Mimosagerbstoffs (aus dem Bleisalz durch Zerlegung mit Schwefelwasserstoff erhalten) die Menge der ausgesalzenen Gerbstoffe von 29.8% auf 21.5%.

Zusatz von 0.2% Kastanien-Nichtgerbstoff zu einer ebenso bereiteten 1.6%igen Kastanien-Gerbstofflösung vermindert dementsprechend den ausgesalzenen Gerbstoff von 23.6 auf 15.1%.

---

[1] Der Gerber, 1927, 125, 141, 165.

[2] Collegium, 1926, 591. Engl. Pat. 302.408, 20. 12. 28.

In besonders hohem Maße wird die Dispersität durch die Zufügung von Gallussäure gesteigert, während die Sumach-Nichtgerbstoffe die Dispersität herabdrücken.

J. Radik[1] bereitete von Nichtgerbstoffen freie Gerbstofflösungen nach der Aussalzmethode. Der zerkleinerte Trockenextrakt wurde mittels gesättigter Salzlösung vollständig ausgelaugt. Hierbei gingen alle Nichtgerbstoffe und die hochdispersen Gerbstoffe teilweise in Lösung, während die wenig dispersen Gerbstoffe ungelöst blieben. Um sie in Lösung zu bringen, wurde durch Dialyse das Salz entfernt, worauf sie, in Wasser aufgenommen, nichtgerbstoffreie Lösungen gaben. Auf diese Weise hergestellte Lösungen von Quebracho-, Eichen-, Kastanienholzextrakt zeigten infolge Fehlens der mildernden Nichtgerbstoffe starke Adstringenz und hohe Aussalzbarkeit.

O. Funk[1] untersuchte die Wirkung von Türkischrotöl (sulfoniertes Ricinusöl). Es zeigte sich, daß die Löslichkeit von nicht sulfitiertem Quebracho durch das Türkischrotöl größer wird (Optimum bei Zusatz von 20% Öl bezogen auf trockenen Quebracho). Aber hinsichtlich der Aussalzbarkeit ergaben die Versuche, daß Ölzusatz die Menge der ausgesalzenen Gerbstoffe, besonders in der ersten Fraktion, erhöht, d. h. die Dispersität wird durch den Ölzusatz kleiner, infolge der Bildung von Ölhüllen um die Gerbstoffteilchen. Auch Gerbversuche ergaben aus demselben Grunde eine Verlangsamung der Gerbstoffaufnahme.

Wie aus der Tabelle 15 und aus der untenstehenden Zusammenstellung von verschiedenen Forschern stammender Angaben hervorgeht, wird die Dispersität der Gerbstoffe durch Sulfitierung gesteigert.[2]

Extraktsorte	in % Ausgesalzene Gerbst. bei Sättig. mit Salz zu			insges. ausges. Gerbst.	nicht ausges. Gerbst.	Summe Gerbst.
	1/3	2/3	3/3			
Quebrachoextr. natürlich	42.4	21.6	15.2	79.2	19.3	98.5
20 g Quebrachoextr. + 2 g $NaHSO_3$ + 80 g H_2O 8 St. am Rückflußkühler erhitzt	18.1	13.5	12.7	44.3	52.3	96.6
40 g Qu.-E. + 3.23 g $NaHSO_3$ + + 85.5 g H_2O 8 St. am Rückflußkühler erhitzt	17.7	17.7	18.0	53.4	45.7	99.1
Qu.-E. + 7.5% $NaHSO_3$ + 7.5% Na_2SO_3	16.4	15.8	17.6	49.8	46.9	96.7
Qu.-E. + 10% $NaHSO_3$ + 5% Na_2SO_3	17.9	15.9	19.2	53.0	46.3	99.3
Qu.-E. + 5% $NaHSO_3$ + 10% Na_2SO_3	13.7	16.5	15.1	45.3	52.8	98.1

Es ist daher verständlich, warum sulfitierte Extrakte weniger adstringierend wirken und eine größere Diffusionsgeschwindigkeit haben.

---

[1] Jahresber. d. Ver. akad. Gerbereichem. Darmstadt, 1925—1926, 32.

[2] Collegium, 1925, 144.

Die Versuche von K. Mayer[1] über die Dialyse der feindispersen Gerbstoffraktionen haben gezeigt, daß in Anwesenheit von NaCl die feindispersen Teilchen viel langsamer oder gar nicht dialysieren.

Daraus geht hervor, daß sehr kleine Teilchen, wenn sie auch nicht koagulieren, doch unter dem Einfluß des NaCl einen Größenzuwachs erfahren. Im Hinblick auf diese Tatsache kann man annehmen, daß die gerbenden Eigenschaften der feindispersen Fraktionen durch Zusatz einer gewissen Salzmenge gesteigert werden können.

Nach den Versuchen von Mayer[1] sinkt die Dispersität der Gerbstoffe unter dem Einfluß der ultravioletten Strahlen.

F. Orth[2] hat bei seinen Versuchen gefunden, daß der Zusatz des synthetischen Gerbstoffs F zu verschiedenen Gerbstoffen deutlich, aber nicht in gleicher Weise auf ihre Aussalzbarkeit einwirkt. Die Aussalzbarkeit von Eichenrindenbrühen steigt z. B. stark an, bei Kastanienholzbrühen wird sie deutlich geringer.

Dementsprechend erhält man bei Eichenrinde eine bedeutende Vermehrung des Unlöslichen (die Dispersität wird kleiner), bei Eichenholz und Quebracho umgekehrt eine starke Verminderung des Unlöslichen (die Dispersität wächst).

Es zeigte sich dann, daß die Gerbwirkung[3] der schwach adstringierenden Gerbstoffe (Gambir, Kastanienholz, sulfitierter Quebracho) durch Zusatz des Gerbstoffes F bedeutend erhöht wird. Dagegen bleibt die Gerbwirkung der stark adstringierenden Gerbstoffe (Eichenrinde, Quebracho) unverändert.

Eine Arbeit von Thomas und Kelly[4] zeigt den großen Einfluß von pH auf die Dispersität der Gerbstoffe. Ich erinnere daran, daß reines Wasser in unbedeutendem Maße in positive Wasserstoffionen H und in negative Hydroxylionen OH gespalten ist, gemäß der Gleichung $H_2O \rightleftarrows H^+ . OH^-$

Die Pfeile deuten an, daß bei gegebenen Temperatur- und Druckverhältnissen ein bestimmtes Gleichgewicht sich einstellt und daß ebenso viele Moleküle Wasser in Ionen zerfallen, als umgekehrt aus der Vereinigung von Wasserstoff- und Hydroxylionen entstehen. Zwischen den Konzentrationen des undissoziierten Wassers und der Wasserstoff- und Hydroxylionen besteht ein konstantes Verhältnis, das durch folgende Gleichung (das sogenannte Massenwirkungsgesetz) ausgedrückt wird:

$$\frac{[H] \times [OH]}{[H_2O]} = K$$

Die Konzentrationen werden in Grammolekülen oder -Ionen pro

---

[1] Jahresbericht d. Vereinig. akad. Gerbereichemiker, Darmstadt, 1924 bis 1925, 9.

[2] Jahresbericht d. Vereinig. akad. Gerbereichemiker, Darmstadt, 1925 bis 1926, 21.

[3] D. i. die Fähigkeit, eine irreversible Verbindung mit der Hautsubstanz einzugehen.

[4] Industrial and Engineering Chemistry, 1926, 136, 2.

Liter Lösung ausgedrückt. Da Wasser unter normalen Verhältnissen sehr wenig dissoziiert ist, kann man die Konzentration des undissoziierten Wassers als konstant ansehen und dann kann man die vorhergehende Gleichung folgendermaßen ausdrücken:

$$[H].[OH] = [H_2O].K = Kw$$

wo Kw als Dissoziationskonstante des Wassers bezeichnet wird.

Mittels verschiedener Methoden wurde die Größe Kw zu 10^{-14} bei 22° C ermittelt.

Da [H] = [OH], so ist [H] und [OH] = 10^{-7} Grammionen im Liter.

Wenn man die Wasserstoffionenkonzentration durch Zusatz einer Säure erhöht, die im Wasser dissoziiert, (z.B. $HCl = H^+ \times Cl^-$), dann muß die Hydroxylionenkonzentration beträchtlich kleiner werden, damit $[H] \times [OH] = Kw$ konstant bleibt.

Umgekehrt wächst beim Zusatz einer in wässeriger Lösung dissoziierenden Lauge (z. B. $NaOH = Na^+ \times OH^-$) die Hydroxylionenkonzentration, während die Wasserstoffionenkonzentration dementsprechend abnimmt.

Es liegt also eine saure Lösung vor, wenn die Wasserstoffionenkonzentration größer ist als 10^{-7} und eine alkalische, wenn [H] kleiner ist als 10^{-7}.

Im Hinblick auf die Unbequemlichkeit, mit den sehr kleinen Werten für die Wasserstoffionenkonzentration zu operieren, hat Sörensen vorgeschlagen, mit dem umgekehrten Logarithmus der Wasserstoffionenkonzentration zu rechnen und diesen mit den Buchstaben pH zu bezeichnen. So beträgt pH für Wasser — log 10^{-7} = 7. In saurem Milieu, wo [H] zwischen 10 und 10^{-6} liegt, wird sich pH zwischen 0 und 6 bewegen, in alkalischer Lösung, in der [H] zwischen den Grenzen 10^{-8} und 10^{-14} schwankt, wird pH die Werte von 8 — 14 annehmen, d. h. je größer pH ist, desto kleiner ist die Wasserstoffionenkonzentration.

Zur Bestimmung der Dispersität wurde die Methode der Ultrafiltration angewendet, die von K. Jay Browne[1] für die Trennung der Gerbstoffe von den Nichtgerbstoffen ausgearbeitet wurde.

Die Filtermembranen wurden durch Tränken von Filtrierpapierscheiben mit Kollodiumlösungen hergestellt, die 6% Pyroxylin in Alkohol-Ätherlösung enthielten. Nach der Durchtränkung (deren Ende an dem Aufhören der Bildung von Luftblasen zu erkennen ist), läßt man die Scheiben einige Sekunden abtropfen, bewegt sie horizontal, um eine gleichmäßige Kollodiumoberfläche zu erhalten, trocknet sie 1—2 Minuten an der Luft, bis das Kollodium erstarrt ist, und taucht sie dann in Wasser ein.

Das Äther-Alkoholgemisch wird durch Wasser verdrängt und dadurch eine bestimmte Durchlässigkeit der Membran erzielt. Diese wird dann mit Leitungswasser bis zur Befreiung von Äther und

[1] Journal A. L. C. A., 1923, 409, 18.

Alkohol gewaschen und in diesem Zustand in mit Chloroform oder Toluol sterilisiertem Wasser bis zur Verwendung aufbewahrt.

Die Durchlässigkeit der Membranen hängt stark von dem Grad der Austrocknung ab: bei starker Austrocknung werden sie hart, spröde und praktisch undurchlässig, bei geringer Austrocknung dagegen sind sie sehr durchlässig und lassen auch Gerbstoffe durch.

Trotz dieser Schwierigkeiten gelang es Browne, serienweise Membranen herzustellen, die sich nur wenig voneinander unterschieden, und eine quantitative Methode der Gerbstoffbestimmung auszuarbeiten. Browne führte seine Bestimmungen bei dem natürlichen pH der Gerbstofflösungen aus.

Thomas und Kelly verwendeten dieselbe Methode zur Ultrafiltration von Brühen aus Hemlockrinde, die 0.4 g Gerbstoff in 100 ccm enthielten, bei verschiedenen durch Zusatz von Ätznatron oder Salzsäure eingestellten pH.

Die Ultrafiltration wurde unter einem Druck von 234 kg/cm² bei der ersten Versuchsreihe, von 586 kg/cm² bei der zweiten und von 352 kg/cm² bei der dritten durchgeführt.

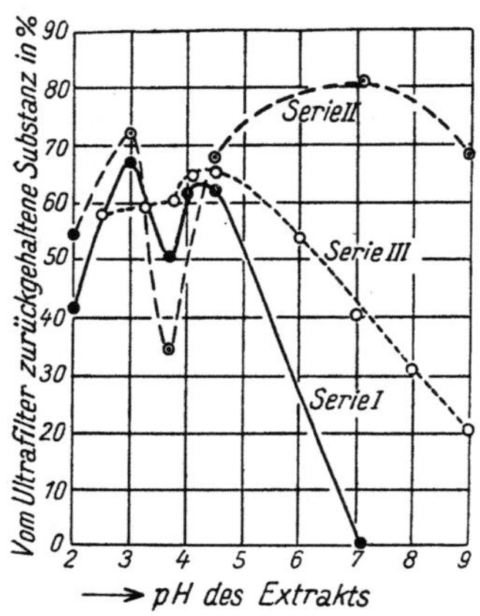

Abb. 5. Die Ultrafiltration von Brühen der Hemlockrinde

Es wurde der Trockenrückstand der Lösungen vor und nach der Ultrafiltration und die Menge der vom Ultrafilter zurückgehaltenen Substanz bestimmt.

Die Ergebnisse sind in Abb. 5 dargestellt.

Serie I und II wurde mit ein und derselben Hemlockrindenbrühe ausgeführt, aber die für Serie II verwendeten Membranen waren mit einer 6%igen Kollodiumlösung hergestellt worden, die vorher schon zur Anfertigung vieler Membranen von Serie I gedient hatte. Obgleich die Lösung sorgsam vor Verdunstung geschützt wurde, war sie doch infolge der unvermeidlichen Verdunstungsverluste bei der Herstellung der Membranen etwas konzentrierter geworden, wodurch deren Durchlässigkeit geringer wurde.

Serie III gibt die Untersuchung einer anderen Hemlockrindenbrühe wieder, die ebenso bereitet war, wie bei Serie I und II.

Für die Herstellung der Membranen wurde eine frische Kollodiumlösung verwendet, weshalb sie praktisch identisch mit denen von Serie I sind.

Die Kurven der Serien I und III zeigen die scharf ausgeprägten Unterschiede zwischen den Dispersitäten der Hemlockgerbstoffe bei Veränderung von pH: von pH 4.5 oder darüber nimmt die Dispersität zu (die Menge der zurückgehaltenen Teilchen vermindert sich) mit der Zunahme von pH, aber unterhalb pH 4.5 in den Serien I und II konstatieren wir bis pH 3.7 gleichfalls Zunahme, dann Abnahme bis pH 3 und dann wieder Zunahme der Dispersität.

Offenbar ist der unregelmäßige Verlauf der Kurven unterhalb pH 4.5 in den Serien I und III, ebenso wie derjenige der Kurve von Serie II auf die Ungleichmäßigkeit der bereiteten Membranen zurückzuführen.

In Anbetracht der starken Abhängigkeit der Ultrafiltration vom pH und von der Herstellungsweise der Membranen bietet die Brownesche Methode der Gerbstoffbestimmung durch Ultrafiltration große Schwierigkeiten.

Der Einfluß von pH auf die Gerbstoffe der Mimosa zwischen den Grenzen 3—4.84 wurde von Vogel[1] nach der Aussalzmethode untersucht. Es zeigte sich, daß innerhalb dieses Bereiches keine merklichen Dispersitätsänderungen vorkommen, was mit den geschilderten Versuchen von Thomas und Kelly übereinstimmt.

5. Veränderungen der Dispersität auf mechanischem Wege. Vom chemischen Standpunkt wäre das Ideal einer Zerkleinerung eine solche bis zur submikroskopischen Feinheit, bis zur Kleinheit kolloider Teilchen. Dann müßte man nicht extrahieren und verdampfen, sondern könnte sogleich einen Gerbextrakt der gewünschten Konzentration bereiten und hätte nur mit den minimalen Gerbstoffverlusten zu rechnen, die durch Unvollständigkeit der Auslaugung und Bildung unlöslicher Stoffe infolge Temperaturerhöhung bedingt sind.

Bei kolloidaler Zerkleinerung soll die Teilchengröße 0.1 Mikron[2] bis 5 Millimikron betragen. Teilchen von 0.1 Mikron übersteigender Größe stellen die unlöslichen Stoffe vor, kleinere als 5 Millimikron sind Moleküle und geben echte Lösungen.

Das wesentlichste unterscheidende Merkmal der Kolloidmühlen ist ihre große Geschwindigkeit in einer Flüssigkeit. Infolgedessen beruht ihre zerreibende Wirkung nicht in gleichem Maße auf der engen Berührung (der Teile), wie dies bei allen anderen fein zerreibenden Maschinen der Fall ist. Das Flüssigkeitshäutchen, das sich an alle arbeitenden Teile der Mühle anlegt, muß bei großer Geschwindigkeit als feste Masse betrachtet werden und die in der Flüssigkeitshaut suspendierten Stoffteilchen verhalten sich bei Entwicklung hoher Geschwindigkeiten, als ob sie in etwas Hartes eingebettet wären.

Deshalb steigt die zerreibende Wirkung dieser Maschinen mit der Umdrehungsgeschwindigkeit. Schneiden, Zerbrechen, Zerreiben, Stoßen, mechanisches und hydraulisches Zerdrücken, — alles das bildet einen wesentlichen Teil ihrer Wirksamkeit.

Die bekanntesten Kolloidmühlen sind: „Premier“-Mühle von Burt, Boulton & Haywood, Ltd., Plauson-, Kekmühle u. a.

---

[1] Jahresbericht d. Vereinig. akad. Gerbereichemiker, Darmstadt, 1925 bis 1926, 30.

[2] Mikron = 1/1000 mm, Millimikron = 1/1000 Mikron.

Die Premier-Mühle entbehrt aller feineren Teile und besteht aus zwei horizontal angeordneten Kegelstumpfen von gleichem Neigungswinkel, deren einer, (gewöhnlich der obere), sich dreht, während der andere unbeweglich bleibt. (Abb. 6.)

Der erste Kegel ist vollkommen glatt, besonders genau gearbeitet und an einer Welle befestigt, die auf besonderen Lagern ruht. Er arbeitet in engem Zusammenhang mit der festsitzenden Kegeloberfläche, die einen Teil des Gehäuses bildet. Die Konstruktion der Maschine hat große Ähnlichkeit mit der Reibungskuppelung eines Automobils, mit dem Unterschied, daß die beiden Oberflächen einander nicht berühren.

Die Arbeitsfläche des rotierenden Teils ist so angeordnet, daß zwischen ihr und der Oberfläche des Gehäuses ein kleiner Zwischenraum besteht.

Infolge dieser Bauart dreht sich die metallische Oberfläche sehr nahe von der unbeweglichen mit einer von 1000—5000 Drehungen je Minute veränderlichen Geschwindigkeit.

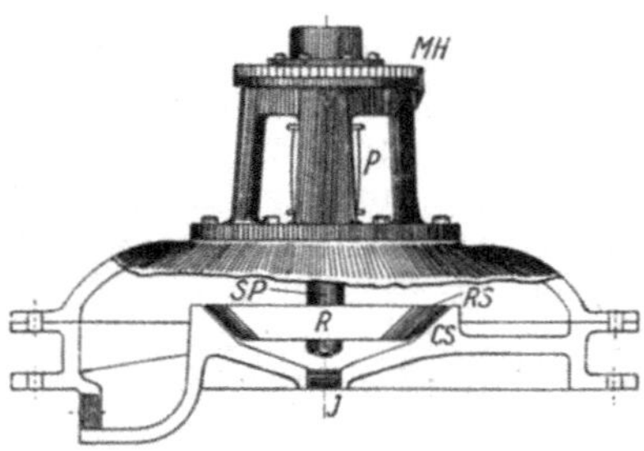

Abb. 6. „Premier"-Mühle von Burt, Boulton und Haywood, Ltd.

Der rotierende Teil darf nie so gestellt sein, daß er das Gehäuse wirklich berührt, aber die Entfernung kann so reguliert werden, daß der wirkliche Abstand von etwa 0.075 mm bis 0.5 oder 0.75 mm, je nach der Arbeitsweise, beträgt.

Die entsprechend rasche Zufuhr des Mahlguts erfolgt entweder durch eine Pumpe oder durch die Saugwirkung der Fliehkraft. Die Eintrittsöffnung braucht nur sehr klein zu sein, da der rotierende Teil wie eine Zentrifugalpumpe wirkt und das eintretende Material zwischen die Arbeitsflächen saugt. Das Mahlgut durchwandert den engen Raum zwischen den Kegeloberflächen in Form eines dünnen Häutchens und die suspendierten Stoffteilchen werden infolge der kolossalen Geschwindigkeit des rotierenden Teils rasch zerkleinert.

Wenn zwei normalerweise nicht mit einander mischbare Flüssigkeiten durch die Mühle geschickt werden, dann werden die Teilchen so zerkleinert, daß sie sich miteinander mischen und eine Emulsion bilden.

Die Maschine kann mit einem Gehäuse bedeckt werden, damit man sie erwärmen oder abkühlen kann.

Die Kek-Mühle (Abb. 7) besteht im Wesentlichen aus 2 horizontalen Scheiben, die mit in konzentrischen Ringen angebrachten Zähnen versehen sind. Die obere Scheibe ist unbeweglich, die untere dreht sich mit einer Umfangsgeschwindigkeit von annähernd 6000 m je Minute, was 7500 Umdrehungen je Minute entspricht.

Das Material wird in der Mitte zugeführt und nach dem Umfang geschleudert, nachdem es zahlreichen Schlägen ausgesetzt war. Die Entleerung erfolgt am Umfang.

Die Plausonmühle (Abb. 8) hat ovale Gehäuse und besitzt unten das eigentliche Schlägerwerk auf einer Welle, welche durch die Riemenscheibe in schnelle Umdrehungen (6000—9000 pro Minute) versetzt wird. Dem Schlagwerk gegenüber befinden sich oben und unten

Abb. 7. „Kek"-Mühle
Maschinenbauanstalt Humboldt, Köln-Kalk

entsprechende amboßartig wirkende Gegenhalter. An diesen erfolgt die Zertrümmerung der in der Flüssigkeit schwebenden Körperchen. Das Mahlgut wird von oben zugeführt und seitlich und unten abgeführt. Der Abstand zwischen Schläger und Amboß verändert sich von 0 bis 2.5 mm.

Die Wirkung ist folgende: Infolge der Schleuderkraft wird alle Flüssigkeit von den Schlagarmen abgeschleudert, um die Welle entsteht ein leerer Raum: weder Luft noch Flüssigkeit kann von der Wellenmitte zutreten, es bildet sich ein Unterdruck aus. Die am Umfang der Arme sich bildenden Flüssigkeitskränze werden durch den dort herrschenden Unterdruck immer wieder in das Innere des Schlägerwerks gesaugt. Eine außerordentliche Schlagwirkung ist die Folge. Die Wirkung beruht nun darauf, daß die zu zerteilenden Teilchen von Flüssigkeit oder Flüssigkeitsoberflächen derart wuchtig getroffen werden, daß sie nicht elastisch ausweichen können und deshalb zertrümmert werden (E. P. 155.836), (B. Block, Ang. Chem. 1921, 25, 34).

Von den Versuchen, Extrakte mittels der Kolloidmühle herzustellen, verdienen diejenigen von Thuau und Schell[1] Erwähnung.

Thuau und Schell benützten eine Kek-Mühle mit Stahlscheiben, wodurch die erhaltenen kolloidalen Lösungen etwas dunkel gefärbt waren. Sie haben neue Scheiben bestellt, die von Gerbstoff nicht angegriffen werden und die entweder aus Bronze oder einer neuen Legierung wie Monel, Platina-steness, die sehr widerstandsfähig gegen Gerbstoffe sind, bestehen werden.

Abb. 8. Plauson-Mühle
Maschinenfabrik Emil Passburg, Berlin

Die ersten Versuche von Thuau und Schell wurden an Divi-Divi, pulverisierter Mimosarinde und Sumach angestellt.

Es ist bekannt, wie schwierig die Herstellung von Divi-Divi-Extrakt ist. Dieses Material ist einerseits reich an Zucker, andererseits bereitet die Extraktion tatsächlich Schwierigkeiten infolge der Bildung von Schlamm.

Thuau und Schell bemühten sich, die Versuche an gerbstoffreicheren Materialien vorzunehmen, die sich bedeutend leichter dispergieren lassen.

Die wichtigsten Ergebnisse ihrer Versuche sind in Tabelle 6 dargestellt.

Wie aus der Tabelle ersichtlich, haben Thuau und Schell außer mit der Kek-Mühle auch unter Verwendung eines einfachen Laboratoriumsmörsers Versuche angestellt, wobei sie das erhaltene Pulver mit Wasser schüttelten.

Das Resultat ist deshalb interessant, weil die Analysenprobe nach starkem Schütteln der Versuchsflüssigkeit entnommen wurde. Wenn aber die Lösung dekantiert wurde, war in den mit Hilfe des Laboratoriumsmörsers hergestellten Proben eine allmähliche Verminderung

[1] Cuir techn. 1926, 312.

des Gerbstoffgehaltes festzustellen, während der Gerbstoffgehalt der mit der Kek-Mühle erhaltenen Lösungen fast unverändert bleibt.

Man gelangt zu dem Schluß, daß die Verwendung einer der Extraktbereitung angepaßten Kolloidmühle in der Lederindustrie eine große Rolle spielen kann.

Tabelle 6.

Vergleichende Analysenresultate.

	Divi-Divi-pulver	Mimosarinde-pulver	Sumach-pulver
1. Offizielle Methode.	T . 46.5 NT . 17.3 NL . 21.9 H_2O . 14.3 100.0	T . 43.7 NT . 10.2 NL . 33.3 H_2O . 12.8 100.0	T . 26.6 NT . 13.9 NL . 48.4 H_2O . 11.1 100.0
2. 20%ige kolloidale Lösung nach der Zerkleinerung auf der Kek-Mühle	T . 7.1 NT . 3.0 NL . 1.8 H_2O . 88.1 100.0	T . 6.8 NT . 1.9 NL . 5.0 H_2O . 86.3 100.0	T . 2.6 NT . 2.5 NL . 7.3 H_2O . 87.7 100.0
3. Wie 2, bei Verwendung eines feiner gemahlenen Pulvers, das in trockenem Zustand auf der Kek-Mühle vorzerkleinert und dann ein zweites Mal mit Wasser auf der Kek-Mühle gemahlen wurde	T . 8.0 NT . 2.8 NL . 2.3 H_2O . 86.9 100.0		T . 3.2 NT . 2.7 NL . 8.6 H_2O . 86.5 100.0
4. Nach 8tägigem Absitzen	T . 6.4 NT . 2.6 NL . 0.2 H_2O . 90.8 100.0	T . 4.3 NT . 1.6 NL . 0.3 H_2O . 93.8 100.0	T . 3.2 NT . 1.1 NL . 0.2 H_2O . 95.5 100.0
5. 20%ige kolloidale Lösung nach Zerreibung zu einem Pulver im Mörser und einfachem Schütteln mit Wasser	T . 7.7 NT . 3.1 NL . 1.3 H_2O . 87.9 100.0		T . 3.3 NT . 2.6 NL . 6.3 H_2O . 87.8 100.0
6. Klare Lösung von 5 nach 8tägigem Absitzen	T . 4.0 NT . 2.3 NL . 0.2 H_2O . 93.5 100.0		T . 2.6 NT . 2.4 NL . 0.5 H_2O . 94.5 100.0

Die Versuche, die Thuau und Schell mit Zentrifugen und Superzentrifugen ausgeführt haben, gestatten anzunehmen, daß man

NL = Unlösliches.

aus den mit Hilfe der Kolloidmühle erhaltenen kolloiden und halbkolloiden Lösungen die Hauptmenge an Unlöslichem und Fasersubstanzen leicht wird entfernen können.

Schließlich muß erwähnt werden, daß die Engländer J. und W. N. Hutchings und James Morrison ein Verfahren patentieren ließen, betreffend die Herstellung von Gerbbrühen und Extrakten mittels Dispergierung der Gerbmaterialien auf Kolloidmühlen in Anwesenheit von Wasser oder einer Gerbflüssigkeit (H. 96357/Kl. 28 a).

Offensichtlich ist die Berechtigung einer solchen Erteilung bestreitbar, da die Tatsache, mittels Kolloidmühlen hergestellte kolloide Lösungen für die Gerbung von Häuten verwenden zu können, evident ist.

6. Vergleichung der Extrakte bezüglich der Geschwindigkeit ihrer Diffusion in die Blöße. Das erste Erfordernis des Gerbers bei der Lederbereitung ist, daß der Extrakt die Blöße möglichst rasch und gleichmäßig färbt, d. h. möglichst rasch in die Haut diffundiere.

Diffusion ist das erste Stadium des Gerbvorganges. Darauf folgt Adsorption oder eine chemische Verbindung der Hautsubstanz mit den Gerbstoffen.

Die Diffusionsgeschwindigkeit hängt von dem Dispersitätsgrad der Teilchen ab: je größer die Dispersität (d. h. je geringer die Teilchengröße), desto größer die Diffusionsgeschwindigkeit.

F. Neuner und E. Stiasny[1] haben die Diffusion durch eine Membran aus dünnem Pergamentpapier (eine solche Diffusion heißt in der Kolloidchemie Dialyse), an folgenden Gerbmaterialien untersucht: Quebrachoholz (ganz reiner im Laboratorium bereiteter Extrakt), Kastanienholz (bekannt reiner Extrakt einer französischen Fabrik), Eichenholz (reine Brühe aus den Diffuseuren einer slavonischen Fabrik), Rinden von Fichte, Eiche, Mimosa, Maletto und Mangrove; Sumach, Mirobalanen, Valonea und Tannin.

Für die Versuche wurden Lösungen mit einem Gerbstoffgehalt von 1.75% verwendet, die in offene, mit einem Boden aus Pergament versehene Zylinder eingefüllt wurden. Der Zylinder wurde in ein mit Wasser gefülltes Gefäß eingetaucht, wobei das Niveau des Wassers im Gefäß tiefer stand als das Niveau der Brühe im Zylinder. Diese Niveaudifferenz wurde während der Versuchsdauer konstant gehalten. Die Brühen waren mit Chloroform sterilisiert.

Am fünften Tag wurde die Dialyse unterbrochen und sowohl die äußere Flüssigkeit im Gefäß (das Dialysat), als auch die innere im Zylinder analysiert.

Je mehr Gerbstoff oder Nichtgerbstoff im Dialysat enthalten sind, desto stärker ist die Diffusion. Die folgende Tabelle enthält die Versuchsergebnisse:

---

[1] Collegium, 1910, 129.

	Gerbstoffe im Dialysat in % der Gesamtgerbstoffmenge	Nichtgerbstoffe in der urspr. Lösung in % des Trockenrückstandes	Nichtgerbstoffe im Dialysat in % d. Gesamt-Nichtgerbst.
Tannin	4.20	6.21	—
Mangrove	4.88	16.09	49.98
Maletto	5.22	17.14	40.91
Eichenrinde	8.62	46.59	45.29
Quebracho	10.16	11.96	32.33
Eichenholz	10.79	36.30	40.26
Mimosa	12.29	27.71	43.69
Valonea	14.19	31.29	36.80
Sumach	15.18	67.59	60.46
Kastanienholz	17.69	34.31	33.47
Mirobalanen	19.18	46.35	47.02
Fichtenrinde	20.11	54.63	46.13

Wie aus der Tabelle ersichtlich ist, ändert sich die Diffusion der Gerbstoffe vom Tannin zur Fichtenrinde sehr stark (Kolonne 1), im allgemeinen ist sie aber bedeutend geringer als die Diffusion der Nichtgerbstoffe (Kolonne III), die weniger von der Art der verwendeten Materialien abhängt. Die Angaben für die Diffusion der Gerbstoffe stimmen mit den Ergebnissen der Praxis überein, wonach Fichte, Mirobalanen, Kastanie und Sumach zu den am schnellsten gerbenden und Mangrove, Maletto und Eichenrinde zu den langsam gerbenden Materialien gerechnet werden. Ein genauer Parallelismus zwischen Diffusion der Gerbstoffe und Gehalt an Nichtgerbstoffen im Extrakt besteht nicht, aber im Allgemeinen enthalten die Extrakte mit stärkerer Diffusion der Gerbstoffe auch mehr Nichtgerbstoffe. Eine Ausnahme bilden Extrakte aus der Rinde oder dem Holz der Eiche.

Interessant ist, daß bei der Dialyse von Brühen aus Eichenrinde, Sumach, Valonea mit 1.75% Gerbstoff, Kastanie mit 10% Gerbstoff, die innerhalb des Zylinders verbleibende, an Gerbstoff angereicherte Brühe sich trübt. Offenbar wird die Löslichkeit der Gerbstoffe durch die Nichtgerbstoffe und die leichter diffundierenden Gerbstoffraktionen unterstützt, indem sie die schwerlöslichen Gerbstoffe peptisieren. Diese trüben dialysierten Brühen werden infolge des Fehlens der peptisierenden Nichtgerbstoffe sehr langsam und nicht vollständig durch Hautpulver entgerbt. Das bestätigt die Wichtigkeit der Nichtgerbstoffe beim Gerben.

Neuner und Stiasny haben noch Diffusionsversuche bei verschiedenen Konzentrationen angestellt und erhielten folgende Resultate:

	Gerbstoffe in 100 ccm urspr. Lösung in g	Gerbstoffe im Dialysat in % der Gesamtgerbstoffmenge
Quebracho	0.749	14.92
	1.551	10.16
	8.107	4.43
Kastanie	1.100	17.69
	6.595	6.77

	Gerbstoffe in 100 ccm urspr. Lösung in g	Gerbstoffe im Dialysat in % der Gesamtgerbstoffmenge
Mirobalanen	0.449	23.23
	0.933	19.16
Mangrove	0.746	4.63
	1.489	4.88

Mit einer Erhöhung der Konzentration geht also eine starke Verminderung der Diffusion (Dialyse) Hand in Hand. Dagegen verändert sich die Diffusion der Nichtgerbstoffe bei denselben Versuchen nicht.

Da die Eigenschaften der Kolloide überhaupt stark von ihrem Alter abhängig sind, ist es natürlich, daß das Diffusionsvermögen der Gerbstoffe sich auch mit dem Alter ändert, und zwar abnimmt.

Folgende von Neuner und Stiasny bei der Dialyse von Brühen mit 1.75% T gefundenen Werte machen diese Erscheinung anschaulich:

	Gerbstoffe im Dialysat in % der Gesamtmenge T in frischen Brühen	Gerbstoffe im Dialysat in % der Gesamtmenge T in alten Brühen	Alter
Mangrove	4.88	2.67	4 Monate
Kastanienholz	16.4	9.5	6 Wochen
Quebracho	10.7	9.1	3 Monate
Eichenholz	10.8	11.7	4 Monate

Während Mangrove und Kastanie mit zunehmendem Alter der Lösungen bedeutend schlechter werden, ist dies bei Quebracho weniger der Fall und Eiche wird bezüglich der Diffusionsfähigkeit sogar besser.

Endlich stellten Neuner und Stiasny Dialysierversuche mit Gemischen verschiedener Gerbstoffe an, um aufzuklären, inwieweit die einzelnen Gerbstoffe mit Bezug auf ihre Diffusionsfähigkeit aufeinander einwirken. Wirken sie nicht aufeinander ein, dann müssen die Dialysenwerte der Gemische dem arithmetischen Mittel aus den Dialysenwerten der Komponenten gleich sein; besteht aber eine gegenseitige Beeinflussung, dann muß das Dialysat entweder mehr oder weniger Gerbstoff enthalten. Für verschiedene Gemische wurden folgende % Gerbstoff im Dialysat gefunden:

	Gefunden (a)	arithm. Mittel (b)	
Kastanie u. Mangrove	9.85	10.02	a=b
Kastanie u. Mangrove	10.39	10.36	
Eiche u. Kastanie	13.46	15.03	a<b
Eiche u. Kastanie	12.43	14.30	
Quebracho u. Mangrove	9.04	7.58	a>b
Quebracho u. Mangrove	9.29	7.58	
Quebracho u. Mirobalanen	17.62	13.56	a<b
Quebracho u. Mirobalanen u. Mangrove	11.50	10.31	a>b

Die Vermischung von Eichenholz mit Kastanienholz verschlechtert also, die von Quebracho mit Mangrove und Mirobalanen verbessert die Diffusionsfähigkeit der Gerbstoffe, wobei die Beeinflussung der Komponenten vielleicht keine gleichartige ist. Durch Analyse des Dialysats läßt sich ermitteln, welche Gerbstoffe besser, welche schlechter diffundieren. Es geben z. B. die Pyrokatechin-Gerbstoffe wie Quebracho, Mimosa, Mangrove, Fichte, mit Formaldehyd und Salzsäure einen Niederschlag, die Pyrogallol-Gerbstoffe wie Kastanie, Eiche, Mirobalanen, geben keinen. Daher wird man bei der Dialyse eines Gemisches von Pyrokatechin- und Pyrogallolgerbstoffen in der Lage sein, aus der Menge des Formaldehydniederschlags zu erkennen, ob die Diffusion der Komponenten gleichmäßig vor sich geht, oder ob eine von ihnen schneller, die andere langsamer diffundiert.

Die Untersuchungen Hoppenstedts[1] über die Diffusion der Lösungen mit 4 g T im l in eine 5%ige Gelatinegallerte, die bei einer Versuchsreihe rein, bei der anderen mit einem Zusatz von 0.015% Ammonium-Eisen-Alaun versehen war, haben gezeigt, daß die verschiedenen Gerbmaterialien, nach Zunahme der Diffusionsgeschwindigkeit geordnet, folgende Reihe ergaben: Mangrove, Quebracho, Hemlock, Algarobilla, Valonea, Eichenextrakt, Mirobalanen, Kastanienextrakt, Gambir, Divi-Divi, Sumach.

Später wies Thomas[2] nach, daß die Diffusionsgeschwindigkeit der Gerbstoffe in Gelatine umso höher ist, je größer das Verhältnis der Nichtgerbstoffe zu den Gerbstoffen in dem betreffenden Gerbmaterial gefunden wird. Für typische Muster fand er, daß die Diffusionsgeschwindigkeit in folgender Ordnung ansteigt: Quebracho, Hemlockrinde, Rotlärchenrinde, Eichenrinde, Kastanienholz, Gambir, Sumach, in Übereinstimmung mit den von Hoppenstedt erhaltenen Resultaten.

In derselben Reihenfolge nimmt auch die Adstringenz dieser Materialien ab. Bei der Diffusion der Gerbstoffe in die Blöße wurde experimentell die gleiche Reihenfolge der Diffusionsgeschwindigkeit festgestellt.

Bezüglich des Einflusses von pH auf die Diffusion haben Wilson und Kern gleichfalls Versuche mit Gelatine ausgeführt. Es wurde eine 5%ige Gelatinelösung mit einem Zusatz von 0.1% Eisenchlorid als Gerbstoffindikator verwendet und die gewünschte Wasserstoffionenkonzentration, ebenso wie bei den Versuchen von Thomas, durch Zusatz von Weinsäure und Ätznatron eingehalten. Die auf Diffusionsfähigkeit untersuchten Lösungen von Gambir- und Quebrachoextrakten enthielten 1 g Trockensubstanz in 100 ccm und wurden gleichfalls durch Zusatz von Weinsäure und Ätznatron auf einem bestimmten pH gehalten.

Die Gelatinelösungen wurden in Reagensgläser gegossen, erstar-

---

[1] J. American Leath. Chem. Ass., 1911, 349.

[2] J. American. Leath. Chem. Ass., 1920, 593.

ren gelassen und mit einem bestimmten Volum Gerbstofflösung von gleichem pH wie die Gelatine überschichtet. Dann wurden die Reagensgläser in den Eiskasten gestellt und nach 96 Stunden gemessen, bis zu wieviel mm Tiefe ein gegebener Gerbstoff in die Gelatine eingedrungen war, was an der durch ihren Gehalt an $FeCl_3$ bedingten Dunkelfärbung der Gelatinegallerte zu erkennen war.

Abb. 9 verdeutlicht die Abhängigkeit der Diffusionsgeschwindigkeit der Gambir- und Quebrachogerbstoffe von der Veränderung des pH.

Gambir, der im Verhältnis zu den Gerbstoffen viel Nichtgerbstoffe enthält, beginnt bei pH = 3 zu diffundieren und erreicht ein Maximum bei pH = 6. Quebracho diffundiert fast gar nicht, bevor pH nicht gleich 4.7 geworden ist.

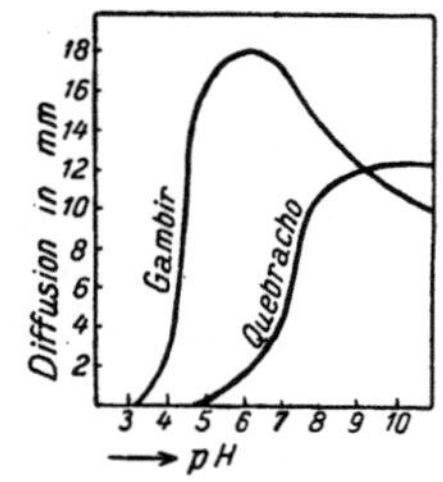

Abb. 9. Der Einfluß von pH auf die Diffusionsgeschwindigkeit einer Gerblösung in Gelatinegallerte

Bei pH größer als 9 diffundiert der Quebrachogerbstoff rascher als der des Gambir, wahrscheinlich wegen seiner Leichtlöslichkeit im alkalischen Mittel.

Die höchste Diffusionsgeschwindigkeit der Quebracho- und Gambirgerbstoffe wird also in neutraler, oder sogar alkalischer Lösung erreicht. Auf diese Erscheinung wurde von Procter in seinem Buche: „Principles of Leather Manufacture" 1922, S. 361, nochmals hingewiesen, wo er über die Entkalkung und den Farbengang spricht: „Wenn die Farbbrühen die erforderliche Menge freier Säuren enthalten, dann dürfte es vorteilhafter sein, eine kleine Menge Kalk in den Blößen zu belassen, weil er diese während der ersten Stadien der Gerbung in gequollenem Zustand erhält, indem er das Eindringen der Gerbstoffe beschleunigt und die Schrumpfung des Narbens verhindert, was eintritt, wenn die Blöße in der Brühe verfällt." Überdies: „Wird die Blöße in alkalischem Zustand von den Gerbstoffen rascher gefärbt und durchtränkt als wenn sie sauer ist, obzwar in Wirklichkeit keine Gerbung stattfindet, ehe sie nicht schwach sauer wird." Und weiter (S. 362) „Wenn Sohlenlederblöße in die erste Farbbrühe eingebracht wird, ist sie gewöhnlich bis zu einem gewissen Grade durch Kalk geschwellt". „Wenn die Brühen, wie dies gewöhnlich der Fall ist, außer den Gerbstoffen eine genügende Menge freier Säuren enthalten (Essigsäure, Milchsäure), dann neutralisiert die Säure den Kalk und die Blöße verliert, ohne zu verfallen und dünn zu werden, ihre Härte und wird weich und schwammig. Dieser Zustand ist günstig für die Adsorption (Aufnahme) der Gerbstoffe, aber man muß Sorge tragen, daß die Blöße nicht gedrückt wird, damit das Wasser nicht ausgepreßt wird, sonst wird die Blöße ihre Schwellung nicht leicht wieder erlangen."

Die geschilderten Versuche von Hoppenstedt, Thomas,

Wilson, Kern, über die Diffusion in eine Gelatinegallerte sind nicht hinreichend genau, da das Ausmaß der Durchdringung mit Hilfe von Eisenchlorid bestimmt wurde, welches eine Schwarzfärbung nicht nur mit Gerbstoffen, sondern auch mit den schnelldiffundierenden phenolartigen Nichtgerbstoffen, wie Gallussäure, ergibt.

Eine sehr genaue Untersuchung der Diffusion in die Blöße wurde von Mezey[1] ausgeführt. Die für die Versuche verwendeten Hautstückchen aus Kalblederkrupons wurden sorgfältig entkalkt, gewaschen und in einer gesättigten Salzlösung aufbewahrt. Gleichförmige Blößenstückchen von den Dimensionen 5 × 7 cm wurden durch Waschen mit Leitungswasser vom Salz befreit und in ein 500 ccm fassendes, mit der Lösung eines gegebenen Gerbstoffes gefülltes Gefäß eingehängt.

Untersucht wurden die Lösungen der Extrakte von: Sumach, sulfitiertem und gewöhnlichem Quebracho, Mangrove und Kastanienholz. Die Konzentration der Lösungen betrug 0.5, 1, 2, 4 und 8% Trockenrückstand.

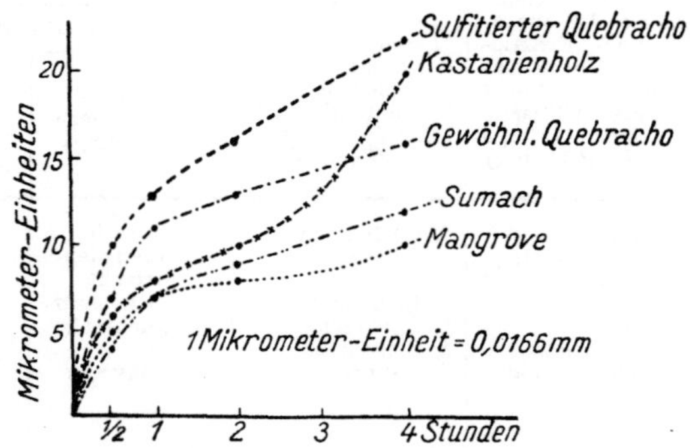

Abb. 10. Diffusionsgeschwindigkeit verschiedener Gerbstoffe in Kalbsblöße. Konzentration der Lösung = 1% Trockenrückstand

Nach Verlauf von ½, 1, 2, 4 und 24 Stunden wurden von jedem Stückchen durch Abschneiden des Randes und eines Streifens von 3 mm Dicke Proben genommen. Diese Streifen wurden mit Wasser abgespült, zwischen Filtrierpapier vom überschüssigen Wasser befreit und mit dem Mikrotom auf dünne Streifchen geschnitten u. zw. auf vier von jedem Stück. Diese Streifchen wurden im Verlaufe von fünf Minuten mit folgenden Lösungen behandelt: Destilliertes Wasser, 1%ige $K_2Cr_2O_7$-Lösung, dest. Wasser, 95%iger Alkohol, absoluter Alkohol, Alkohol-Xylolgemisch (3 : 1), Alkohol-Xylolgemisch (1 : 1), Xylol.

Die erhaltenen Stücke wurden mit Canadabalsam auf einem Objektträger befestigt und unter dem Mikroskop nach der schwarzbraunen Färbung der Gerbstoffe mit dem Bichromat festgestellt, wie tief diese unter den Narben eingedrungen waren.

Ich führe die für die Lösungen mit 1% Trockenrückstand geltenden durch die Kurven in Abb. 10 ausgedrückten Werte an.

Diese Angaben, ebenso wie die übrigen in der Arbeit Mezeys enthaltenen, zeigen, daß sulfitierter Quebracho die größte Diffusions-

[1] Collegium, 1925, 305.

geschwindigkeit besitzt und daß die Diffusionsgeschwindigkeit der untersuchten Gerbstoffe in folgender Reihenfolge abnimmt: sulfitierter Quebracho, Kastanie, gewöhnlicher Quebracho, Sumach, Mangrove. Interessant ist, daß Kastanie in den ersten Stunden weniger eindringt als gewöhnlicher Quebracho, nach drei Stunden aber diesen überholt. Umgekehrt diffundiert Mangrove zuerst rasch und später sehr langsam.

Die Stellung des Sumach nach Quebracho widerspricht den oben geschilderten Versuchen. Ungeachtet der Genauigkeit der Mezeyschen Versuchsanstellung muß dieser Umstand Zweifel hervorrufen, da er auch mit den Erfahrungen der Praxis nicht im Einklang steht.

Auf Grund der angeführten Untersuchungen lassen sich die Gerbstoffe wie folgt einteilen.

Gerbstoffreihen

Nach wachsender Summe der ausgesalzenen Fraktionen, d. h. nach sinkender mittlerer Dispersität (Stiasny u. Salomon[1] (1%ige Gerbstofflösung)	Nach sinkender Diffusionsgeschwindigkeit durch eine Pergamentmembran (Neuner u. Stiasny) (1.75%ige Gerbstofflösung)	Nach abnehmender Diffusionsgeschwindigkeit in Gelatinegallerte: Hoppenstedt (0.4%ige Gerbstofflösung)	Nach abnehmender Diffusionsgeschwindigkeit in Gelatinegallerte: Thomas (0.4%ige Gerbstofflösung)	Nach abnehmender Diffusionsgeschwindigkeit in Blöße: Mezey (Lösung mit 1% Trockenrückstand)
1. Sumach	2. Kastanienholz	1. Sumach	1. Sumach	Sulfit. Quebracho
2. Kastanienholz	1. Sumach	2. Kastanienextrakt	2. Kastanienholz	2. Kastanie
3. Mimosa	3. Mimosa	4. Eichenextr.	5. Eichenrinde	6. Quebracho nat.
4. Eichenholz	4. Eichenholz	6. Quebracho nat.	6. Quebracho	1. Sumach
7. Mangrove	6. Quebracho nat.	7. Mangrove		7. Mangrove
5. Eichenrinde	5. Eichenrinde			
6. Quebracho nat.	7. Mangrove			

Die Werte sind nach der Häufigkeit der übereinstimmenden Fälle angeordnet. Die größten Abweichungen finden sich bei Mezey für Sumach, wobei letzterer sogar hinter Quebracho kommt; außerdem für Mangrove bei Stiasny und Salomon. Aber im übrigen ist die Übereinstimmung ziemlich gut. So lassen sich die untersuchten Gerbstoffe nach abnehmendem Dispersitätsgrad und nach abnehmender Diffusionsgeschwindigkeit in folgender Reihe anordnen: Sumach, Kastanie (Holz), Mimosa, Eiche (Holz), Eichenrinde, Quebracho natürl. und Mangrove.

Die bei den Versuchen von Stiasny und Neuner untersuchten Mirobalanen und Valonea nehmen die erste Stelle ein. Eine gewisse Nichtübereinstimmung erscheint vollkommen natürlich, da die Herkunft des Gerbmaterials, sein Alter, die Bereitungsweise der Lösungen, die Konzentration, wie aus dem oben Gesagten hervorgeht, sich in der Dispersität und daher auch bei der Diffusion auswirkt.

Kotelnikow und Bass[2] untersuchten die aufeinanderfolgenden Veränderungen der Fraktionen beim Extrahieren von Gerb-

[1] Collegium, 1923, 326.
[2] Westnik d. Lederind. u. d. Lederh., 1928, 286 u. 387.

stoffen aus Mimosarinde und beim Adsorbieren derselben durch Blöße, wenn die Brühen von der Rinde auf die Blöße gegeben werden und umgekehrt, im ganzen 3 Mal, wobei die Brühe jedesmal 3 Tage mit der Rinde oder mit der Blöße in Berührung stand.

Kotelnikow und Bass erhielten die Fraktionen nicht nach der Aussalzmethode, sondern nach ihrer eigenen Methode der Peptisierung von Gerbstoffen, die mit einem Überschuß des Salzes vollständig ausgesalzen worden waren. Die ausgesalzenen Gerbstoffe wurden auf Schott'sche Glasfilter gebracht, wo sie auf dem ersten Filter mit einer gesättigten Salzlösung (Fraktion $^1/_1$), auf einem zweiten Filter mit zweimal verdünnter (Fraktion $^1/_2$) und auf einem dritten Filter mit achtmal verdünnter (Fraktion $^1/_8$) gesättigter Salzlösung ausgewaschen wurden.

Das Auswaschen wurde so lange fortgesetzt, bis die ablaufende Flüssigkeit ganz farblos war und keine Reaktion mehr mit $FeCl_3$ gab.

Die Gerbstoffmenge in den Fraktionen wurde gewichtsanalytisch bestimmt. (Trockener Rückstand minus Salz nach Volhardt und minus Unlösliches.)

Die erhaltenen Ziffern, die man in der folgenden Tabelle sieht, zeigen, daß zuerst die hochdispersen oder stabilen (nicht aussalzbaren) Gerbstoffe, dann weniger und weniger disperse extrahiert werden; beim Gerben werden auch zuerst hochdisperse und dann weniger disperse Fraktionen adsorbiert (Fraktionen $^1/_1$ und $^1/_2$).

1.	2.	3.	4.	5.	6.	7.
Benennung der Operation	Zunahme oder Abnahme					
	°Bé	Gerbstoffe in %ten abs.	Fraktionen in Prozenten von Reihe 3			
			Filtrat	$^1/_1$	$^1/_2$	$^1/_8$
1. Extrahieren	+1.2	+1.63	+71.2	+28.8	+14.2	
1. Gerbung	−0.7	−1.20	−85.0	−14.6	− 2.5	
2. Extrahieren	+0.7	+1.16	+29.3	+70.7	+22.4	Spuren
2. Gerbung	−0.5	−0.71	−11.3	−88.7	−38.0	
3. Extrahieren	+0.5	+0.57	+ 3.6	+96.4	+38.6	
3. Gerbung	−0.2	−0.53	− 1.9	−98.1	−51.0	

7. Vergleich der Extrakte nach dem Durchgerbungskoeffizienten. Außer der Diffusionsgeschwindigkeit der Gerbstoffe, oder einfach der Durchfärbungsgeschwindigkeit, interessiert den Gerber die Durchgerbungszahlen, d. h. die an 100 Teile Hautsubstanz gebundene Menge T.

Prof. Paessler gibt auf Grund von Laboratoriumsversuchen die in der Tabelle 7 angeführten Zahlen für die maximalen Durchgerbungszahlen bei Anwesenheit von 0.6% Essigsäure an;[1] hierbei laugt Paessler das Leder folgendermaßen aus: Das vom Fett befreite Lederpulver (welches 20 g des ursprünglichen Leders ent-

[1] Wissenswertes aus dem Gebiete der Gerberei, S. 17.

spricht) wird 12 Stunden in Wasser eingeweicht und dann bei gewöhnlicher Temperatur innerhalb 1½—2 Stunden in irgend einem Extraktionsapparate mit destilliertem Wasser von Zimmertemperatur genau auf 1 l extrahiert.

Da aber eine solche Auslaugung nicht vollständig ist, sind die Durchgerbungszahlen, obwohl gebräuchlich, doch nicht genau.

Tabelle 7.

Mimosenrinde	136
Quebrachoholz	130
Kastanienholzextrakt	130
Eichenholzextrakt	129
Eichenrinde	126
Fichtenrinde	123
Mangroverinde	122
Valonea	112
Knoppern	111
Malletrinde	104
Divi-Divi	103
Mirobalanen	101
Sumach	84
Sulfitierter Quebrachoextrakt	84
Kastanienholzextrakt ohne Säure	112

G. Schiller und B. Schwarzberg[1] erhielten folgende Durchgerbungszahlen (Kolonne I und III, Tabelle 8) nach zweitägiger Gerbung des Hautpulvers mit verschiedenen Gerbstoffen von analytischer Konzentration (230 ccm Gerblösung auf 0.5 Hautpulver, wobei das letztere vor der Gerbung mit 20 ccm Wasser befeuchtet worden war) ohne (Serie I) und mit vorhergehender Schwellung des Hautpulvers mittels 20 ccm n/50 H_2SO_4 anstatt Wasser (Serie 2).

Gegerbte Pulver wurden mit 500 ccm Wasser auf 0.5 Hautpulver ausgelaugt und analysiert.

In den Gerblösungen vor und nach der Gerbung wurde der Trokkenrückstand bestimmt und aus ihm die Gerbstoffaufnahme berechnet (Kolonne II und IV, Tabelle 8).

Tabelle 8.

Bezeichnung der Gerbstoffe	Serie 1		Serie 2	
	Durchgerbungszahl	Aufnahmegrad	Durchgerbungszahl	Aufnahmegrad
1. Quebrachoextr. (Ordinary)	58.2	85.5	—	—
2. Mimosarinde	49.8	102.0	63.6	98.0
3. Weidenrinde	47.0	106.8	74.2	131.1
4. Valonea	46.6	81.8	56.6	95.0
5. Eichenholzextrakt (Kiewer)	45.7	76.2	66.9	109.4
6. Fichtenrinde	45.5	90.2	64.3	93.2
7. Quebrachoextrakt (Crown)	41.8	73.6	75.7	111.1
8. Eichenrinde	34.4	92.4	53.7	126.0

[1] Westnik d. Ledersyndikats, 1926, 45, 1.

Wie aus der Tabelle hervorgeht, erhöht die Anwesenheit von Säure die Durchgerbungszahl und den Aufnahmegrad.

Die angeführten Zahlen sind miteinander nicht streng vergleichbar, da nach den Forschungen von Thomas und Kelly die Durchgerbungszahl sehr von der Wasserstoffionenkonzentration oder pH abhängt (s. unten).

Um die Durchgerbungszahlen beurteilen zu können, muß man unbedingt die Versuche bei ein und demselben pH und bei der gleichen Konzentration anstellen.

In dieser Beziehung interessant sind die Versuche von Thomas und Kelly[1] über die Gerbung von Hautpulver, entsprechend einer Menge von 2 g absolut trokkenem Hautpulver, mit 100 ccm filtrierter Gerbstofflösung verschiedener Konzentrationen während eines Zeitraums von 24 Stunden, 2 Wochen und 21 Wochen bei pH-5. Nach erfolgter Gerbung wurde das Hautpulver mit Wasser gewaschen, bis das Waschwasser mit Eisenchlorid keine Färbung mehr ergab. Die ausgewaschenen Pulver wurden in einem warmen Luftstrom und dann im Trockenschrank getrocknet. Die Gewichtszunahme des absolut trockenen Pulvers stellt die an 2 g desselben gebundene Gerbstoffmenge vor.

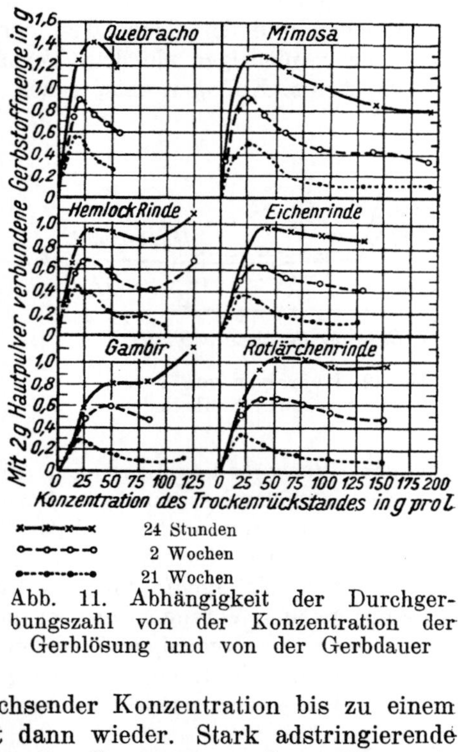

Abb. 11. Abhängigkeit der Durchgerbungszahl von der Konzentration der Gerblösung und von der Gerbdauer

Wie aus den Kurven in Abb. 11 ersichtlich ist, steigt die Durchgerbungszahl mit wachsender Konzentration bis zu einem bestimmten Maximum und fällt dann wieder. Stark adstringierende Gerbstoffe, wie Quebracho, zeigen im Gegensatz zu den milden, wie Gambir, ein schärfer ausgeprägtes Maximum. Auch liegt bei den ersteren das Maximum, unabhängig von der Dauer der Gerbung, annähernd bei ein und derselben Konzentration, während bei den letzteren mit zunehmender Gerbdauer die Lage des Maximums sich nach der Seite der großen Konzentrationen verschiebt.

Außerdem bemerken wir eine zweite Erhebung, scharf ausgeprägt bei Hemlock, weniger scharf bei Rotlärche und Gambir.

---

[1] Ind. Eng. Chem., 1925, 41.

Die Kurven von Thomas und Kelly besagen, daß eine bestimmte chemische Verbindung von Kollagen mit Gerbstoff nicht besteht.

Das Maximum der Kurven für Mimosa und Quebracho nach zwei Wochen entspricht annähernd einem Verhältnis von 45.3 Teilen Gerbstoff zu 100 Teilen Kollagen, was der Vereinigung von 1 Molekül Tannin (Pentadigalloylglukose mit einem Molekulargewicht von 1700 und einem Äquivalentgewicht, entsprechend jedem Digallussäurerest 1700 : 5 = 340) mit einem Molekül Kollagen vom Äquivalentgewicht 750 gleichkommen würde. Aber nach 21 Wochen ist dieses Maximum bedeutend höher und erreicht für Quebracho den Wert: 70 Teile Gerbstoff auf 100 Teile Kollagen. Das Minimum auf der Hemlockkurve nach 21 Wochen und der flache Teil der Gambirkurve nach 21 Wochen liegt etwas niedriger als dem Verhältnis von 45.3 Teilen Gerbstoff zu 100 Teilen Kollagen entsprechen würde.

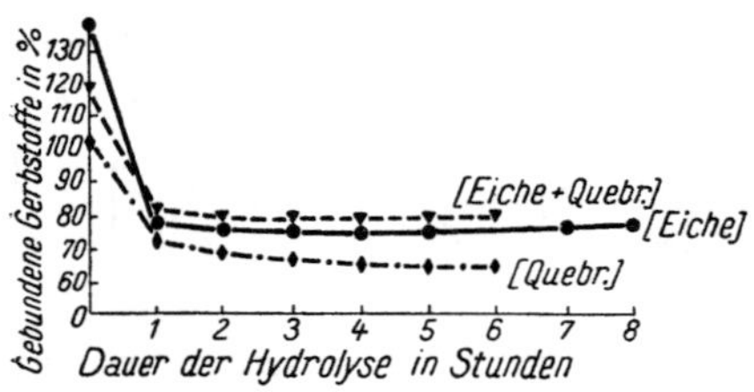

Abb. 12. Hydrolyse von vegetabilisch gegerbtem Sohlenleder

G. Arbusow[1] untersuchte die Hydrolyse vegetabilisch gegerbten Sohlenleders. Zu diesem Zwecke benutzte er je zwei Proben Leder, die mit Quebrachoextrakt, mit Eichenholzextrakt und mit einem Gemisch beider gegerbt worden waren. Die Muster, entsprechend 2,5 g trockenem Leder, wurden mit je 50 ccm Wasser ein, zwei und sechs Stunden auf dem Wasserbad erhitzt; nach Auffüllen auf 75 ccm und Abfiltrieren des Rückstandes, wurde in letzterem die Differenz zwischen Gesamtrückstand und Asche als hydrolysiertes Leder und die Differenz zwischen hydrolysiertem Leder und hydrolysierter Hautsubstanz (N-Gehalt $\times$ Kollagenfaktor) als hydrolysierter Gerbstoff bestimmt. In einer zweiten Versuchsreihe wurden die Lederproben nach je einer Stunde von der Hydrolysenflüssigkeit abfiltriert und im Filtrat die entsprechenden Bestimmungen vorgenommen; der Hydrolysenrückstand selbst wurde erneut eine weitere Stunde mit 50 ccm Wasser hydrolysiert.

Bei der kontinuierlichen wie diskontinuierlichen Hydrolyse wird von einem bestimmten Punkt (nach zwei Stunden) der Hydrolyse an das Verhältnis zwischen Hautsubstanz und Gerbstoff im Hydrolysenrückstand und in der Hydrolysenflüssigkeit konstant[2] (Abb. 12). Es ist bei den verschiedenen Gerbstoffen verschieden: bei Eichenholz größer als bei Quebracho, aber am größten bei dem Gemisch von Eichenholz und Quebracho.

[1] Cuir Techn., 1928, 106, 126, 174, 203.
[2] Vergl. Coll., 1925, S. 465.

Auch vegetabilisch gegerbte Oberleder (Weidenrinde und Weidenrinde mit Quebrachoextrakt gemischt) ergeben bei der Hydrolyse ein Produkt mit konstantem Verhältnis Hautsubstanz: Gerbstoff, das bei den beiden untersuchten Proben annähernd gleich, aber niedriger als bei Sohlenleder ist.

Zur Untersuchung der Hydrolyse vegetabilisch gegerbten Hautpulvers wurde offizielles Hautpulver B 13 mit verschiedenen Handelsextrakten bei natürlicher Azidität der Extraktlösung und nach vorhergehender Schwellung mit n/50 H_2SO_4 gegerbt und mit Wasser hydrolysiert. Die Hydrolysenprodukte hatten nach dreistündiger Hydrolyse eine bei weiterer Hydrolyse konstant bleibende Zusammensetzung.

Die Durchgerbungszahl des Hydrolysenrückstandes, d. h. das Verhältnis des Gerbstoffgehalts in Prozenten zur Hautsubstanz bildet folgende ansteigende Reihe: 1. Tannin 46,1%; 2. Mimosa 46,4%; 3. Quebracho sulfitiert 49,4%; 4. Valex 52,6%; 5. Kastanienholz 59,8%; 6. Eichenholz 60,2%; 7. Mirobalanen 62,2% (Abb. 13). Hier spielt zweifellos die chemische Natur der Gerbstoffe eine Rolle, da im Falle z. B. des Tannins und Eichenholzes, die ungefähr gleiche pH (ca. 3,5) haben, die Gerbstoffmengen, welche in Verbindung mit gleichen Kollagengewichten treten, sehr stark voneinander abweichen, während Kastanien- und Eichenholzgerbstoffe, die nach ihren chemischen Eigenschaften sehr ähnlich sind, Verbindungen mit praktisch gleichem Verhältnis zwischen Hautsubstanz und Gerbstoff geben.

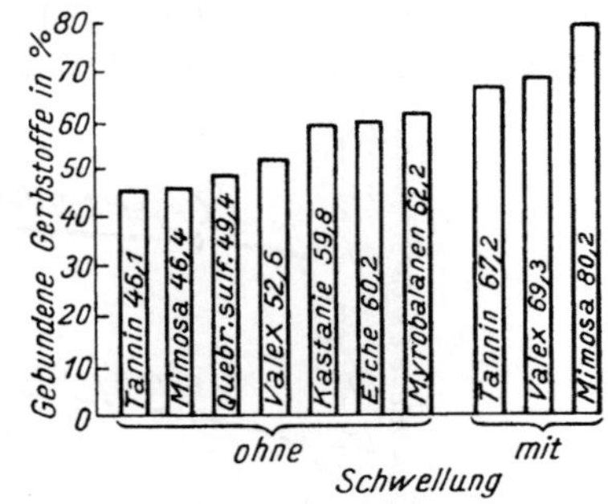

Abb. 13. Durchgerbungszahlen der Hydrolysenrückstände von der Hydrolyse vegetabilisch gegerbter Hautpulver

Bei vorhergehender Schwellung des Hautpulvers nimmt der Gerbstoffgehalt des Hydrolysenrückstandes von Tannin, Valex und Mimosa stark zu, ungefähr in demselben Verhältnis, wie beim Sohlenleder und Oberleder; dies bedeutet, daß der Unterschied zwischen den beiden Ledersorten von der vorherigen Bearbeitung der Blöße abhängt.

Die Untersuchung der Einwirkung der Gerbdauer von Hautpulver mittels Tannin auf die Zusammensetzung der festen Hydrolysenrückstände zeigte, daß anfangs hauptsächlich die Adsorption vor sich geht und weiter, nach ungefähr 48 Stunden, die Zusammensetzung der Hydrolysenprodukte sich nicht mehr ändert; dies bedeutet, daß die chemische Reaktion beendigt ist und die Adsorption in unbedeutendem Maße (Abb. 14) noch weitergeht.

Daraus folgt, daß für die Bildung der chemischen Verbindung

von bestimmter Zusammensetzung zwischen Kollagen und Gerbstoff sehr kurze Zeit erforderlich ist, was nicht zugunsten der langen Gerbdauer spricht.

Entsprechend den Kurven von Thomas und Kelly lassen sich die Gerbstoffe nach der Größe der Durchgerbungszahlen nach 21 Wochen in folgende absteigende Reihe einordnen:

Quebracho > Mimosa > Gambir > Hemlock > Rotlärche > Eichenrinde.

Nach zwei Wochen: Mimosa > Quebracho > Hemlock > Rotlärche < Eichenrinde > Gambir.

Nach 24 Stunden: Quebracho > Mimosa > Hemlock > Eichenrinde > Rotlärche > Gambir, wobei die Durchgerbungsmaxima den verschiedenen Konzentrationen entsprechen.

Die einzelnen Gerbstoffe haben also je nach der Gerbdauer und der Konzentration verschiedene Durchgerbungszahlen, aber im allgemeinen geht aus den Versuchen von Thomas und Kelly her-

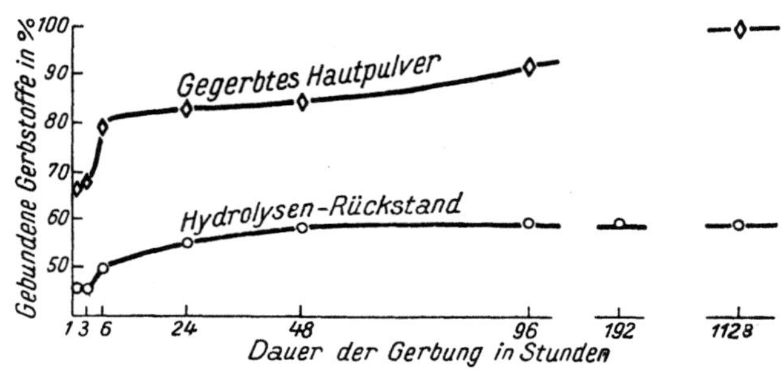

Abb. 14. Der Einfluß der Gerbdauer auf die Zusammensetzung der festen Hydrolysenrückstände

vor, daß die Durchgerbungszahlen von Quebracho (natürlichem) und Mimosa die höchsten sind.

In Ergänzung der Arbeit von Thomas und Kelly hat Mezey[1] ähnliche Gerbversuche ausgeführt, indem er je 100 ccm gleich konzentrierter Gerbstofflösungen (6% Trockenrückstand) auf je 2 g Hautpulver (umgerechnet auf den absolut trockenen Zustand) einwirken ließ. Nur wurde zum Unterschied von der Arbeitsweise Thomas' und Kelly's das Hautpulver vor der Gerbung während ½ Stunde mit 15 ccm Wasser befeuchtet stehen gelassen. Die Schüttlungsdauer des Pulvers mit der Gerbstofflösung betrug sechs Stunden. Nach erfolgter Gerbung wurde das Pulver mit Wassen gewaschen, bis die Reaktion des Waschwassers mit Gelatine-Salzwasser negativ ausfiel (es entsteht kein Niederschlag).

Dann wurde das Pulver zuerst bei 50°, dann bei 105° bis zur Gewichtskonstanz getrocknet.

[1] Collegium, 1925, 310. Leider hat Mezey pH nicht bestimmt. Wahrscheinlich war pH das natürliche.

Die erhaltenen Resultate wurden von mir auf Grund der Mezeyschen Tabellen in Form des Diagramms, Abb. 15, dargestellt, aus welchem ersichtlich ist, daß 1. der synthetische Gerbstoff Maxyntan eine sehr niedrige Durchgerbungszahl ergibt; 2. sulfitierter Quebrachoextrakt eine bedeutend niedrigere Durchgerbungszahl hat als der rohe, nicht sulfitierte; 3. die verschiedenen Marken Kastanienextrakt verschiedene Durchgerbungszahlen besitzen; 4. Tannin trotz der verbreiteten gegenteiligen Ansicht eine sehr hohe Durchgerbungszahl aufweist; 5. die Gerbstoffe nach abnehmenden Durchgerbungszahlen geordnet, folgende Reihe bilden: Tannin > Quebracho (natürl.) > Kastanie > Mimosa > Mirobalanen > Valonea > Sumach > Quebracho (sulfitiert) > Mangrove > Gambir > Maxyntan.

Beim Vergleich mit den Versuchen von Thomas und Kelly sieht man, daß wieder Quebracho (natürl.), Mimosa und Kastanie an erster Stelle stehen.

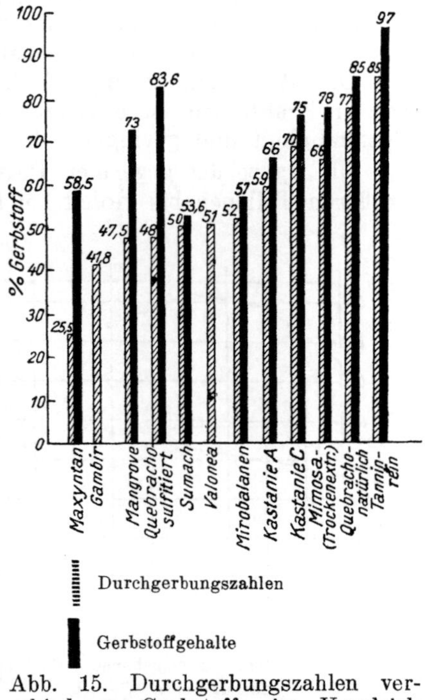

Abb. 15. Durchgerbungszahlen verschiedener Gerbstoffe im Vergleich zum Gerbstoffgehalt (nach Mezey)

Vergleicht man nun die Durchgerbungszahlen mit den Angaben der Tabelle 3, so erkennt man, daß die Durchgerbungszahl eines Gerbstoffes um so größer ist, je mehr aussalzbare Gerbstoffe er enthält, d. h. je geringer seine Dispersität ist.

Dies ist natürlich nur richtig bis zu einer gewissen Grenze, dem Dispersitätsoptimum, unterhalb welcher eine weitere Dispersitätsverringerung das Gerbvermögen der Lösung wieder herabsetzt und für unlösliche Stoffe ganz aufhebt.

Schiller und Noginsky[1] stellten Untersuchungen an, indem sie Hautpulver in der Schüttelmaschine 48 Stunden lang mit verschiedenen Fraktionen, die beim Aussalzen der Gerbstoffe entstanden waren, gerbten. Sie verwendeten Quebracho-Corona und Ordinario CFC und reinigten die Fraktionen durch Dialyse von den Salzen. Bei Lösungen von 4 g Gerbstoff pro Liter wurden folgende Zahlen erhalten:

[1] Westnik d. Lederindustrie u. d. Lederh., 1928, 371.

Fraktionen	Irreversibel an 1 g Hautpulver gebunden	
	Corona	Ordinario
2% NaCl.	—	0,713
8% „	0,505	0,754
16% „	0,612	0,794
24% „	0,546	0,750
32% „	0,477	0,649
Filtrat „	0,426	0,457

Die angeführten Zahlen zeigen, daß die Verbindungsfähigkeit von Gerbstoffen mit Hautpulver in Abhängigkeit von der Dispersitätsvermehrung bis zur Fraktion mit 16% Salz zunimmt, nachher sich vermindert. Die geringe Verbindungsfähigkeit der ersten grob dispersen Fraktionen ist damit zu erklären, daß diese die Zusammenziehung oder Totgerbung des Narbens bewirken.

Die Herabsetzung der Verbindungsfähigkeit bei den fein dispersen Fraktionen ist durchaus verständlich wegen deren größerer Beständigkeit und geringerer Koagulierbarkeit.

Die Farbe der gegerbten Pulver verändert sich von ziegelrot bei größeren Teilchen bis violett bei kleineren.

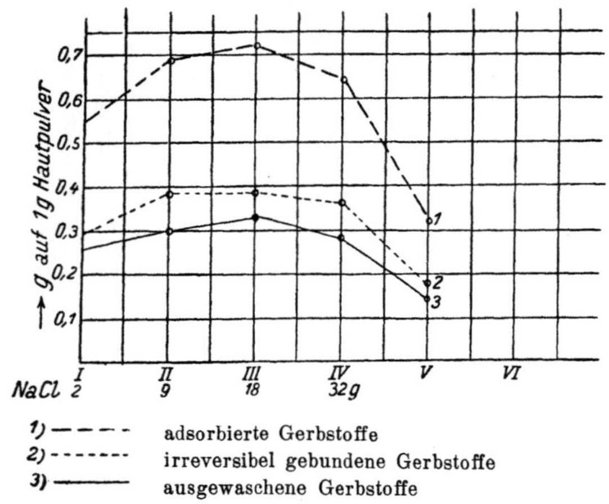

Abb. 16. Die Beziehung zwischen der Menge von adsorbierten, irreversibel gebundenen und ausgewaschenen Gerbstoffen (von Quebracho) und der Aussalzbarkeit derselben

N. Peßkow und S. Sokolow (Lederforschungsinstitut Moskau) untersuchten unter meiner Leitung den Charakter der Beziehung zwischen der Menge von adsorbierten und irreversibel gebundenen Gerbstoffen von Quebracho einerseits und der Aussalzbarkeit der Gerbstoffe anderseits, und fanden, daß diese Beziehungen durch eine Kurve ausgedrückt werden können, die ein Maximum besitzt, was auf die Existenz eines Optimums des Dispersitätsgrades und der Beständigkeit des Kolloidzustandes des Gerbmittels im Verhältnis zu der Adsorptionsgröße hindeutet.

Die Verfasser nahmen je 500 ccm der Lösung von bestimmter Konzentration (ca. 4 g pro Liter) von den Fraktionen, die beim fraktionierten Aussalzen des Quebrachoextraktes (Ordinario) erhalten werden, schüttelten sie während 6 Stunden mit 1 g Hautpulver und ließen sie nachher 18 Stunden in Ruhe.

Die Menge der adsorbierten Gerbstoffe wurde bestimmt als Differenz der Gewichte der Trockenrückstände in aliquoten Teilen der Lösung vor und nach dem Versuche, und die Menge der irreversibel gebundenen Gerbstoffe aus dem Gewichte des Hautpulvers, das nach Wilson ausgewaschen und bis zum konstanten Gewicht getrocknet worden war.

Die folgende Tabelle enthält die bei diesen Versuchen erhaltenen Ergebnisse in Gramm (Abb. 16):

Tabelle 9

Fraktionen	Menge der adsorbiert. Gerbstoffe	Menge der irrevers. gebundenen Gerbstoffe	Ausgewaschen
I. 2 g NaCl pro 100 ccm	0,5428	0,2515	0,2913
II. 9 g „ „ 100 „	0,6825	0,3013	0,3812
III. 18 g „ „ 100 „	0,7162	0,3336	0,3826
IV. 32 g „ „ 100 „	0,6456	0,2818	0,3638
V. Nicht aussalzbare	0,3230	0,1440	0,1790

Vom ledertechnologischen Standpunkt erscheint daher die Dispersität der Gerbstoffe als wichtigste Eigenschaft, weil sie deren gerberische Eigenschaften bestimmt, die bisher vom Gerbermeister mit der Zunge geprüft wurden. Parallel mit der Dispersität sind der Hydratationsgrad und die elektrische Ladung der Teilchen von Bedeutung.

In Abb. 15 erscheinen überdies in Form von schwarzen Säulen die Gerbstoffgehalte in 100 g Trockenrückstand nach der offiziellen Methode. Eine scharfe Divergenz zwischen dem Gerbstoffgehalt und den Durchgerbungszahlen beobachten wir bei Maxyntan, Mangrove und sulfitiertem Quebracho, bei den anderen Gerbstoffen ist der Unterschied klein und das Verhältnis der nach der offiziellen Methode erhaltenen Zahlen zu denen nach Mezey fast konstant und gleich 1.1, d. h. die Werte nach der offiziellen Schüttelmethode, nach der man die irreversibel und zum Teil auch die reversibel gebundenen Gerbstoffe erhält, sind proportional den Werten für die irreversibel gebundenen Gerbstoffe bei den Versuchen Mezey's, der das Verhältnis der Gerbstofflösung zum Hautpulver groß gewählt hatte, wie dies den Verhältnissen in der Praxis entspricht.

Dagegen ergibt die Bestimmung der Gerbstoffe nach der Methode von Wilson und Kern, mit einem Überschuß von Hautpulver im Verhältnis zur entgerbten Lösung, Werte, die sich von den nach der offiziellen Methode erhaltenen stark unterscheiden und für die verschiedenen Gerbstoffe große Schwankungen aufweisen. So erhält man nach Wilson-Kern für Quebracho um 43%, für Kastanie um 117%, für Sumach um 166% weniger Gerbstoff als nach der offiziellen Methode (die Prozente beziehen sich auf die Zahlen nach Wilson-Kern).

Auf Grund dieser Verhältnisse kann man annehmen, daß die Anwendung der offiziellen Methode für die Aufstellung der Gerbstoffbilanz bei der Lederherstellung durchaus zulässig ist, ausgenommen bei solchen Gerbstoffen, die, wie die synthetischen, Quebracho sulf., Mangrove, niedrige Durchgerbungszahlen haben.

8. Der Einfluß von pH auf die Gerbung. Vor allem soll der Einfluß von pH auf die Gerbstoffanalyse durch Schütteln mit Hautpulver nach der Methode der ALCA und von Wilson-Kern betrachtet werden. Dies ist die einfachste Art der Gerbung unter Ausschluß aller Nebeneinflüsse, da fast chemisch reines Hautpulver verwendet wird.

Die Kurve der nach der Methode ALCA ermittelten Gerbstoffe (Abb. 17) zeigt, daß die bei verschiedenen pH vom Hautpulver adsorbierten Gerbstoffmengen nicht gleich sind und bei pH 8 ein Maximum erreichen. Man muß also die verschiedenen Gerbmaterialien, um untereinander vergleichbare Resultate zu erhalten, bei ein und demselben pH analysieren, sonst ergibt ein und dasselbe Gerbstoffmaterial verschiedene Gerbstoffmengen.

Die Kurve der nach Wilson-Kern ermittelten Gerbstoffprozente zeigt innerhalb weiter Grenzen, von pH 3.6—7.3, konstante Werte, aber oberhalb pH 7.3 fällt sie steil ab, d. h. die Bindung der Gerbstoffe an das Hautpulver wird immer schwächer und schwächer, wobei diese Bindung durch das Auswaschen des Pulvers mit dest. Wasser von pH 5.8 noch verstärkt wird.

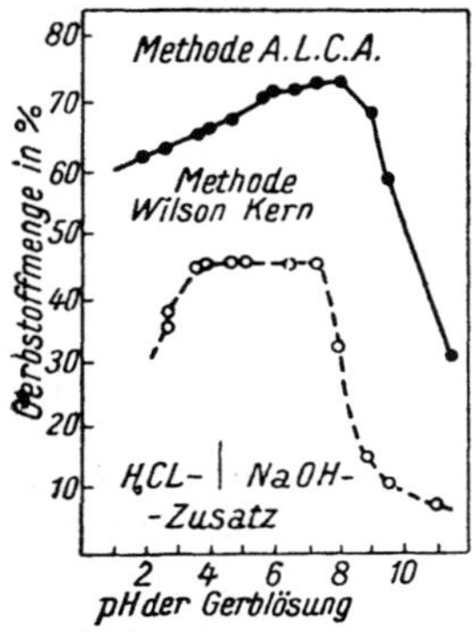

Abb. 17. Der Einfluß von pH auf die Gerbstoffanalyse nach der Methode ALCA

Die Untersuchungen von A. W. Thomas und M. Kelly[1] über die Gerbung von Hautpulver bei verschiedenen pH-Werten haben gezeigt, daß die Menge des gebundenen Gerbstoffs vom pH-Wert der Gerbbrühe abhängig ist. Das Minimum der Durchgerbung wird in der Nähe von pH $= 4 - 5$ beobachtet; beiderseits dieses Punktes nimmt der Durchgerbungsgrad zu und erreicht sowohl auf der sauren als auch auf der alkalischen Seite ein Maximum, dieses bei pH 7—8, jenes bei pH 2—3. Diese irreversible Gerbstoffaufnahme wurde von Thomas und Kelly mittels der bekannten Wilson-Kern-Methode festgestellt, wobei zum Auswaschen destilliertes Wasser gebraucht wurde. Da aber das destillierte Wasser, infolge der Gegenwart von Luftkohlensäure meist ein pH $= 5.8$ besitzt, so taucht die Vermutung auf, daß das Hautpulver beim Auswaschen allmählich ebenfalls den pH-Wert 5.8 annimmt und daß infolgedessen die anfängliche Gerbung verändert wird.

[1] Ind. Eng. Chem., 1923, 15, 1148; 1926, 18, 625; Coll., 1927, 236; J. A. Wilson, Die moderne Chemie in der Lederfabrikation, 1925, Verlag P. Schulze, Leipzig.

Auf Grund dieser Überlegung haben Thomas und Kelly bei zwei Versuchsreihen Hautpulver in gleicher Weise mit Hemlockbrühen bei verschiedenen pH-Werten gegerbt, aber mit Puffer-Lösungen ausgewaschen, welche die gleichen pH-Werte hatte. Abb. 18 zeigt die Ergebnisse. Die Lösungen zum Auswaschen bis pH = 4 enthielten nur HCl. Von pH 5 bis 9 enthielten sie $^1/_{15}$ Mol. phosphorsaures Natrium mit entsprechenden verschiedenen Mengen von HCl oder NaOH. Für pH = 10 enthielten sie nur NaOH. Aus dieser Abbildung ist ersichtlich, daß beide Kurven im Bereiche von pH = 2—4 denselben Verlauf zeigen, dagegen jenseits von pH = 4 sich wesentlich unterscheiden. Beim Auswaschen mit Pufferlösungen erhält man nämlich Werte für die Durchgerbung, deren kurvenmäßige Darstellung weder ein Minimum bei pH = 5, noch ein Maximum bei pH = 7—8, sondern einen allmählichen Abfall aufweist. Diesen Unterschied versuchen Thomas und Kelly[1] mit einer spezifischen Wirkung des Phosphatpuffers zu erklären und berufen sich dabei auf ihre Arbeiten über den Einfluß von Neutralsalzen auf die Gerbung, wonach NaCl und Na_2SO_4 in Konzentrationen von 0.5—1 und 2 Mol. im Liter, die Durchgerbung oberhalb und unterhalb pH = 5 stark herabsetzen, denn das Auswaschen oberhalb pH = 4 wurde mit Puffer-Lösungen bewerkstelligt, welche $^1/_{15}$ Mol. phosphorsaures Natrium enthielten. Es ist jedoch zweifelhaft, ob das phosphorsaure Natrium bei der angewandten Konzentration von $^1/_{15}$ Molarität einen so stark herabsetzenden Einfluß ausüben konnte, wie es die Salze NaCl und Na_2SO_4 in Konzentrationen tun, welche $7\frac{1}{2}$, 15 und 30 mal so groß als diese sind. Es erscheint wahrscheinlicher, anzunehmen, daß überhaupt keine maximale Durchgerbung bei pH = 7—8 existiert und daß das von den amerikanischen Forschern beobachtete Maximum der Gerbung bei pH = 7—8 nur der nachträglichen Bindung des Gerbstoffes beim Auswaschen mit CO_2-haltigem Wasser vom pH = 5,8 zuzuschreiben ist, nachdem die Haut vorher von einer hochdispersen

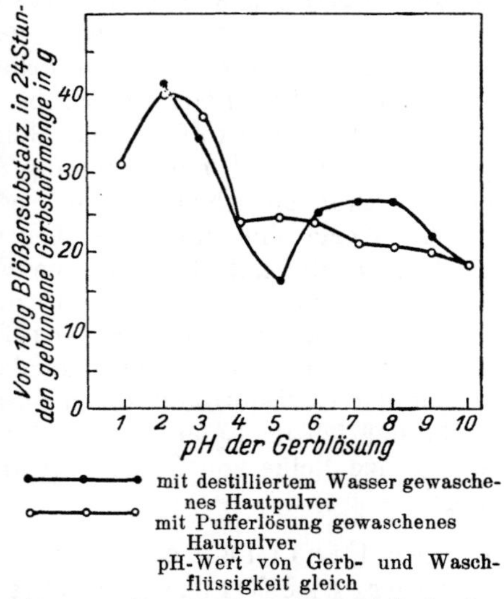

Abb. 18. Die Gerbgeschwindigkeit als Funktion des pH-Wertes und der Einfluß des Waschens auf gegerbtes Hautpulver mit Pufferlösungen, die denselben pH-Wert haben wie die beim Gerben benutzte Gerbbrühe

[1] Ind. Eng. Chem., 1923, 15, 1262; Wilson, Die moderne Chemie, S. 301.

Gerbstofflösung vom pH = 7—8 durchtränkt war. Es erscheint wahrscheinlich, daß infolge der hohen Dispersität der Gerbstoffe in Lösungen von pH = 7—8 und darüber der mit diesen Gerbstofflösungen erzielte Durchgerbungsgrad geringer sein muß, als bei sauren Gerbbrühen, was dem Verlauf der zweiten Kurve in Abb. 18[1] entspricht.

Ferner zeigen uns die Kurven von Wilson-Kern (Abb. 17), daß die wahre Bindung der Gerbstoffe nach Wilson jenseits pH = 7,3 stark fällt, während die Gerbstoff-Aufnahme nach der Methode des ALCA., welche eine Aufnahme, aber keine Bindung angibt, bei pH = 8 zu einem Maximum gelangt.

Außerdem haben die Versuche von Thomas und Frieden über die Gerbstoff-Gelatine-Probe gezeigt,[2] daß das Maximum der Fällung der Gerbstoffe durch Gelatine zwischen pH = 3,5 und 4,5 gelegen ist und daß mit Erhöhung des pH-Wertes die Empfindlichkeit der Reaktion der Gelatine auf Gerbstoffe rasch abnimmt. Je höher die pH-Werte sind, um so größer muß die Konzentration der Gerbstoffe sein, um mit Gelatine eine Fällung zu geben. Auf Grund der Versuchsangaben von Wilson und Thomas müssen wir also zu dem Schluß kommen, daß es bei pH = 7—8 kein Maximum der Gerbstoff-Fixierung geben kann, sondern daß das Gegenteil, eine Abnahme der Gerbstoffbindung in diesem Bereich auftritt. Zum Beweise dafür ließ ich im Laboratorium der Großen Lederfabrik in Taganrog eine ganze Reihe von Versuchen ausführen, deren Resultate ich hier angebe:[3]

I. Der Einfluß des pH-Wertes auf die Bindung von Quebracho (Ordinary-) Gerbstoff durch Gelatine.

Die Mischung eines Teiles einer 1% Gelatinelösung mit 2—3 Teilen 1% Quebracho-Gerbstofflösung zeigt mit zunehmenden pH-Werten, angefangen von pH = 2 bis pH = 8 ein allmähliches Abfallen der Gerbstoffbindung durch Gelatine. Während bei pH = 2—5 eine schnelle Ausflockung stattfindet, unter Bildung eines großkörnigen, leicht sedimentierenden Niederschlages, wird der Niederschlag bei pH = 6 lockerer und voluminöser und setzt sich langsamer ab; bei pH = 7 sedimentiert der Niederschlag erst nach einigen Tagen, bei pH = 8 erhalten wir endlich eine fast ganz klare Lösung. Die Farbe der Lösungen über dem Niederschlag ändert sich von hellgelb (bei pH = 3) bis zu einem tiefen Rot (bei pH = 8); bei pH = 2 ist die Farbe etwas dunkler als bei pH = 3. Die Bestimmung des Gesamt-Trockenrückstandes der anfänglichen Gerbstofflösungen und der Filtrate nach dem Mischen mit Gelatinelösung ergibt das Maß der Gerbstoffbindung.

Beispiel: 3 Teile einer 1%igen Quebracholösung werden mit 1 Teil 1%iger Gelatine vermischt, dann 12 Tage abgestanden, durch Glasfilter (Schott

[1] Ind. Eng. Chem., 1926, 18, 136.
[2] J. S. L. T. C., 1923, 385.
[3] Pawlowitsch, Collegium, 1928, 2.

u. Gen. 3/5—7) filtriert. Der Rückstand wird in den Filtraten und in den anfänglichen Lösungen bestimmt.

pH	2	3	4	5	6	7	8
Prozente gebund. Gerbstoffes bei 15—20° C. .	63.3	60.2	60.6	62.2	61.4	58.8	6.4
Prozente gebund. Gerbstoffes bei 40° C . . .	58.7	54.0	55.2	55.2	53.4	31.8	7.4

Die Abbildung 19 zeigt die Ergebnisse nach 10tägigem Stehen.

Parallel-Versuche bei 15—20° ergaben nach 24stündigem Absitzen folgende Zahlen für die prozentuale Gerbstoffbindung:

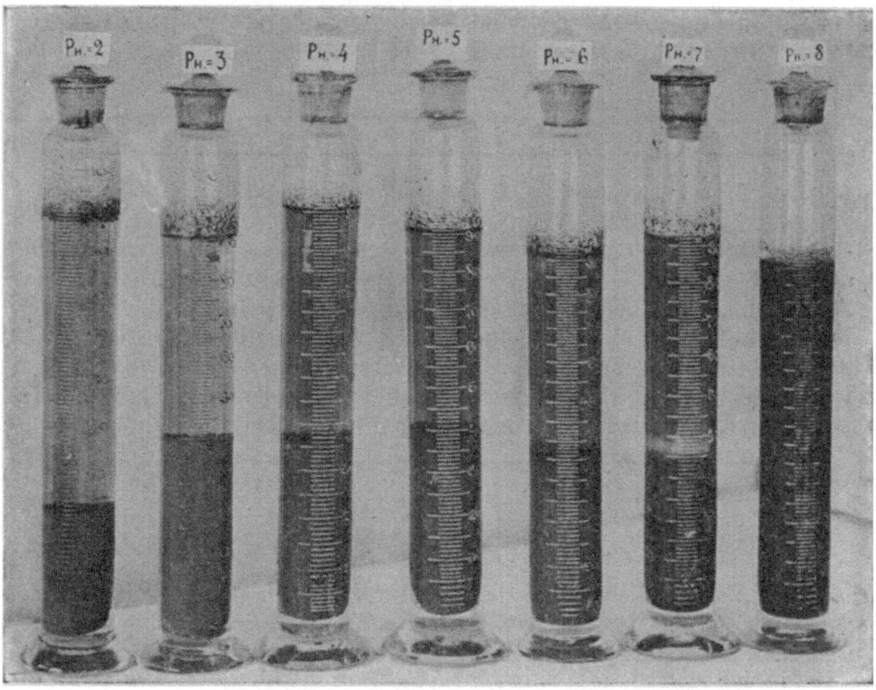

Abb. 19. Der Einfluß des pH-Wertes auf die Bindung von Quebracho-Gerbstoff durch Gelatine

pH	2	3	4	5	6	7	8
Filter von Schott, wie oben	61.6	58.7	57.7	55.8	57.0	50.4	7.0
Papier-Filter Schleicher & Schüll mit Verwerfen der ersten 125 ccm . .	62.3	58.7	60.7	60.3	60.3	58.4	33.0

Die angegebenen Zahlen bei 15—20° C zeigen, daß bei pH = 2 eine maximale Bindung stattfindet; von pH = 3—6 ist die Bindung innerhalb der Versuchsfehlergrenzen[1] fast gleich; bei pH = 7 sind sie

[1] Der Einfluß der Quellung der Gelatine, welche nach Wilson (loc. cit. S. 110) in einer Aufnahme von 13.2 g Wasser auf 1 g trockener Gelatine bei

etwas niedriger und bei pH = 8 sehr klein im Falle Schott'scher Filter und gering bei Verwendung von Papierfiltern, welche besser als die Schott'schen 3/5—7 Filter den fein-dispersen Niederschlag zurückhalten, welchen bei pH = 8 die Gelatine mit dem Gerbstoff bildet. Erhöhung der Temperatur auf 40° C verringert, dank einer dehydratisierenden Wirkung (siehe oben), die Gerbstoff-Gelatine-Fällung, wobei wir im Vergleich zu den Versuchen bei 15—20° von pH = 2 bis pH = 6 eine kleine Verringerung, bei pH = 7 eine scharfe Verringerung und bei pH = 8 eine ganz unbedeutende Zunahme beobachten. Analoge Versuche bei pH = 7, 7,25, 7,75 und 8 bei 20° C und 24—40 Stunden Sedimentation, mit Filtration durch Papierfilter und Verwerfen der ersten 200 ccm ergaben folgende Zahlen:

pH	7	7.25	7.75	8
Prozente gebund. Gerbstoffes	58%	57%	9.4%	8.8%

Es findet also eine wesentliche Verringerung der Gerbstoffbindung bei pH = 7,75 statt. Weiter war es wichtig zu prüfen, ob das Alkalischmachen der Quebracho-Lösungen bis pH = 7 bzw. pH = 8 mit darauf folgendem Ansäuern zur ursprünglichen Azidität von pH = 3 eine Änderung der Gerbstoffaufnahme zur Folge haben würde oder nicht. Der Versuch ergab bei gleicher Anordnung nach zweitägigem Absetzen folgende Werte für die Gerbstoffbindung:

pH	3	von 7 auf 3	von 8 auf 3
bei 15—20° C	59.5%	62.5%	64.2%
bei 38° C	55.9%	57.9%	62.8%

Der Versuch lehrt, daß die Erhöhung des Dispersitätsgrades und die Hydratation der Gerbstoffe beim Alkalischmachen bis pH = 8 und Erwärmen bis 38° einen reversiblen Vorgang darstellt.

II. Einfluß des pH-Wertes auf die Quebracho-(Ordinary)-Gerbstoffaufnahme durch Hautpulver.

Die erwähnten Versuche von Thomas und Kelly über Durchgerbung von Hautpulver bei verschiedenem pH-Werte nach der Wilson-Kern-Methode haben infolge des Auswaschens mit Wasser vom pH = 5,8 oder infolge des Einflusses von Salzen fehlerhafte Resultate ergeben. Deshalb hielten wir es für notwendig, diesen Versuch anders anzustellen. d. h. einfach den Trockenrückstand vor und nach dem Schütteln mit Hautpulver zu bestimmen. Wenn die Aufnahme der Gerbstoffe — abgesehen von der Durchtränkung des

pH = 3 und 7.02 g (Minimum) bei pH = 5 beträgt, ist infolge der hier angewandten verdünnten Lösungen unbedeutend und kann bei pH = 3 im Vergleich zu pH = 5 einen Fehler von 0.6 geben, d. h. weniger als der Versuchsfehler.

Hautpulvers mit einem bestimmten Volumen der Lösung — stattfindet, wird sich der Trockenrückstand der entgerbten Lösung verringern. Deshalb war auch die Bestimmung der Gerbstoffe überflüssig, besonders da die Gerbstoffbestimmung in Lösungen bei verschiedenen pH-Werten Schwierigkeiten bereitet (die Notwendigkeit auf gleichen pH-Wert zu bringen, der Einfluß der Salze usw.).

Die Versuchsbedingungen waren die gleichen wie bei Thomas. Das nicht chromierte englische Hautpulver wurde mit der Quebracholösung (5.33 g pro Liter) 6 Stunden geschüttelt. Die Quebracholösung hatte ursprünglich einen pH-Wert von 6.32; aus ihr wurden die Brühen mit verschiedenen pH-Werten durch Alkalischmachen bzw. Ansäuern hergestellt und durch Filter aus dichtem deutschen Filtrierpapier filtriert. Vom Filtrat wurden die ersten 150 ccm verworfen und in den darauffolgenden 50 ccm der Rückstand bestimmt. Hautpulvermengen, entsprechend 2 g Trockengewicht, wurden mit je 150 ccm der Gerblösung 6 Stunden lang im Schüttelapparat bewegt, darauf wurde jeweils das gegerbte Hautpulver im Wilson'schen Apparate (der unten mit Gaze umwickelt war) abgesaugt; zum besseren Hellwerden wurde die ablaufende Brühe einige Male von neuem durchlaufen gelassen und schließlich im Filtrat der Rückstand bestimmt (siehe die folgende Tabelle und Abb. 20).

Tabelle 10

Anfangs-pH-Wert . . .	8.78	7.95	6.98	6.29	5.21	4.28
NaOH-Zusatz in Prozent Gerbstoff	11.12	5.56	1.39	0	HCl-Zusatz	
pH nach dem Schütteln mit Hautpulver . . .	8.08	7.49	7.14	6.81	6.23	5.99
Trockenrückstand-Aufnahme von 2 g Hautpulver	0.3229	0.4888	0.5562	0.5604	0.5778	0.5917
Trockenrückstand-Aufnahme von 100 g Hautpulver	16.1	24.4	27.8	28.0	28.9	29.6

Der bei unserer Methode: Bestimmung der Konzentrationsabnahme der Gerblösung begangene Fehler kann in Anbetracht der verdünnten Lösungen und des großen Überschusses an Flüssigkeit gegenüber Hautpulver, entgegen der Meinung von Thomas (J. S. L. T. C. 439 [1923] und 80 [1924]) nicht sehr groß sein. In den angeführten Zahlen der Aufnahme wird diejenige Gerbstoffmenge nicht in Betracht gezogen, welche sich in der das Pulver durchtränkenden Flüssigkeit befindet, von der angenommen wird, daß sie die gleiche Konzentration an Gerbstoff wie die äußere Lösung habe.

Die Zahlen zeigen also, daß die Gerbstoffaufnahme durch Hautpulver von $pH = 6$ bis $pH = 8$ sich allmählich verringert und eine besonders scharfe Verringerung (aber kein Maximum, wie Thomas und Wilson angeben) bei $pH = 8$ aufweist, was ganz in Einklang mit den obengenannten Versuchen über die Gerbstoff-Gelatine-Fällung steht.

III. Einfluß der Wasserstoffionenkonzentration auf die Gerbung von Sohlleder-Blößen

Die Durchführung von Gerbversuchen mit Blößen ist ziemlich schwierig, weil hier der Gerbstoff zuerst in die Blößen hineindiffundieren muß, ein Vorgang, der nicht nur von der Dispersität der Gerbstoffe abhängt, sondern auch von dem Zustand der Blöße selbst; je lockerer diese ist, um so leichter diffundiert der Gerbstoff. Da die Haut auf ihrer ganzen Fläche nicht gleichartig ist, so muß man zum Anstellen der Versuche an Blößen möglichst große, gleichartige Flächen aussondern, sie in kleine Stückchen zerschneiden, welche zu parallelen Versuchen zu verwenden sind. Ein sorgfältig angestellter

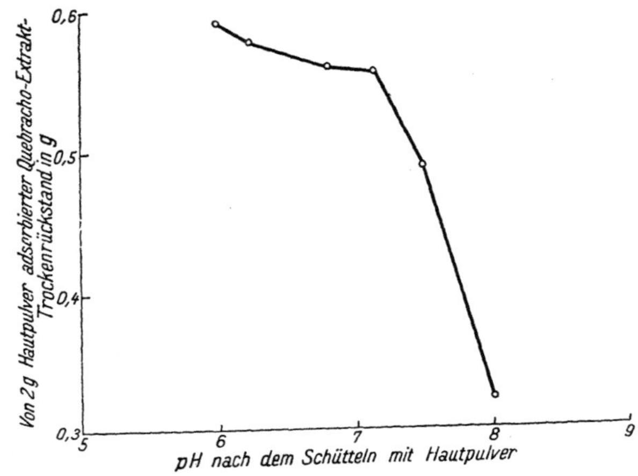

Abb. 20. Der Einfluß des pH-Wertes auf die Quebracho-Gerbstoffaufnahme durch Hautpulver

Versuch der Gerbung gleichartiger Stückchen Blöße bei einer pH-Reihe von 3 bis 8 in Quebracho(Ordinary)-Brühen von 12° Bé, hatte folgende Zahlen der Veränderung der Dicke (Prallheit), und des Grades der Durchfärbung bei einer Dicke der Haut von 6 mm ergeben.

pH	3.0	3.93	5.10	6.12	7.01	7.5	7.97
	HCl	HCl	natürlich	NaOH	NaOH	NaOH	NaOH
Cl H- oder Na OH-Zusatz in % Gerbstoff	0.59	0.34	0.00	1.49	3.32	4.8	8.61
Durchfärbung nach 6 Tagen in mm	1.8	1.5	3.0	4.1	5.0	4.6	5.3
Verhältnis der Dicke nach der Gerbung zur Dicke nach dem Entkalken in %	144	139	137	149	154	146	148

Wie man aus den angegebenen Werten ersieht, geschieht die Durchfärbung am schnellsten bei pH = 7—8, das heißt in dem pH-Gebiete, wo am wenigsten Gerbstoff von der Haut gebunden wird. Die Dicke verändert sich in Abhängigkeit vom pH-Werte nur wenig, erreicht aber jedenfalls auch bei pH = 7—8 ein Maximum. Das erscheint auf den ersten Blick sonderbar, da in diesem Bereich beim Beizen ein Verfallen der Blöße stattfindet. Es ist jedoch Tatsache, daß in einer starken Lösung von Quebracho-Gerbstoff die maximale Schwellung bei pH = 7—8 vorhanden ist und daß hier auch die größte Diffusionsgeschwindigkeit wegen großer Schwellung und wegen Erhöhung des Dispersitätsgrades der Gerbstoffteilchen auftritt.

Die Diffusionsgeschwindigkeit wird nicht nur durch eine Erhöhung des pH-Wertes auf 7—8 gesteigert, sondern auch durch eine Temperatursteigerung, die, wie man aus den Versuchen mit Gelatine sieht, die Rehydratation und den Dispersitätsgrad der Gerbstoffe beeinflußt. Gerbversuche mit Blößenstücken aus dem Kern einer schweren Haut in Quebracho-Brühen von 12° Bé bei pH = 7—8 und bei 15—20° C bzw. bei 35—37° haben erwiesen, daß die Schnelligkeit der Durchfärbung bei 38° C 2—3mal so groß ist, als bei 15—20° C. Wenn man z. B. bei 15—20° C zum Durchfärben von 6 mm dicken Blößen 10 Tage braucht, so genügen bei 35—37° C bereits 4 Tage. Außerdem hat es sich erwiesen, daß die Dickenzunahme bei einer Erhöhung der Temperatur auf 38° durchaus dieselbe ist wie bei 15—20° C.

Die angegebenen Gerbversuche wurden in Quebracho-Brühen von 12° Bé durchgeführt, da ein vergleichender Gerbversuch bei pH = 7—8 in Brühen von 8—16° Bé gezeigt hat, daß die größte Schnelligkeit der Durchfärbung bei 12—14° Bé stattfindet; bei 8—10° Bé ist sie etwas geringer; bei 15—16° erfolgt ein Schrumpfen und die Diffusion hört auf.

Es wurden ferner Gerbversuche mit Eichen-, Valonea- (Valex), Kastanien-, Mimosa und Mangrove-Extrakten angestellt. Der Eichenholz-Extrakt, welcher ursprünglich eine Azidität von pH = 4 bei 12° Bé hatte, ergab ein Maximum der Durchfärbung bei pH = 6 im Einklang mit Versuchen über Bindung der Eichengerbstoffe durch Gelatine nach der oben beschriebenen Methode, welche folgende Werte ergaben:

pH	2	3	4	5	6	7	8
% der von der Gelatine gebundenen Gerbstoffe . .	54.3	50.0	49.8	39.5	29.9	20.0	19.7

Was das Gerben der Blöße mit Eichenextrakt bei pH = 8 anbetrifft, so ist zu bemerken, daß hierbei sehr viel NaOH erforderlich war (20% der Gerbstoffmenge), wodurch Na - tannate entstehen, deren aussalzende Wirkung ein Verfallen begreiflich macht. Der Valex-Extrakt, welcher einen natürlichen pH-Wert von 3,55 bei 12° Bé hatte, ergab eine noch größere Verschiebung des optimalen pH-Wertes nach der sauren Seite als der Eichenholz-Extrakt. Hier wurde keine Übereinstimmung mit den Werten der Gelatinefällung beobachtet

pH	2	3	4	5	6	7	8
% der von der Gelatine gebund. Valex Gerbstoffe	55.3	58.0	54.2	50.2	13.0	13.7	6.1

Wir finden also bei Valonea eine plötzliche Verringerung der Gerbstoffbindung bei pH = 6, während bei Quebracho dieser Abfall bei pH = 8 liegt; man dürfte daher erwarten, daß das Maximum der Durchfärbung für Valonea bei pH = 6 liegen sollte, während es sich tatsächlich bei pH = 4 einstellte; bei pH = 6—7 ist bereits eine Verringerung der Quellung bemerkbar. In ähnlicher Weise wirkt der Kastanien-Extrakt, welcher in einer Stärke von 12° Bé ein Maximum der Duchfärbung der Blöße bei pH = 3—4 gibt; das Verfallen fängt erst bei pH = 8 an. Für Mimosa-Extrakt liegt nach den vorläufigen Versuchen das Optimum der Durchfärbung bei pH = 8 und für Mangrove bei pH = 7 (beide Extrakte haben 12° Bé). Außerdem ist für Mimosa noch ein zweites Optimum bei pH = 4—5 bemerkt worden.

Diese Befunde haben eine große Bedeutung für die richtige Leitung des Gerbverfahrens. Es ist klar, daß man die Gerbung mit Brühen geringster Adstringenz anfangen muß. D a s M i n i m u m d e r A d s t r i n g e n z b z w. d a s M a x i m u m d e r B l ö ß e q u e l l u n g u n d d e s E i n d r i n g e n s b e f i n d e n s i c h f ü r d i e u n t e r s u c h t e n G e r b e x t r a k t e b e i f o l g e n d e n p H - W e r t e n:

Gerbextrakt	pH Wert der geringsten Adstringenz	Die Stärke der angewandten Extrakte in ° Be
Quebracho Ordinary . .	7—8	12—14
Eichenholz nat.	6—7	10—14
Eichenholz sulfit. . . .	5	10—14
Mimosa	4—5 u. 8	12—14
Lärche	5	6
Valex	4	10—16
Kastanienholz.	3—4	10—14
Badan, veredelt	3—5	8
Sulfitzellulose	2—3	10—14

Man kann also die Blößen direkt in starke Brühen bringen, wenn diese bei der in obiger Tabelle angegebenen Stärke den zugehörigen pH-Wert besitzen. Man braucht also nicht, wie T h o m a s behauptet,[1] die Gerbung beim isoelektrischen Punkte des Kollagens, also bei pH = 5 beginnen zu lassen, wo sich nach T h o m a s das Minimum der Durchgerbung befindet. Da die Gerbung von pH = 6 an aufwärts sehr unbedeutend und zwar viel geringer ist als bei der natürlichen sauren Reaktion einiger Extrakte, so vermutete ich,[2] daß man diese Erscheinung dazu ausnutzen könnte, um die Blöße mit starken Extrakten zu durchdringen, ohne eine Totgerbung der Narbe befürchten zu müssen und daß man nachher den pH-Wert allmählich auf 3—4 erniedrigen sollte; besonders vielversprechend schien dies im Falle der Sohlledergerbung zu sein. Das Leder kann hierauf mit ziehen, daß das Durchdringen mit den starken Extrakten beim pH-Wert bis zu pH = 6—8 wird durch Zugabe von NaOH bewirkt.

Auf diesem Versuche fußend, kann man die Schlußfolgerung ziehen, daß das Durchdringen mit den starken Extrakten beim pH-Wert

[1] A. L. C. A., 1926, 513; Coll., 1927, 252.

[2] Coll. 1926, 591.

der geringsten Adstringenz die Möglichkeit eröffnet, das Leder schnell und gründlich zu gerben, ohne den Narben zu schädigen und dennoch genügende Fülle und Standhaftigkeit zu erhalten. Die Tatsache, daß das Leder von Quebracho-Extrakt bei natürlichem pH im Narben totgegerbt wurde, während dieses bei pH = 6—8 nicht der Fall war, bestätigt oben ausgesprochene Meinung, daß die Durchgerbung bei pH = 5 höher ist als bei pH = 7—8 und folglich weder ein Minimum, noch ein Maximum in diesen Grenzen vorhanden sein kann.

Thomas und Kelly haben dieses Minimum und Maximum der Gerbung nur deshalb erhalten, weil sie das Leder mit destilliertem Wasser ausgewaschen haben. Wenn sie es mit Wasser von noch niedrigerem pH-Wert als 5,8 ausgewaschen hätten, so wäre das Maximum der Gerbung, nach dem Durchdringen bei pH = 7—8, noch größer, wie dieses in vielen meiner Versuche im Laboratorium und im Betrieb auch der Fall war, wo nach dem Durchdringen mit Quebrachoextrakt bei pH = 7—8 und dem Binden desselben bei pH = 3—4 schnelle und hohe Durchgerbung erhalten worden ist. Alles Dargelegte kann man nicht nur von dem Gesichtspunkte des Dispersitätsgrades, sondern auch von dem Gesichtspunkte der Dehydratation und der Rehydratation aus erklären.

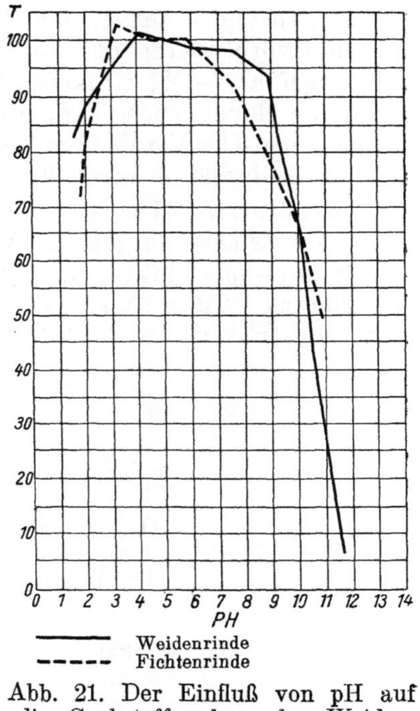

Abb. 21. Der Einfluß von pH auf die Gerbstoffanalyse der Weiden- und Fichtenrinde nach der offiziellen Methode

Tschernow und Nisnewitsch[1] untersuchten den Einfluß von pH auf die Gerbstoffanalyse der Weiden- und Fichtenrinde nach der offiziellen Methode. Die Kurven (Abb. 21) zeigen, daß die vom Hautpulver adsorbierten Gerbstoffmengen für Weidenrinde bei pH 4—7 und für Fichtenrinde bei pH 3—6 ein Maximum erreichen.

9. Die Chemie der Gerbstoffe. Die Gerbstoffe — Tannide — sind pflanzliche, schwach saure, adstringierende Substanzen, deren wässerige Lösungen kolloidale polydisperse Systeme mit Teilchen verschiedener Größe bilden.

Tannide sind komplizierte mehrwertige Derivate des Phenols, geben darum farbige Reaktionen (dunkelblaue oder grüne) mit Eisen-

[1] Westnik d. Lederindustrie u. d. Lederh. 1929, 50, Nr. 1.

salzen und bilden schwerlösliche Verbindungen mit Alkaloiden und Eiweißstoffen, insbesondere mit Gelatine und Blöße, auf welche Eigenschaft sich die Adstringenz der Gerbstoffe und die Verwandlung der Haut in Leder gründet. Die neuesten Forschungen Emil Fischers[1] und Karl Freudenbergs[2] ermöglichen es, in die ziemlich komplizierte Chemie der Gerbstoffe einzudringen. Diese Forscher haben in erster Linie sehr reine Tanninpräparate untersucht. Zwecks Entfernung der Säure-Beimengungen wurden die wässerigen Tanninlösungen leicht alkalisch gemacht und das Tannin aus ihnen mittels Äthylazetat extrahiert, in dem es leicht löslich ist, während das Natriumgallat in der wässerigen Lösung bleibt. Diese Gewinnungsmethode zeigte, daß Tannin keine Carboxylgruppe enthält. Durch Hydrolysieren des Tannins mit Schwefelsäure fanden sie in ihm ungefähr 7—8% Glukose. An einem ganz besonders reinem Präparat von chinesischem Tannin ermittelten sie, daß Tannin eine ätherartige chemische Verbindung von einem Molekül Glukose mit 10 Molekülen Gallussäure vorstellt.

Nachdem E. Fischer dies auf analytischem Wege festgestellt hatte, bewies er es in genialer Weise durch Synthese von Penta—m—Digalloyl—β—Glukose aus Glukose und Gallussäure. Die genannte Verbindung ist dem Tannin der chinesischen Galläpfel ungemein ähnlich. Ihre Formel ist die folgende:

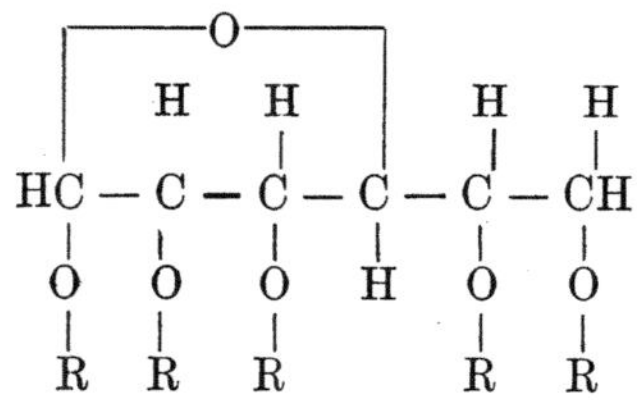

wo R

das Radikal

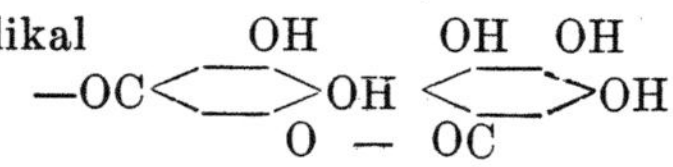

ist

Dann hat Freudenberg die Struktur der Chebulinsäure aufgeklärt, die sich in den Mirobalanen findet (besteht aus drei Molekülen Gallussäure, einem Molekül Glukose und einem Molekül zweibasischer Spaltsäure $C_{14}H_{14}O_{11}$), diejenige des im Gambir vorkommenden Katechins, das den Hauptbestandteil der Gerbstoffe der zweiten Klasse darstellt, u. a.

[1] Emil Fischer, „Untersuchungen über Depside und Gerbstoffe", Berlin 1919.

[2] K. Freudenberg, „Die Chemie der natürlichen Gerbstoffe", Berlin 1920 und „Nachweis, Isolierung, Abbau- und Aufbau-Studien auf dem Gebiete der Gerbstoffe", 1921, 1, 1923, 2 und 1924, 413.

Die Grundformel von Katechin und Epikatechin ist folgende:

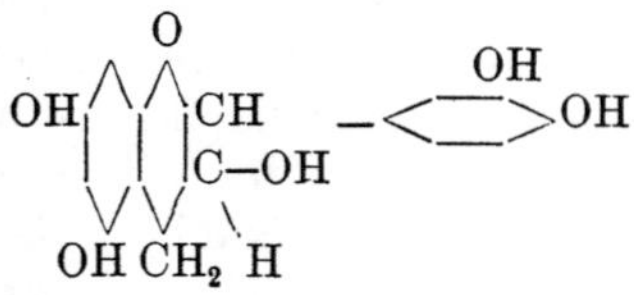

Im Jahre 1920 teilt F r e u d e n b e r g auf Grund seiner Untersuchungen die Gerbstoffe in zwei Klassen ein:

1. Die hydrolysierbaren Gerbstoffe,[1] deren Benzolkerne durch Vermittlung von Sauerstoffatomen mit dem großen Komplexe zusammenhängen. Hierher gehören die von F i s c h e r synthetisch erhaltenen Depside, die als innere Äther von Phenolcarbonsäuren anzusehen sind, außerdem die Äther aromatischer Säuren mit mehrwertigen Alkoholen, Zuckern und Glukosiden (Tannin, Sumach- und Teegerbstoffe) und die Ellag-Gerbstoffe, die Ellagsäure in einer nicht aufgeklärten Verbindung mit Zucker, vielleicht auch mit Phenolcarbonsäuren enthalten (Gerbstoffe von Mirobalanen, Divi-Divi, Algarobilla, Valonea u. a.).

Diese Gerbstoffe zerfallen unter der Wirkung schwach hydrolysierender Mittel, oder der von Fermenten (z. B. Tannase) in ihre zuckerartigen und aromatischen Bestandteile.

Hierher gehört auch der Gerbstoff des Eichenholzes, der bei der Aufspaltung mit warmer Schwefelsäure 3—7% Zucker und 18—24% Ellagsäure liefert. Durch Tannase-Einwirkung erhält man eine Gerbsäure von unaufgeklärtem Bau, in Form einer amorphen gelbroten Substanz. Der Kastanien-Gerbstoff ähnelt dem Eichengerbstoff.

2. Die kondensierten Gerbstoffe,[2] denen ein größeres Kohlenstoffskelett zugrunde liegt. Die Benzolkerne desselben hängen miteinander durch Kohlenstoffbindungen zusammen. Diese Gerbstoffe zerfallen nur bei der Alkalischmelze in ihre einkernigen Bestandteile, nicht aber durch Enzym-Einwirkung. Sie werden durch Brom gefällt.

Bei Behandlung mit Oxydationsmitteln oder starken Säuren polymerisieren sie sich zu hoch-molekularen amorphen Gerbstoffen, die Phlobaphene genannt werden und von roter Farbe sind. Hierher einzureihen sind die Katechingerbstoffe (Gambir), die Gerbstoffe von Quebracho, Mangrove, Eichenrinde u. a. Außerdem enthält die Eichenrinde zum Teil auch hydrolysierbare Gerbstoffe.

Im Jahre 1914 stellte G. P o w a r n i n eine neue Klassifikation auf,[3] in welcher zwei Gruppen der Gerbstoffe rein wissenschaftlich und auf Grundlage des Charakters der Bindung zwischen den Benzolkernen angegeben werden. G. P o w a r n i n schreibt: „Die der

[1] Nach der allgemein angenommenen Terminologie Procters sind es die Pyrogallolgerbstoffe.

[2] Nach der gebräuchlichen Terminologie Procters heißen sie Pyrokatechin-Gerbstoffe.

[3] Collegium, 1914, S. 650.

ersten Klasse angehörigen Verbindungen nenne ich nach ihrer Esterbrücke Esterotannide und die der zweiten zuzuzählenden bezeichne ich in Anbetracht der Wahrscheinlichkeit einer Bindung zwischen den Kern-Kohlenstoffatomen des Benzolkerns als Cotannide."

10. Die Rolle der Nichtgerbstoffe. Viele Gerber bemühen sich, Extrakte mit möglichst hoher Anteilzahl zu bekommen, da sie alle Nichtgerbstoffe für Ballast halten. Andere bevorzugen Gerbstoffe mit einer genügenden Menge Nichtgerbstoffe, besonders zuckerartiger Stoffe, weil diese bei der Gärung die für den gewöhnlichen Verlauf der Gerbung notwendigen Säuren liefern.

Beide Gruppen sind im Recht, denn ihre Wünsche werden durch die verschiedenen von ihnen angewendeten Schwell- und Gerbmethoden bestimmt.

Sohlenleder z. B. muß, wenn die Schwellung durch Säurezusatz erzielt wird, mit sogenannten süßen Brühen von möglichst kleinem Gehalt an Nichtgerbstoffen gegerbt werden. Im Falle der natürlichen Schwellung in den Brühen dagegen, müssen diese die bei der Gärung zuckerartiger Stoffe entstandenen Säuren enthalten und hier spielen die Nichtgerbstoffe als Säurebildner eine wichtige Rolle.

Aber die Vergärung der Gerbbrühen zwecks Säurebildung ist für den Gerber ein sehr kostspieliges Verfahren, da mit der Gärung der Nichtgerbstoffe die Zerstörung der Gerbstoffe durch Zersetzung und Hydrolyse Hand in Hand geht.

Tabelle 11 zeigt auf Grund der Versuche Paesslers[1], wie groß die Gerbstoffverluste bei denjenigen Gerbstoffen sind, die von den Gerbern zwecks Erhöhung des Säuregehalts der Brühen verwendet werden.

Tabelle 11.

Gerbstoffverluste bei 60 tägigem Stehen von aus unten angeführten Materialien bereiteten Brühen von 2° Bé

Nr.	Bezeichnung	% Verluste
1	Mangrove	0.0
2	Mimosa	2.0
3	Quebrachoholz	3.4
4	Quebrachoholzextrakt	3.0
	a) natürlich	3.0
	b) sulfitiert	4.0
5	Gambir	0.0
6	Eichenrinde	7.5
7	Fichtenrinde	10.0
8	Eichenholzextrakt	12.5
9	Kastanienholzextrakt	11.5
10	Trillo	23.0
11	Mirobalanen	24.0
12	Valonea	29.0
13	Divi-Divi	29.0

Die Vergärung der Brühen liefert zum größten Teil schwach

[1] Collegium, 1919, 286.

dissoziierende Säuren, während für die Schwellung und Gerbung gerade die Dissoziation der Säuren, die Wasserstoffionenkonzentration oder pH, von Bedeutung ist.

Deshalb ist es vorteilhafter, die Brühen nicht in Gärung geraten zu lassen, indem man sie sterilisiert, und lieber künstliche Säuren zuzusetzen, unter strenger Einhaltung der erforderlichen Wasserstoffionenkonzentration (pH). Bei der künstlichen Säuerung der Brühen wirken die Nichtgerbstoffe ungünstig auf die Erhöhung der Wasserstoffionenkonzentration, da sie als Puffer wirken und überhaupt, auch bei ein und demselben pH die Schwellung der Blöße herabsetzen.

Es erweisen sich also die an der Zusammensetzung der Nichtgerbstoffe beteiligten zuckerhaltigen Stoffe als Säurebildner, die Eiweißsubstanzen als Nährboden für Bakterien, als überflüssig.

Die in den Nichtgerbstoffen enthaltenen anorganischen Salze sind besonders schädlich, das sie die Schwellung herabmindern.

Die Stoffe mit Phenolcharakter — die färbenden Stoffe: Flavone, Quercetin u. a., sind für den Gerber einigermaßen von Interesse.

Kolloidsubstanzen wie Gummi und gummiartige Stoffe sind bei den neuen beschleunigten Gerbmethoden im Gerbfaß von Bedeutung (s. u.).

Die Ligninsubstanzen, die hauptsächlich in der Form von Sulfosäuren an der Zusammensetzung der aus den Sulfitablaugen der Zelluloseindustrie gewonnenen sogenannten Sulfitzellulose-Extrakte beteiligt sind, können zur Gerbung und Füllung von Sohlenleder eine gewisse Bedeutung erlangen.

Allgemein läßt sich sagen, daß ein gegebener Gerbstoff umso schwächer adstringierend wirkt, je mehr Nichtgerbstoffe er enthält und umgekehrt. Z. B. wirkt ein Quebracho-Extrakt mit einer Anteilzahl bis 90 bedeutend stärker adstringierend als ein Kastanienholzextrakt mit 65—70 und dieser wieder mehr als Sumach mit 59 und Gambir mit 57.

Durch Zusatz von Nichtgerbstoffen zu Quebracho kann man dessen adstringierende Wirkung abschwächen und der des Gambirs angleichen. Deshalb muß man bei der Gerbung mit stark adstringierenden Extrakten mit hoher Anteilzahl vorsichtiger sein und mit schwächeren Brühen beginnen als beim Gerben mit schwächer adstringierenden Extrakten.

Die Schwächung der adstringierenden Fähigkeiten, parallel mit der Vergrößerung des Anteils an Nichtgerbstoffen, wird nach den Untersuchungen von Thomas von einer Erhöhung der Diffusionsgeschwindigkeit der Gerbstoffe in Gelatinegallerte und Haut begleitet. Diese Erscheinung kann man damit erklären, daß die Nichtgerbstoffe infolge ihrer geringen Teilchengröße rascher in Gelatine oder Haut eindringen als die Gerbstoffe und unbeständige Verbindungen mit dem Kollagen bilden, wodurch die langsamer diffundierenden Gerbstoffe, die auf ihrem Weg mit Nichtgerbstoff verbundenen Teilchen begegnen, bedeutend schneller in das Innere der Haut eindringen, als dies ohne Nichtgerbstoffe der Fall wäre.

Unter der Einwirkung des steigenden Säuregehalts der Brühen werden dann die Verbindungen der Nichtgerbstoffe mit dem Kollagen hydrolysiert und zerfallen, und die Gerbstoffe vereinigen sich durch die ganze Dicke der Haut mit dem Kollagen, indem sie beständige irreversible Verbindungen mit ihm bilden.

Dieser Vorgang der Vereinigung des Gerbstoffes mit dem Kollagen, nicht nur an der Oberfläche, sondern in der ganzen Dicke der Haut, hat eine überaus große Bedeutung für die richtige Durchgerbung des Leders. Wenn nur die äußere Schicht der Blöße rasch durchgegerbt wird, erhält man einen zusammengezogenen, runzeligen Narben.

Dagegen wird bei Anwesenheit von Nichtgerbstoffen die Vereinigung von Kollagen mit Gerbstoff verzögert, aber dafür wächst die Schnelligkeit des Eindringens in die Tiefe der Haut, und wenn dann die Blöße, wie die Gerber sagen, durchgebissen ist, beginnen die Gerbstoffe, in der ganzen Dicke der Haut sich mit dem Kollagen zu verbinden.

Im Hinblick auf diese wertvollen Eigenschaften der Nichtgerbstoffe wird ihnen von vielen hervorragenden Gerbereifachleuten große Bedeutung zugemessen. Z. B. erklärt der amerikanische Fachmann Oberfell[1] kategorisch, daß für Kastanienextrakt die für die Gerbung vorteilhafteste Anteilzahl 65—68 beträgt, wobei ein volleres und schwereres Leder mit zarterer Faser resultiert, als bei der Gerbung mit Extrakten von 70 und darüber, die das Leder hart und brüchig machen.

Es ist interessant festzustellen, daß die Amerikaner den Kastanienextrakt von 25° Bé mit 2—3% essigsaurem Natrium versetzen, um seine Adstringenz herabzusetzen.

Grasser[2] vertritt die Ansicht, daß die Gerbstoffe der verschiedenen Gerbmaterialien bezüglich ihres Gerbvermögens untereinander identisch sind und daß es die löslichen Nichtgerbstoffe, wie Säuren, zuckerartige, harzige, färbende und andere Stoffe sind, welche die größere oder geringere Gerbgeschwindigkeit, den Durchgerbungsgrad, die Färbung des Leders, seine Festigkeit, die Füllung des Hautgewebes und damit auch die größere oder geringere Zartheit des Leders, mit einem Wort, seinen wahren Charakter bestimmen.

Auf jeden Fall übt, nach der Ansicht Grassers, die Beschaffenheit der löslichen Nichtgerbstoffe eine größere Wirkung auf das Gerbvermögen der Gerbmaterialien aus, als die unbedeutenden Schwankungen in der chemischen Zusammensetzung der verschiedenen Gerbstoffe.

---

[1] Hide and Leather, 1922, Okt., S. 26.
[2] Cuir Techn., 1925, 106, Nr. 6.

Auch der französische Gerber T h u a u[1] mißt den Nichtgerbstoffen große Bedeutung bei.

Sehr interessant ist die Arbeit von T h o m a s und K e l l y über den Einfluß der Nichtgerbstoffe auf die Durchgerbung von Hautpulver.[2]

Sie gerbten Hautpulver durch 24stündiges Schütteln mit Lösungen von Gallus-Tannin und dem Gerbstoff der Mimosarinde unter Zusatz verschiedener Mengen Gallussäure und Pyrogallol, die den Hauptbestandteil der Nichtgerbstoffe bilden. Wie die Kurven für die Durchgerbung in Abb. 22 und 23

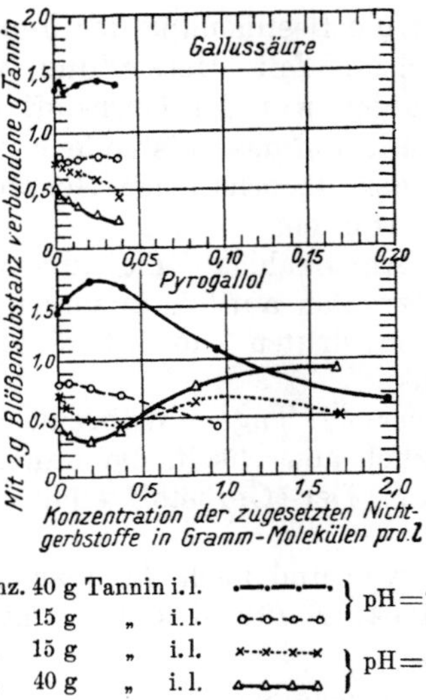

Abb. 22. Der Einfluß der Nichtgerbstoffe auf die Durchgerbung mit Gallus-Tannin

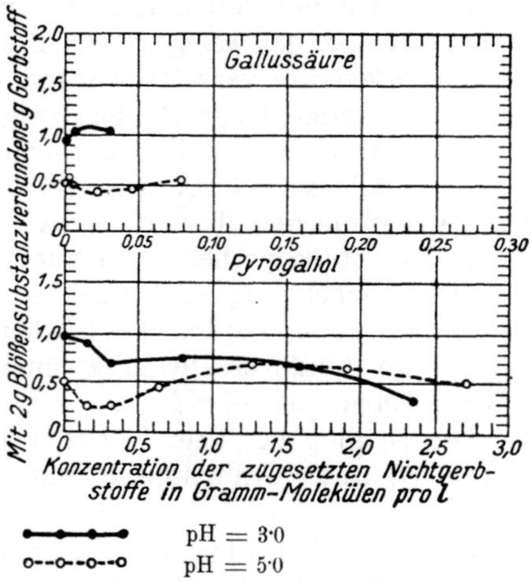

Abb. 23. Der Einfluß der Nichtgerbstoffe auf die Durchgerbung mit Mimosarinde

zeigen, vermindert der Zusatz von Nichtgerbstoffen nicht immer die Durchgerbung, im Gegenteil, bei gewissen Konzentrationen an T, NT und pH, wird die Gerbung durch die Nichtgerbstoffe sehr beschleunigt.

Die geschilderten Tatsachen genügen freilich nicht, um über die Rolle der Nichtgerbstoffe ein endgültiges Urteil zu ermöglichen. Man müßte unbedingt eine Reihe von Versuchen ausführen, indem man nach dem Beispiel T h o m a s' und K e l l y's die Nichtgerbstoffe von den Gerbstoffen trennt, und durch Variierung des Verhältnisses von NT zu T in den verschiedenen Gerbmaterialien den Gerbvorgang in der Farbe, im Versenk, und im Faß unter einheitlichen, unveränderlichen Bedingungen erforschen. Dann erst wird man die Frage entscheiden können, mit welcher Anteilzahl die Extrakte herzustellen sind.

---

[1] Cuir Techn., 1925, 173, Nr. 9.

[2] Ind. and Eng. Chem.,1925, 41, Nr. 1.

Im Laboratorium der Großen Lederfabrik in Taganrog wurden unter meiner Leitung Parallelversuche mit Eichenholzextrakt ausgeführt, wobei die Blößen unter ganz gleichen Bedingungen mit Brühen von der Anteilzahl 60, 70 und 80% gegerbt wurden.[1]

Ein Stück Haut von einer möglichst gleichmäßigen Flanke wurde in drei Teile von je 50—55 g Gewicht geteilt, und diese drei Stückchen an der Oberfläche mit n/1000 HCl entkälkt. Nachdem sie sodann mit Filtrierpapier etwas abgetrocknet und gewogen worden waren, wurden sie in 500 ccm fassende, mit den Brühen gefüllte Bechergläser gebracht. Gleichzeitig wurden Proben für die Bestimmung der Feuchtigkeit und der Hautsubstanz entnommen. Zur Herstellung von Eichenbrühen mit verschiedenen Anteilzahlen war der Gerbstoff des Eichenextraktes mit essigsaurem Blei gefällt und das entstandene Salz mit Schwefelsäure zersetzt worden. Mit dem so erhaltenen Gerbstoff war die Anteilzahl der Brühen reguliert worden.

Brühen: Im ersten Gefäß wurde die Anteilzahl auf diejenige von Kastanienholzextrakt gebracht, 80 — im zweiten auf 70, entsprechend dem ausländischen Eichenholzextrakt, im dritten auf 60 entsprechend dem Maikopschen Eichenholzextrakt.

Der Farbengang erstreckte sich über 14 Tage. Während der ersten vier Tage wurden die Brühen täglich gewechselt, die weiteren zehn Tage hindurch jeden zweiten Tag. Der Gerbstoffgehalt der Brühen betrug 0.5—4.5%.

Die Brühen der drei Gänge wurden vor und nach der Gerbung analysiert, unter Anbringung einer Korrektur für das verdampfte Wasser.

pH wurde bei allen drei Gängen gleich gehalten.

Nach Beendigung des Farbenganges wurden die Muster oberflächlich getrocknet und gewogen, worauf Proben für die Bestimmung der Feuchtigkeit und der Hautsubstanz entnommen wurden.

In den getrockneten Mustern wurde der gebundene Gerbstoff nach Koch und nach Wilson bestimmt.

Das Mengenverhältnis des Musters zu der Brühe im Versuchsgefäß betrug 1 : 8.

Analyse der Muster bei 18% Feuchtigkeit.

Muster	Nr. 1 in Brühe von 80%	Nr. 2 in Brühe von 70%	Nr. 3 in Brühe von 60%
Hautsubstanz	40.1%	40.5%	37.8%
Asche	1.0%	1.0%	1.0%
Auswaschbares nach Koch	15.73%	16.0%	16.68%
Auswaschbares nach Wilson	26.05%	23.65%	27.34%
Gebundener T nach Wilson	16.05%	16.0%	15.4%
Durchgerbungszahl nach Wilson	40.0%	39.5%	40.8%

Es ist also an der Durchgerbungszahl nach Wilson kein Unterschied zu erkennen. Der Wert für das mit Wasser Aus-

[1] Pawlowitsch, Westnik d. Ledersyndikats, 1926, 19, 5—6; 1927, 89, 3.

waschbare ist bei der Gerbung in Brühen von 60 um 1% größer, als für die Brühen von 80, ein Unterschied, der innerhalb der Fehlergrenze liegt.

Obgleich einige Nichtgerbstoffe bei der Gerbung eine große Rolle spielen, hat die Veredlung der Extrakte dennoch eine große Bedeutung: einerseits für die Verminderung der Transportspesen, andererseits für die Einführung zweckmäßiger Gerbmethoden unter Zusatz der für den gegebenen Gerbvorgang, die gegebene Ware oder die gegebene Arbeitsweise erforderlichen Menge an Nichtgerbstoffen.

Besonders bei der von mir vorgeschlagenen beschleunigten Methode (s. unten) ist es wichtig, mit möglichst edlen Extrakten zu arbeiten, deren Adstringenz man durch pH-Änderung leicht regulieren kann.

(Über Extrakt-Veredlungsmethoden s. u. Kapitel II, Diffusion, S. 120.)

Im Falle niedriger Anteilzahlen, wie bei Fichtenrinde, Weidenrinde usw., ist es wichtig, Brühen von beständigem pH-Wert zu haben. Bei den Versuchen im Lederforschungsinstitut in Moskau von M. Sergejew, S. Bressler, D. Michlin, P. Kapeliowitsch unter meiner Leitung, hat sich herausgestellt, daß der pH-Wert der Brühen im Laufe der ersten 4—5 Tage stark abnimmt, und zwar umso mehr, je mehr Alkali hinzugefügt werden mußte, um das nötige pH zu erhalten. Nachdem das Gleichgewicht hergestellt ist, halten sich die Brühen wie durch Puffern eingestellte. Je höher der pH-Wert ist (bis pH 8), desto schwieriger ist es, der Gärung der Gerbbrühen vorzubeugen. Folgende Desinfektionsmittel erweisen sich als die besten: $NaHSO_3$ — 0,25%, NaF — 0,1%, Hydrazin 0,01%, Chloroform 0,01%, Calciumhypochlorit 0,1%, Formaldehyd 0,007% (Abb. 24).

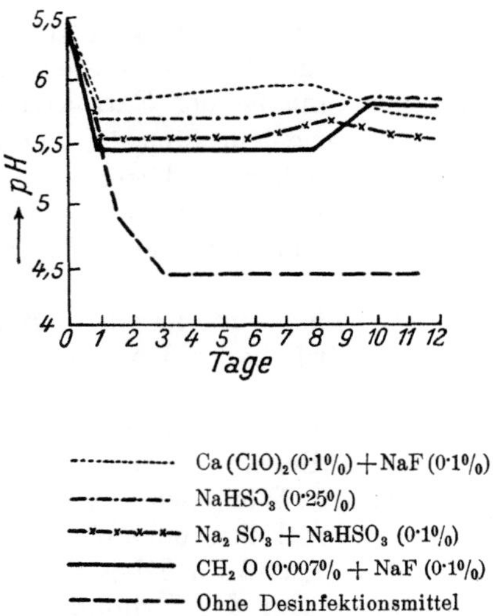

Abb. 24. Der Einfluß von Desinfektionsmitteln auf das pH der Gerbbrühen

Weidenrindenbrühe 2—3° Bé erhalten ihren pH-Wert 5—6 mittels $NaHSO_3$ (0,10—0,25%) oder $Ca(ClO)_2$, oder Formaldehyd 0,007%, besonders mittels Kombinationen $Ca(ClO)_2$ + NaF, oder Formaldehyd + NaF usw.

11. Praktische Folgerungen für den Gerber. Wenn man die Dispersität eines gegebenen Gerbstoffs kennt, kann man bestimmen, in welchem Stadium der Gerbung er Anwendung finden soll.

Besonders im Farbengang, in dem man eine möglichst gründliche

Durchfärbung erzielen will, muß man solche Gerbstoffe verwenden, die eine möglichst geringe Adstringenz und möglichst hohe Dispersität, eine möglichst kleine Aussalzbarkeit und ein möglichst großes Diffusionsvermögen gegenüber der geschwellten Blöße aufweisen.

Umgekehrt muß man am Ende der Gerbung möglichst stark adstringierende und wenig disperse Gerbstoffe mit möglichst großer Aussalzbarkeit verwenden. Gegen Ende der Gerbung stellt die Haut nämlich schon ein differenziertes System isolierter durchgegerbter Fasern vor und der Extrakt kann daher nicht nur im Wege der Diffusion die Zellwände durchdringen, sondern auch durch die entstandenen Kapillaren filtrieren und dadurch die Haut mit niedrig dispersen, auf den Fasern leicht koagulierenden Gerbstoffen füllen.

Wie aus Tabelle 3 ersichtlich, kann man aus dem am stärksten adstringierenden Gerbmaterial, dem Quebracho, hochdisperse, für den Farbengang geeignete Gerbstoffe gewinnen, wenn man den Quebracho-Extrakt vorerst bei den Endstadien der Gerbung in Verwendung nimmt, wobei die stark adstringierenden Gerbstoffe leicht auf den Fasern ausgeschieden werden. Nach erfolgter Trennung von dieser Ausscheidung ist der Extrakt für den Farbengang geeignet.

Ebenso gehen auch die Gerber in der Praxis vor, indem sie nämlich den frischen Quebracho-, Eichen-, etc. Extrakt bei den Endstadien der Gerbung zusetzen und ihn dann nach und nach alle die vorhergehenden Stadien bis zum Beginn des Farbengangs durchlaufen lassen.

In Anbetracht dessen, daß mit der Verdünnung die Dispersität wächst, wird die goldene Regel Schröders verständlich: die Gerbung mit schwachen Brühen zu beginnen, allmählig zu verstärken und mit starken Brühen zu beenden.

Diese Regel gilt für die normalen in der Praxis verwendeten Gerbbrühen. Wenn wir aber den Einfluß von pH, der Nichtgerbstoffe und anderer Faktoren auf die Dispersität in Betracht ziehen, so erscheint klar, daß die Dispersität nicht nur von der Verdünnung, sondern auch von der Erhöhung von pH, dem Zusatz von Nichtgerbstoffen u. a. abhängt.

Es wird daher möglich sein, die Gerbung mit sehr starken, aber höher dispersen Brühen zu beginnen und diese Dispersität dann allmählich durch Herabsetzung von pH, oder auf andere Art, zu vermindern. Dann wird es notwendig, die goldene Regel von Schröder folgendermaßen zu formulieren:

Man soll die Gerbung mit Brühen von erhöhter Dispersität beginnen, dann die Dispersität allmählich vermindern und bei der niedrigsten für Gerbstofflösungen zulässigen Dispersität fertig gerben.[1]

In der Praxis wird zur Steigerung der Gerbgeschwindigkeit die Erhöhung der Dispersität mittels sogenannter Schutzkolloide angewendet, welche peptisierend auf die Gerbstoffe einwirken. Solche

[1] Stiasny, Collegium, 1920, 265.

Schutzkolloide sind z. B. die gummiartigen Substanzen aus den Samen kleinasiatischer Astragalusarten — Tragasol,[1] Stärke,[2] Dextrin u. a. Bei Zusatz einer gewissen Menge dieser Kolloide wird es möglich, die Blößen sofort mit starken Extrakten zu gerben.

Interessant ist ein englisches Patent,[2] demzufolge kolloidale Lösungen durch Erwärmung von Gerbbrühen mit Stärke auf 66° C bereitet werden. Es ist bekannt, daß beim Erwärmen von Stärke mit Wasser auf 66° C die Stärkekörner quellen und eine kolloidale Lösung liefern. Es wird entweder reine Stärke verwendet, oder hauptsächlich aus Stärke bestehende Naturprodukte mit möglichst geringem Glutingehalt. Man mischt z. B. 1900 l eines gemischten Extrakts, wie er gewöhnlich zum Gerben von Sohlenleder verwendet wird und der mittels sulfitierten Quebrachoextrakts auf 18° Bé verstärkt wurde, mit 110 kg pulverförmiger Stärke und erhöht unter beständigem Rühren die Temperatur auf 66° C, hält diese Temperatur durch 15 Minuten ein und kühlt dann ab.

Die gut entäscherten Häute werden in dem erhaltenen Extrakt in ausgebreitetem Zustand versenkt. Nach 2 Tagen bringt man sie in einen ebensolchen frischen Extrakt, nach 4 Tagen wieder, usw., bis die Blöße durchgefärbt ist. Selten braucht sie dazu länger als 3 Wochen. Dann wird die durchgefärbte Blöße mit frischem Kastanienextrakt von 20° Bé behandelt und fertig gemacht.

Das deutsche Patent Schapringer Nr. 439521 vom 18./1. 27 sieht eine Vorbehandlung der Blöße mit Lösungen organischer Nichtgerbstoffe oder schwach adstringierenden Gerbstoffen, wie Tannin, vor; z. B. werden 100 kg Blöße im Gerbfaß oder in der Haspel 1—2 Stunden mit 1—2 kg Gallussäure, in einer entsprechenden Menge Wasser gelöst, behandelt.

Dann wird ein Gemisch von z. B. ½ kg Kastanienextrakt, ¼ kg Eichenextrakt von 30° Bé und ¼ kg sulfitiertem Quebrachoextrakt von 28° Bé zugesetzt, bis die Dichte der Lösung 10° Bé erreicht. Mit dieser Lösung und den entsprechenden Zubesserungen gerbt man Sohlenleder im Verlauf von maximal 40—50 Stunden. Statt Gallussäure kann man auch 1—2 kg Tannin verwenden, oder ein Gemisch gleicher Teile von Gallussäure und Tannin oder α und β Naphtol, oder Hydrochinon u. a.

Die von Pawlowitsch für eine Gruppe von Gerbextrakten (Quebracho, Mangrove, Eiche u. a.) vorgeschlagene neue Methode der beschleunigten Gerbung (s. S. 26, 60) beruht darauf, daß die Dispersität der Gerbstoffe durch Zusatz von Lauge bis pH 6—8, je nach dem verarbeiteten Leder und dem verwendeten Extrakt, gesteigert wird.

Die Blöße wird im Bottich oder in der Trommel gleich von Anfang an mit starkem Extrakt, für Sohlenleder von 8—14° Bé bei Quebrachoextrakt, auch mehr bis 25° bei weniger edlen Extrakten, be-

---

[1] M. S. Lamb beschreibt (JALCA, 1914, 539) die Anwendung von Tragasol zur Beschleunigung der Gerbung mit konzentrierten Extrakten.

[2] A. Turnbull and T. B. Carmichael, Brit. Pat. 110.470, Febr. 24, 1917

handelt. Die Durchtränkung erfolgt sehr schnell. Nach vollzogener Durchfärbung wird allmählich gesäuert bis zu pH 2—5, je nach der Ledersorte: für schwerere, festere Ware soll pH 2—3, für leichtere ungefähr 4—5 sein.

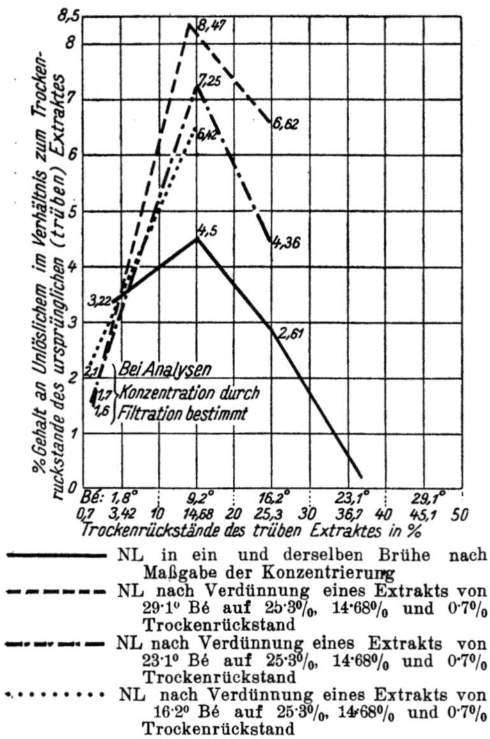

Abb. 25. Der Einfluß der Konzentration auf den Gehalt an Unlöslichem im Gerbextrakt

Die Erhöhung der Temperatur bis 37° am Anfang der Gerbung und bis 50° C zu Ende der Gerbung, wenn die Haut durchgefärbt ist, wirkt günstig. (Vergleiche Versuche von P. Pawlowitsch in Westnik d. Lederindustrie u. d. Lederh., 1928, 370.)

Beim Ansäuern vermindert sich die Dispersität der Gerbstoffe und diese koagulieren auf den Hautfasern.

Die Häute werden sodann, wenn erforderlich, mit möglichst sauren Extrakten fertig gegerbt, z. B. mit Kastanienholz- und Eichenholzextrakt im Faß.

Auf diese Weise kann Sohlenleder bei Verwendung des Fasses in einigen Tagen, und unbewegt im Bottich, im Zeitraum bis zu zwei Wochen durchgegerbt werden.

Durch Erhöhung der Dispersität mit Hilfe von Schutzkolloiden, pH-Veränderungen oder anderen Mitteln wird es möglich sein, auf rationellere Weise gutes Leder zu erzeugen und sich von den gegenwärtigen langwierigen Gerbmethoden freizumachen, die großes Betriebskapital erfordern.

12. Unlösliche Stoffe (NL). im Eichenholzextrakt. Um die Wirkung der Konzentration auf die Menge von NL aufzuklären, wurden Versuche[1] an Eichenholzbrühen und -Extrakten angestellt, wobei einerseits die Diffusionsbrühen konzentriert, andererseits die Extrakte verdünnt wurden, bis zur Erreichung der für die Gerbung erforderlichen Konzentration.

NL wurde als Differenz zwischen dem Trockenrückstand der trüben und der durch Absetzenlassen im Verlaufe von 8 Stunden bei

[1] P. Pawlowitsch, Collegium, 1926, 78.

15° C geklärten Brühe bestimmt und in Prozenten der ersteren angegeben. Wie aus der Abb. 25 und Tab. 12 ersichtlich, wächst die NL-Menge mit steigender Konzentration anfangs bis 8—9° Bé an, dann verringert sie sich.

Tabelle 12.

°/ Bé	Trockenrückstand in Prozenten vor dem Absetzen	Trockenrückstand in Prozenten nach dem Absetzen	Unlösliches in Prozenten des Trockenrückstandes der trüben Brühen
Nach Maßgabe der Konzentrierung			
1.8	3.42	3.31	3.22
9.2	14.68	14.02	4.5
16.2	25.30	24.64	2.61
23.1	36.7	37.1	—0.9
29.1	46.1	46.6	—0.85
Nach Maßgabe der Verdünnung			
Von 29.1 bis 16.2	25 86	24.15	6.62
„ 29.1 „ 9.2	12.64	11.57	8.47
„ 23.1 „ 16.2	25.72	24.60	4.36
„ 23.1 „ 9.2	15.05	13.96	7.25
„ 16.2 „ 9.2	13.07	12.13	6.42
2. Versuch nach Maßgabe der Konzentrierung			
1.9	3.45	3.31	4.06
8.75	14.52	13.50	7.03
13.3	21.97	20.71	5.74
16.5	26.96	26.22	2.74
25.0	38.73	38.67	0.16
31.5	51.4	51.7	—0.3

Beim umgekehrten Vorgang, der Verdünnung des Extraktes, ist das NL bei den gleichen Konzentrationen bedeutend größer als bei Konzentrierung der Brühen und nimmt mit wachsender ursprünglicher Konzentration zu. Temperaturerhöhung von 20 bis 40° C, — der zu Ende der Gerbung zulässigen Temperatur —, macht die NL-Menge 2mal so klein. Eichenholzextrakt von 30° Bé wurde bis 16° Bé mit destilliertem Wasser verdünnt und bei 15 bis 20° C und 35 bis 40° C im Verlaufe von 8 Stunden absetzen gelassen. Der ursprüngliche Trockenrückstand betrug 25,75%. Der abgesetzte Trockenrückstand bei 15° C—23.6 (8.75% NL), bei 35—40°—24.7 (4.08% NL).

Die NL-Bestimmung mittels Filtration durch ein gewöhnliches Papierfilter und Verwerfung der ersten 300 ccm des Filtrats, ergab infolge der Adsorption durch das Papier um etwa 30% höhere Werte.

13. Methodik der Bestimmung des Unlöslichen. Nach Abschluß dieser Untersuchung erschien die interessante Arbeit von Kubelka und Belavsky[1] über die Methodik der Bestimmung von NL.

Die genannten Forscher arbeiteten eine NL-Bestimmungsmethode auf Grund der Teilchengröße aus und schlagen vor, nur solche

[1] Collegium 1925, 75 u. 111.

Stoffe als unlöslich zu bezeichnen, die eine Teilchengröße von 1 Mikron ($^1/_{1000}$ mm) und darüber besitzen, da solche Teilchen nicht fähig seien, in die Blöße einzudringen und zu gerben. Die Bestimmung von N L nach der Teilchengröße wurde von ihnen durch Messung der Sedimentationsgeschwindigkeit ausgeführt. Die Teilchen von der Größe 1 Mikron einer Eichenholzbrühe brauchen in reinem Wasser oder in Diffusionsbrühe zum Absetzen auf eine Entfernung von 1 cm von der Oberfläche 10 Stunden (die Fall- oder Sedimentationsgeschwindigkeit beträgt 2725.10^{-10} m/sek.), in einer Brühe von 8—9 Bé 12 Stunden (Sedimentationsgeschwindigkeit 2321.10^{-10} m/sek.).

Beim Zentrifugieren mit einer Tourenzahl von 3000 pro Minute erfordert die Klärung einer schwachen Brühe auf 5 cm Tiefe 2 Minuten, einer Brühe von 8—9° Bé $2^1/_4$ Minuten (Sedimentationsgeschwindigkeit 37367 mal 10^{-8} m/sek.).

Unsere Methode des Absetzenlassens ergab eine Größe der N L-Teilchen von 1 Mikron und darüber.

Zur Erläuterung der Verhältnisse beim Absetzenlassen und beim Zentrifugieren der unlöslichen Stoffe führe ich folgende Rechnung an:

Unter der Annahme, daß die Teilchen der unlöslichen Substanz Kugelform haben, läßt sich die auf ein Teilchen vom Durchmesser r und vom sp. Gew. D bei einem sp. Gew. der Flüssigkeit d wirkende Schwerkraft durch folgende Formel ausdrücken:

$$4/3 \pi r^3 (D-d) . g$$

in der g die Beschleunigung durch die Schwerkraft —981 cm/sek.^{2} bedeutet. Die beim Sedimentieren auftretende Reibung zwischen Teilchen und Flüssigkeit wird durch die Formel $6 \pi r \eta \nu$ wiedergegeben, in der η der Reibungskoeffizient (für Wasser bei 0° —0.01797), ν die Geschwindigkeit des Teilchens ist.

Wenn sich das Teilchen im Gleichgewicht befindet, — Schwerkraft und Reibungswiderstand einander die Wage halten, — gilt die Formel von Stokes:

$$4/3 \pi r^3 (D-d) . g = 6 \pi r \eta \nu$$

$$\text{daher } \nu = \frac{\;}{9} \left(\frac{D-d}{\eta} \right) . g r^2$$

$$r = \sqrt{\frac{9 \nu \eta}{2 (D-d) g}}$$

Mit Hilfe dieser Formel läßt sich auf Grund der beobachteten Absetzgeschwindigkeit der Teilchendurchmesser berechnen und umgekehrt aus einer gegebenen Teilchengröße die Absetzgeschwindigkeit ermitteln.

Auf Grund dieser Formel ergibt sich, daß Gerbstoffteilchen einen Weg von 1 cm in folgenden Zeiten zurücklegen:

Durchmesser	Zeit
5 Mikron	24 Minuten
1 „	10 Stunden
0.1 „	42.5 Tagen
0.01 „	11.6 Jahren

Diese Berechnung gilt nur annäherungsweise, da die Größe D annähernd mit 1.5 angenommen wurde.

Beim Zentrifugieren mit einer Umfangsgeschwindigkeit von $\nu = \frac{2\pi e n}{60} = 5026.5$ cm/sek., wo e, der Halbmesser der Zentrifuge $= 0.16$ m, n die Zahl der Umdrehungen in der Minute $= 3000$ ist, resultiert die Beschleunigung $g = \frac{\nu^2}{e} = 1579143$ cm/sek.^{2}

Die Absetzgeschwindigkeit wird also $\frac{1579143}{981} = 1600$ mal so groß. Bei 4000 Umdrehungen in der Minute wird sie 2850 mal so groß sein.

Die erhaltenen Werte gelten nur annähernd wegen der beim Anlassen der Zentrifuge auftretenden regellosen Bewegungen.

Die untenstehende Tabelle enthält die auf Grund obiger Angaben bestimmten Zeitwerte für das Absetzen von Teilchen bestimmter Größe auf eine Entfernung von 1 cm.

Zum Durchlaufen von 1 cm erforderliche Zeit:

Teilchendurchmesser	ohne Zentrifugieren (freies Absetzen)	beim Zentrifugieren mit 3000 Umdr. je Minute	beim Zentrifugieren mit 4000 Umdr. je Minute
5 Mikron	24 Minuten	0.9 Sek.	0.5 Sek.
1 Mikron	10 Stunden	22.8 Sek.	12.8 Sek.
0.1 Mikron	42.5 Tage	38 Min.	21.0 Min.
0.01 Mikron	11.6 Jahre	63 Stunden	35.6 Stunden

14. Der Einfluß der Konzentration auf die unlöslichen Stoffe. Die Untersuchung von Kubelka und Belavsky über den Einfluß der Konzentration (ausgedrückt in g Trockenrückstand pro Liter) auf die Menge NL in Eichenbrühen bestätigt unsere Befunde.

Ebenso wie Eichenholzbrühen verhalten sich Kastanienholz- und in gewissem Maße auch Mimosabrühen (s. Abb. 26, die Kurven 1, 2 und 3 für Eichen-, 4 für Mimosa- und 5 für Kastanienbrühe). Aber bei nichtsulfitiertem Quebrachoextrakt Urunday unterliegt der Einfluß der Konzentration auf die NL-Menge einem anderen Gesetz, nämlich: die NL-Menge wächst ununterbrochen, wie dies aus Kurve 6 hervorgeht.

Das bei den erwähnten Versuchen beobachtete Anwachsen des Gehalts an unlöslichen Stoffen bei steigender Konzentration ist durch die Abnahme des Dispersitätsgrades bedingt, d. h. durch eine Zunahme der Teilchengröße dieser Stoffe. In schwachen Brühen, in welchen der Durchmesser dieser Teilchen kleiner als 1 ist, bilden sie eine Opaleszenz — eine Trübung der Lösungen. Bei Erhöhung der Konzentration bis zu einer gewissen Grenze wachsen, im Falle von Kastanien-, Eichen- und Mimosabrühen, diese Teilchen bis zu 1 Mikron Durchmesser und darüber und setzen sich leicht ab, wobei die Lösung klar wird. Bei weiterer Konzentrationserhöhung wächst auch wieder der Dispersitätsgrad der Teilchen, d. h. sie werden kleiner und wir erhalten wieder opaleszierende, trübe Lösungen.

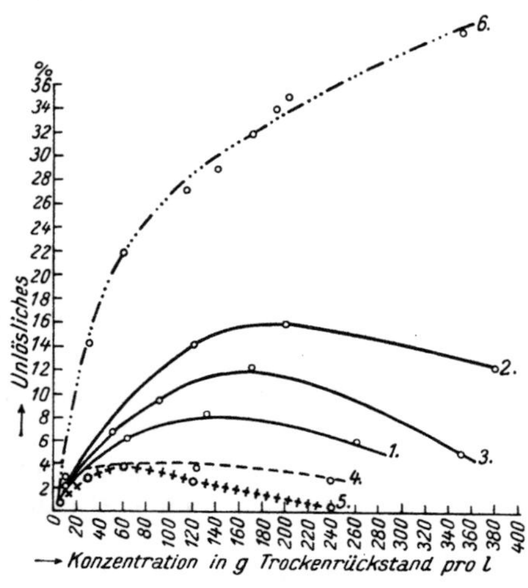

Abb. 26. Der Einfluß der Konzentration auf die unlöslichen Stoffe.

Der Gehalt an NL von mit 3% Sulfit ($5H_2O$) behandeltem Quebrachoextrakt Ordinary nimmt von der Konzentration von 8° Bé bis zu der von 16° Bé ab, um dann wieder etwas zu steigen (s. Abb. 33).

Der Umstand, daß bei einer bestimmten Konzentration, z. B. für Eiche bei 8° Bé, ein Maximum von NL gefunden wird, steht im Zusammenhang mit den Untersuchungen P. Weimarns[1] über die Flockung unlöslicher Stoffe bei verschiedenen Konzentrationen, bei denen es sich zeigte, daß in verdünnten und in sehr konzentrierten Lösungen der Niederschlag am feinsten ausfällt, während bei mittlerer Konzentration ein grobkörniger Niederschlag erhalten wird.

Diese mittlere Konzentration ist für verschiedene Extrakte verschieden und muß experimentell ermittelt werden.

15. Die Wirkung von pH auf NL. Die Wirkung der Wasserstoffionenkonzentration auf die Menge an Unlöslichem im Falle von Quebracho und Eichenholzextrakt geht aus der nach den Angaben von Kubelka und Belavsky[2] erhaltenen Abb. 27 hervor. Aus ihr ist ersichtlich, daß NL im Quebracho- und Eichenholzextrakt mit wachsendem pH allmählich abninmmt und bei pH 8—9 = 0 wird. (Dasselbe gilt nach unseren Versuchen für Mangroveextrakt.) In dem pH-Gebiet 4—6 und darüber verändert sich NL unbedeutend, aber unterhalb pH 4 für Quebracho, unterhalb pH 3 für Eiche, wächst NL rascher an, bis schließlich unterhalb pH 2.7—2.8 für Quebracho und pH 1.7—1.8 für Eiche, die NL-Kurven fast vertikal ansteigen. Die

[1] Weimarn, Grundzüge d. Dispersoidchemie, Dresden, 1911.

[2] Collegium, 1925, 252.

letzteren pH-Werte bedeuten die kritischen Flockungspunkte, deren Überschreitung nach der Richtung weiterer pH-Verminderung zu großen Verlusten an Gerbstoffen durch deren Unlöslichwerden führen kann.

Im Falle von Valex ist die Wirkung der pH-Werte nach unseren Versuchen umgekehrt, d. h. NL nimmt mit wachsendem pH bis pH 8 stark zu.

In Anbetracht dieses starken Einflusses von pH auf die Menge des Unlöslichen, muß die Analyse von Gerbmaterialien und Extrakten unbedingt bei einem bestimmten pH durchgeführt werden. P r o c t e r, H u g o n i n, C h a m b a r d schlagen vor, bei pH 3 zu untersuchen, K u b e l k a bringt pH 4 in Vorschlag.

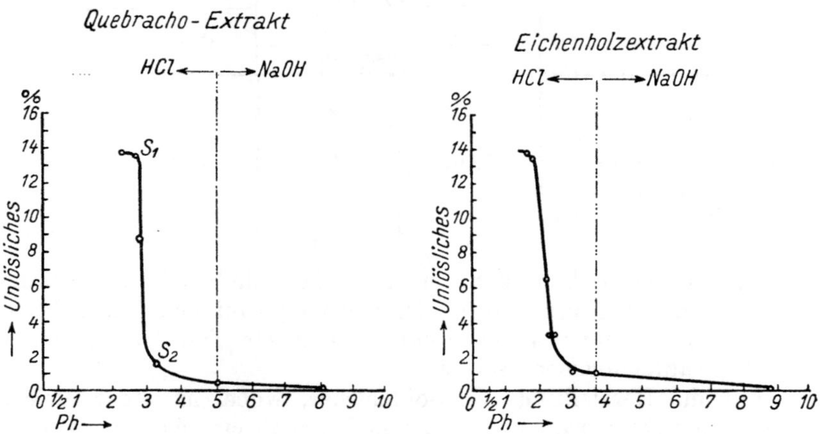

Abb. 27. Die Wirkung von pH auf die Menge an Unlöslichem in Quebracho- und Eichenholzextrakt

16. Die Rolle des Unlöslichen bei der Gerbung. Diesbezüglich machen P r o c t e r und M o e l l e r die Annahme, daß die bei der Analyse nach der Filtriermethode bestimmten unlöslichen Stoffe aus Quebrachoextrakt die Haut gerben; nach M o e l l e r haben sie sogar eine besondere Wichtigkeit und Bedeutung für die Ausbeute und Qualität bei Sohlenleder. Deshalb macht M o e l l e r[1] den Vorschlag, die beim Erwärmen auf 98—100° C in Lösung gehenden unlöslichen Stoffe nicht zu entfernen, sondern für die Gerbung zu verwerten und nur das bei dieser Temperatur wirklich Unlösliche, das aus mechanischen Beimengungen, wie Holzstaub usw. besteht, zu beseitigen.

Eine ähnliche Ansicht bezüglich der NL von Gerbextrakten äußert J e d l i c z k a.[2]

Im Laboratorium der Großen Lederfabrik in Taganrog wurde an 2 Stücken einer und derselben Haut ein Parallelnachgerbversuch bei

[1] Ledertechn. Rundschau, 1913, 258—59, 5; Collegium, 1911, 425.
[2] Collegium, 1916, 383.

40° C mit klarer Eichenholzbrühe von 16° Bé und mit den durch 8stündiges Stehenlassen einer Eichenholzbrühe von 16° Bé erhaltenen unlöslichen Stoffen durchgeführt.

Nach siebentägiger Gerbdauer wurden die Muster analysiert; die Resultate waren in beiden Fällen die gleichen. Außerdem sei auch auf den Gerbversuch in klarer und trüber Brühe, siehe oben Seite 12 verwiesen.

Nachher ist ein Versuch über den Einfluß der Dauer des Stehens und der Gerbung auf die Menge NL im Eichenholzextrakt von 8° Bé ausgeführt worden.

Die erhaltenen Zahlen sind folgende:

	Trockenrückstand in Prozenten		Unlösliche	
	vor	nach	absol.	in Prozenten
	dem Absetzen			
Am Anfang	13.54	12.28	1.26	9.3
Nach dem Stehen während eines Monats .	12.64	10.85	1.79	14.1
Nach der Gerbung während eines Monats bei 20° C	10.03	8.44	1.59	15.9

Aus diesen Zahlen kann man ersehen, daß NL in Prozenten beim Stehen auf Lager und bei der Gerbung zunimmt, jedoch bei der Gerbung in absoluter Menge weniger, d. h. ein Teil der NL ist von der Haut aufgenommen werden.

Für die Herstellung von Sohlenleder, wobei mit konzentrierten Brühen gegerbt wird, kann NL von Nutzen sein, dagegen wirkt es schädlich bei der Gerbung leichter Ware in schwachen Brühen.

17. Die Reinigung der Brühen von den unlöslichen Stoffen. Im letzteren Fall ist daher die Reinigung der Extrakte unerläßlich. Aus den obigen Angaben über NL ergibt sich, daß die Reinigung von Eichenholz-, Kastanienholz-, Mimosa- und ähnlichen Brühen am besten so bewerkstelligt wird, daß man sie auf 8—9° Bé eindickt, abkühlt, mit einem koagulierend wirkenden Stoff versetzt, um die Sedimentation zu beschleunigen, stehen läßt, die klare Brühe dekantiert und den Niederschlag durch eine Rahmenfilterpresse filtriert. Als Koagulationsmittel kommen Rinderblut (1 Teil auf 1000 Teile Brühe), Aluminium-Alaune mit Bisulfit, u. a. in Betracht. Gut koagulierend wirkt die Hydrozellulose.

Zur Reinigung wird 1 Teil Zellulose für 15.000 Teile Brühe von 6—8° Bé verbraucht. Die Zellulose wird vorher unter Zugabe einer unbedeutenden Menge Mineralsäure (am besten 1 Teil HCl auf 30 Teile Zellulose) im rotierenden Faß gedämpft. Die erhaltene Papiermasse (Teig) wird der heißen Brühe zugesetzt, diese darauf rasch abgekühlt, absetzen gelassen und durch eine Filterpresse filtriert (s. S. 192).

18. Die Färbung der Extrakte. Robert Griffith, der Vorsitzende der Amerikanischen Gesellschaft von Fabrikanten der Extraktindustrie,[1] schreibt: „Die Farbe des Kastanienextraktes spielt bei den amerikanischen Gerbern keine Rolle, da sie es vorziehen, ihr Leder nach einer einfachen Methode zu bleichen, die, wie der Versuch ergeben hat, dieses nicht schädigt. Die Behandlung der Gerbextrakte zwecks Verbesserung ihrer Farbe trägt nicht zur Erhöhung ihrer Gerbwirkung bei und Versuche haben gezeigt, daß reiner, unbehandelter Extrakt bessere Lederausbeuten liefert, als der gleiche Extrakt nach der Behandlung. Die Aufhellung von Kastanienextrakt mittels Blutalbumin und ähnlicher Methoden führt zum Verlust bedeutender Mengen wertvoller Gerbstoffe, die zusammen mit den unerwünschten färbenden Stoffen ausfallen.

Bei ungeschädigter Erhaltung der wertvollen Gerbmaterialien läßt sich die Lederfabrikation wirtschaftlicher gestalten und die so sehr angestrebte lichte Farbe kann auch durch eine unschädliche Nachbehandlung des Leders in hinreichendem Maße erzielt werden.

Die graubraune Farbe des amerikanischen Kastanienholzextraktes wird heute nicht mehr verlangt. Obgleich der amerikanische Standardextrakt dunkel gefärbt ist, da er keinerlei Entfärbungsprozeß durchmacht, wird dieser Nachteil mehr als aufgewogen durch die gute Gewichtsausbeute an erzeugtem Leder.“

Die Farbe der Gerblösungen hängt sehr von der Wasserstoffionenkonzentration oder pH ab.

Bei den Versuchen von Wilson und Kern an Gambir- und Quebrachobrühen von 1% Gerbstoffgehalt von pH 3 bis 12 zeigte sich, daß die Farbe der Gambir-Brühen von licht-strohgelb bei pH 3 in dunkelrot bei pH 12, und dementsprechend die Farbe von Quebracho von violett in dunkelrot übergeht. Diese Farbveränderungen sind umkehrbar, wenn die Brühen nicht bei hohem pH lange der Lufteinwirkung ausgesetzt sind. Bei langem Stehen an der Luft in alkalischem Mittel bleibt die Farbe dunkel u. zw. umsomehr, je größer pH ist.

Von der Färbung der Gerblösungen hängt die Farbe des Leders ab. So haben die Versuche der englischen Versuchsstation, Hautstücke mit den am häufigsten verwendeten Gerblösungen bei verschiedenen pH zu gerben, gezeigt, daß das Leder bei pH 3.5—5.0 licht ausfällt, besonders dann, wenn die Gerbung bei pH 4.0—4.5 beginnt.

Gerblösungen von pH 6 und darüber liefern sehr dunkle Färbungen, die sich mit der Zeit noch vertiefen. Offensichtlich ist die Tatsache, daß verschiedene Extrakte verschieden gefärbt sind und auch dem Leder verschiedene Färbungen erteilen, bei Fehlen färbender Bestandteile darauf zurückzuführen, daß sie ungleich sauer sind.

Zur Kennzeichnung der Säuregrade führe ich folgende pH-Werte für verschiedene Lösungen von Analysenstärke an, die aus den ent-

[1] The Leath Trad. Year Book v. G. Parker, 1922, 149.

sprechenden Extrakten nach den Bestimmungen der Britischen Lederuntersuchungsgesellschaft[1] (Kolonne I), nach denjenigen des Komites ALCA[2] (Kolonne II) und für Brühen von 1° Bé nach den Bestimmungen von Tschernow und Kolesnikow (nicht publiziert) (Kolonne III) hergestellt wurden.

	I	II	III
Mangrove (bei 6 g im l) . . pH	6.60		4·35
Mimosa („ „ „)	5.03	4.15—4.95	4.85
Quebracho natürl. („ „ „)	4.83	4.40—5.00	4·55
lösl. Quebracho (frische Lös.)	5.30		
„ „ (über Nacht gestanden)	4.80		
Corona			6.25
Kastanie	3.37	3.33—3.75	
Sumach	3.36		
Mirobalanen	3.35		3.62
Valonea		3.69	3.79
Eichengallen	3.96		
Tannin	3.51		
Eichenrinde			4.51
Fichtenrinde			4.51
Weidenrinde			4·88

Aus dieser Tabelle ist ersichtlich, daß die Pyrokatechingerbmaterialien (Mangrove, Mimosa, Quebracho), bedeutend weniger sauer sind (pH 4—5) als die Pyrogallolgerbstoffe (die übrigen obengenannten) (pH 3.25—3.75).

Mit der Erhöhung der Konzentration wird pH langsam, aber ununterbrochen kleiner, wie dies die Untersuchung von Kubelka über pH von Gerbextrakten zeigt[3]

Konzentration des Trockenrückstandes

i. g/l	6	60	120	140	300	400
pH	3.69	3.22	3.17	3.14	3.0	2.91

Überhaupt ist die Farbveränderung kolloidaler Lösungen durch Dispersitätsänderungen bedingt.

Die Untersuchungen Wo. Ostwalds[4] über die Färbungen kolloider Lösungen haben gezeigt, daß blaugrüne Farbe infolge von Dispersitätsverminderung entsteht und rot-violette umgekehrt infolge Dispersitätserhöhung und daß die Dispersität hochdisperser anorganischer Verbindungen und organischer Schwefelverbindungen durch Zusatz von Alkalien steigt.

Dies hat auch Keme[5] am Ultramarin bestätigt, dessen blaue Farbe durch Alkalieinwirkung, dank der dadurch verursachten Dispersitätserhöhung, in rot übergeht. Daher muß man die oben beschriebenen Farbänderungen der Gerblösungen auch der verschiedenen Dispersität zuschreiben.

---

[1] Leath. Trades Review, 1926, 26. Mai, 356.
[2] J. A. L. C. A. 1924, 314.
[3] Collegium, 1925, 256.
[4] Wo. Ostwald, „Die Welt der vernachlässigten Dimensionen", 1922, S. 50.
[5] Keme, Cöthener Chemiker-Zeitung, 47, 73, 4, 3.

Die Farbmessung von Gerbstofflösungen erfolgt bis jetzt mittels des Tintometers von Lovibond. Diese Methode ist nicht genau. Nach den Untersuchungen von M. A. de la Bruère (J. Society of Leather Trades Chemists, 1928, 485) ermöglicht die spektrophotometrische Methode mittels des Apparates T. C. B. von Toussaint eine genaue Farbmessung von Gerbstofflösungen.

19. Die Oxydation durch Lufteinwirkung. Bei Berührung mit der Luft werden die Gerbstoffe oxydiert, besonders leicht bei pH 9.

Wilson und Kern haben gefunden, daß die Niederschlagsmenge in Brühen, die durch dreitägiges Stehen in flachen Schalen an der Luft bei verschiedenen pH oxydiert und dann auf pH 3 gebracht worden sind, sich nach den Kurven in Abb. 28 verändern. Aus diesen Kurven geht hervor, daß die Höchstmenge an Niederschlag erzielt wird, wenn die Oxydation bei pH 9 erfolgt. Bei sinkendem pH und Übergang zur sauren Reaktion verringert sich allmählich die Niederschlagsmenge und bei größerer Alkalinität als pH 9 verschwindet er plötzlich ganz. Bei diesen Versuchen wurde der Niederschlag nach dem Stehenlassen der durch Salzsäurezusatz auf pH 3 gebrachten, in 100 ccm fassenden Zylindern befindlichen Brühen über Nacht volumetrisch gemessen.

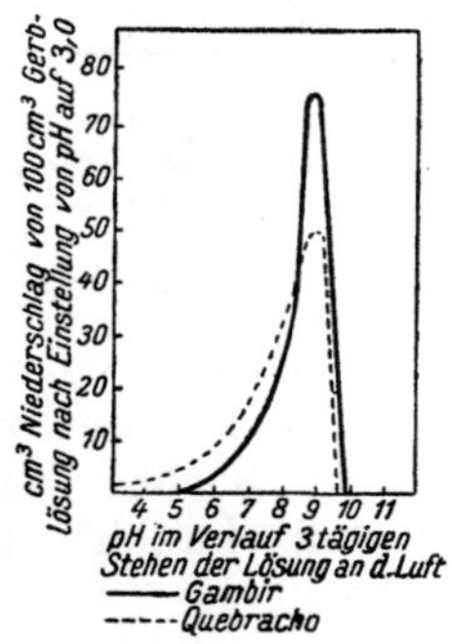

Abb. 28. Der Einfluß von pH auf die Bildung von Niederschlägen beim Stehenlassen von Gerblösungen an der Luft

pH 9 stellt also bei der Oxydation der Brühen einen kritischen Punkt vor.

Um die Veränderungen in der Zusammensetzung von Gerblösungen aufzuklären, die bei den in Bezug auf Oxydation gefährlichsten und in der Praxis vorkommenden pH-Werten, nämlich 6—8, stattfinden, wurde im Laboratorium der Großen Lederfabrik in Taganrog ein Versuch angestellt, bei dem Luft durch einen mit Quebracho-, bezw. Eichenholzbrühe von 8° Bé gefüllten Kaliapparat geleitet wurde. Die Luft war vorher von Wasser und Kohlensäure befreit worden und wurde hinter dem Kaliapparat mit der Gerblösung durch zwei weitere mit Lauge, bezw. Schwefelsäure beschickte Waschflaschen geleitet. Durch 16 bis 19 ccm Lösung wurde im Verlauf von 29 Stunden 30 Liter Luft in kleinen Blasen durchgeleitet; die Versuchstemperatur betrug 27° C. Hierauf wurde die durchlüftete Brühe parallel mit der ursprünglichen analysiert, und zwar beim ursprünglichen pH, welcher Wert bei der Oxydation etwas zurückgeht.

Die Resultate in Gramm Trockenrückstand, T, NT und NL vor und nach der Oxydation sind in Tabelle 13 dargestellt.

Tabelle 13.

Die Oxydation von Quebracho- und Eichenholzextrakten von 8° Bé bei pH 6, 7 und 8

pH		Trockenrückstd. d. lösl. St.			Gerbstoffe			Nichtgerbstoffe			Unlösliches		
Vor der Oxydation	Nach der Oxydation	Vor der Oxydation	Nach der Oxydation	Unterschied in % Trockenrückstand	Vor der Oxydation	Nach der Oxydation	Unterschied in % Trockenrückstand	Vor der Oxydation	Nach der Oxydation	Unterschied in % Trockenrückstand	Vor der Oxydation	Nach der Oxydation	Unterschied in % Trockenrückstand
Quebrachoextrakt von 8° Bé													
6.0	5.6	2.387	2.218	—7.10	2.079	1.939	— 5.85	0.308	0.279	— 1.22	—	—	—
7.1	6.5	2.685	2.718	+1.23	2.343	2.235	— 4.05	0.342	0.482	+ 5.20	—	—	—
8.0	7.2	2.780	2.695	—3.52	2.195	2.068	— 4.57	0.585	0.629	+ 1.57	—	—	—
Eichenholzextrakt von 8° Bé													
6.0	4.9	2.229	2.023	—9.25	1.167	0.964	— 9.15	1.062	1.059	— 1.35	0.050	0.125	+3.38
7.1	5.5	2.407	2.290	—4.85	1.315	1.161	— 6.40	1.092	1.139	+ 1.95	0.036	0.188	+6.33
8.0	6.0	2.113	1.967	—6.95	0.995	0.610	—18.25	1.118	1.357	+11.35	0.033	0.189	+7.40

Wie aus dieser Tabelle hervorgeht, findet bei der Durchlüftung von Gerbbrühe mit dem 1500—1900fachen Luftvolum eine weitgehende Zerstörung von T statt, besonders in Eichenbrühe bei pH 8, wobei T in NT und NL übergeht. Wenn man für die praktischen Betriebsverhältnisse mit Brühenbassins von 3 m Tiefe und einer Gebäudehöhe über den Bassins von maximal 6 m rechnet, steht für die Oxydation ein das Flüssigkeitsvolum nur um das zweifache übersteigendes Luftvolum zur Verfügung. Im schlechtesten Fall, bei nur ein Drittel Füllung der Bassins, ist das Luftvolum sechsmal so groß als das der Flüssigkeit. Dabei kommt diese Luft nicht in so innige Berührung mit der Brühe wie dies bei unserem Laboratoriumsversuch der Fall ist. Daher nehme ich an, daß man praktisch bei pH 6—8 für Quebracho, und pH 6—7 für Eiche arbeiten kann, ohne einen merklichen Gerbstoffverlust befürchten zu müssen.

Überdies haben W i l s o n und K e r n gefunden, daß beim Konzentrieren verdünnter Gerblösungen eine teilweise Umwandlung von Nichtgerbstoffen in Gerbstoffe stattfindet.

Der folgende Versuch ist besonders charakteristisch: 60 g Gambir-Extrakt wurden in 1 Liter Wasser gelöst, sodann auf 250 ccm eingedickt und wieder zu 1 Liter verdünnt. Dies wurde dreimal wiederholt. Beim vierten Mal wurde die Lösung auf 2 Liter verdünnt. Hierauf wurden 200 ccm dieser Lösung, die 6 g des ursprünglichen Extrakts enthält, mit 12 g lufttrockenem Hautpulver, enthaltend 10.37 g Hautsubstanz, entgerbt und das gegerbte Pulver wurde wie üblich ausgewaschen. Auf diese Weise wurde der Gerbstoffgehalt des Gambirs zu 12.69% ermittelt, während ohne Konzentration 7.94% gefunden wurden. Die Gerbstoffmenge, welche nach der Methode von W i l s o n bestimmt wurde, hat also auf Kosten der Nichtgerbstoffe, offenbar durch Polymerisation und Oxydation, um 60% zugenommen.

Auf die Umwandlung der Nichtgerbstoffe in Gerbstoffe übt auch das Altern der gegerbten Haut einen Einfluß aus.

Wilson hat folgenden Versuch angestellt: Drei Portionen von je 12 g Hautpulver wurden mit je 200 ccm einer gegebenen Gerbstofflösung gegerbt. Die eine Portion (I) wurde gleich nach erfolgter Gerbung 25mal ausgewaschen, die zwei anderen wurden ohne Auswaschen getrocknet. Von diesen letzteren wurde die eine (II) nach 30 Tagen, die andere (III) nach einem Jahr 25mal ausgewaschen (s. Tabelle 13).

Tabelle 14. Gerbstoffgehalt in % nach Wilson-Kern

Extrakt	I	II	III	Offizielle Methode ALCA
Quebracho	47.25	53.00	54.59	60.87
Gambir	7.89	10.49	13.13	25.61
Kastanienholz	13.99	18.02	18.36	25.7
Eichenrinde	15.36	17.23	20.08	26.19
Sumach	16.29	17.94	17.96	25.51
Mimosa	24.16	25.89	26.61	33.55

Aus dieser Tabelle ist ersichtlich, wie das Alter des Leders, ähnlich wie die Konzentration, die Umwandlung der Nichtgerbstoffe in Gerbstoffe beeinflußt; aber selbst nach einem Jahr erreicht die Menge an wirklichen Gerbstoffen nicht den nach der Methode ALCA erhaltenen Wert.

Die Umwandlung der Nichtgerbstoffe in Gerbstoffe mit der Zeit ist besonders wichtig bei der Sohlenlederfabrikation, wenn man keine Beschleunigungsmittel anwendet. Dementsprechend nimmt Procter an, daß ein schon lange auf Lager befindliches Leder mehr Gerbstoffe enthält als gleich nach der Gerbung.

20. Die Sulfitierung. Die Sulfitierung dient zur Lösung der unlöslichen Stoffe und zur Aufhellung der Brühen. Sie besteht in der Behandlung der Extrakte mit Sulfit (Na_2SO_3) und Bisulfit ($NaHSO_3$) unter Erwärmen und manchmal unter Druck. Bei der Herstellung von Extrakten, die Pyrokatechingerbstoffe enthalten, ist die Sulfitierung von großer Bedeutung für die Aufschließung der Phlobaphene und die Aufhellung der Extrakte. Sulfitierte Extrakte sind in kaltem Wasser leicht löslich und ihre Gerbstoffe dringen leicht in die Haut ein. Bei der Sulfitierung ist die Verwendung von Sulfit und Bisulfit im Überschuß strengstens zu vermeiden, da die derartig übersulfitierten Extrakte das Leder schwach und brüchig machen.

Bezüglich der Bisulfitwirkung führe ich die Resultate unserer im Jahre 1918—1919[1] in Kiew an Eichenbrühen angestellten Versuche an.

Eine geringe Beigabe einer Natriumbisulfitlösung von 24° Bé bei Zimmertemperatur, ungefähr 1% vom Volumen der Brühen von 2—3° Bé, klärt dieselben und macht sie durchsichtig; beim Hinzufügen von größeren Quantitäten, ungefähr 5%, bildet sich ein flockiger Niederschlag. An sich ist die Auslaugebrühe bei Zimmertemperatur trübe

[1] P. Pawlowitsch, Collegium, 1923, 277 u. 313.

und wird beim Erwärmen bis 70° C klar. Eine analoge Erscheinung wurde beim eingeengten Auszug von 8° Bé beobachtet, welcher einen minimalen Niederschlag mit 4—5% Bisulfit gab und mit 10% Bisulfitlösung (von 24° Bé) gleichfalls einen flockigen Niederschlag absetzte. Extrakt von 24° Bé zeigt diese Erscheinung nicht.

Die Beigabe von Bisulfit (24° Bé) zum Extrakt in den Grenzen von 5—15 Volumprozenten zeigt keinen merklichen Einfluß auf die Bildung von Niederschlag. Aber die Reinigung der Brühen und die Hinzugabe von Bisulfit ist sehr bemerkbar, wenn man den Extrakt mit Wasser verdünnt. Da tritt es klar zu Tage, daß ein mit Bisulfit behandelter Extrakt in verdünntem Zustande einen bedeutend geringeren Niederschlag gibt als ohne Bisulfit. Dasselbe findet statt bei Extrakt, sowohl aus gereinigten, wie aus ungereinigten Brühen. Daraus folgt, daß Bisulfit fast vollständig die Niederschläge löst, die sich in schwachen Gerbstoffbrühen bilden. Nach Beobachtung dieser Erscheinung lag es nahe, auch direkt bei der Auslaugung die lösende Wirkung des Bisulfits zu versuchen. Eine Reihe von Versuchen im Laboratorium hat gezeigt, daß die Hinzugabe von Bisulfit zum Fabrikationswasser, etwa 0,5 Volumprozent einer 24° Bé-Lösung, zu folgenden Resultaten führt:

1. Die Auslaugung der Gerbstoffe wird bedeutend beschleunigt auf Kosten der Nichtgerbstoffe.

2. Die Ausbeute an Gerbstoff ist größer. Im Mittel eine Steigerung von 15%.

Bei der Analyse der Gerbstoffe mit Hautpulver nach der Schüttelmethode wird ein Teil derselben in Gegenwart von $NaHSO_3$ vom Hautpulver nicht absorbiert und in der Analyse als Nichtgerbstoff notiert. In einem Falle betrug dieser Anteil 10% der Gesamtmenge an Gerbstoff. Dann erscheint die Wirkung des Bisulfits im Extraktionswasser noch größer. Die unvollständige Absorption von Gerbstoff durch das Hautpulver in Gegenwart von Bisulfit wurde genau festgestellt für Extrakt mit Bisulfit. Es stellte sich heraus, daß ein Zusatz von 10% Bisulfitlösung von 24° Bé (dem Volumen nach) die Absorption der Gerbstoffe durch das Hautpulver um 5% der Gesamtmenge erniedrigt. Bei einem Zusatz von 5% ist diese Verminderung weniger bemerkbar.

Nach den Angaben von Franke und Apellius[1] liefern sulfitierte Extrakte kleinere Lederausbeuten, was Sommerhof[2] mit einer durch die Sulfite bewirkten Zersetzung der Gerbstoffe erklärt.

Überdies haben Prof. Stiasny und Orth[3] in ihrer letzten Untersuchung endgültig bewiesen, daß die Sulfitierung überhaupt, von kleinen Konzentrationen angefangen, die Gerbstoffe zersetzt, daß aber bei diesen Konzentrationen die Aufschließung der Phlobaphene die geringfügige Zersetzung der Gerbstoffe überwiegt; aber mit wachsen-

---

[1] Collegium, 1910, 200 u. 1912, 12.

[2] Collegium, 1913, 484 u. 1914, 81.

[3] Collegium, 1924, 23, 50 u. 88.

dem Bisulfitzusatz, nach vollendeter Aufschließung der Phlobaphene geht immer mehr Gerbstoff in Nichtgerbstoff über und bei entsprechend hohem Sulfitierungsgrad kann es zur völligen Zerstörung der Gerbstoffe kommen.

Dies ergab sich aus den von Prof. Stiasny und Orth an folgenden Extrakten ausgeführten Versuchen:

1. Käuflicher, trockener, unbehandelter Quebracho-Extrakt.
2. 20 g Quebracho-Extrakt + 2 g Bisulfit + 80 ccm Wasser, 8 Stunden am Rückflußkühler gekocht.
3. 20 g Quebracho-Extrakt + 8 g Bisulfit + 80 ccm Wasser, 8 Stunden am Rückflußkühler gekocht.
4. 20 g Quebracho-Extrakt + 20 g Bisulfit + 80 ccm Wasser, 8 Stunden am Rückflußkühler gekocht.
5. 20 g Quebracho-Extrakt + 20 g Bisulfit + 80 ccm Wasser, 72 Stunden am Rückflußkühler gekocht.

Die so bereiteten Extrakte wurden nach verschiedenen Methoden analysiert.

Die aus den Phlobaphenen entstandene Gerbstoffmenge wurde dem Unterschied zwischen den Gehalten an unlöslichen Stoffen vor und nach der Sulfitierung gleichgesetzt.

Zur Bestimmung der zersetzten Gerbstoffe wurde die an Gerbstoff gebundene Bisulfitmenge ermittelt. Dies geschah durch eine Schwefelbestimmung in dem durch Formaldehyd-Salzsäure-Fällung des Extrakts erhaltenen Niederschlag. Durch Addition der vor der Sulfitierung im Extrakt vorhandenen, der an Bisulfit gebundenen und der bei der Sulfitierung der Phlobaphene entstandenen Gerbstoffmengen erhält man die Gesamtsumme der Gerbstoffe, die vorhanden sein müßte, wenn keine Zersetzung stattfände.

Durch Subtraktion der tatsächlich gefundenen Gerbstoffmenge von dieser Summe bestimmt man den Verlust.

Auf Grund derartiger Analysen und Berechnungen macht Prof. Stiasny folgende Angaben über die Zusammensetzung der Extrakte 1, 2, 3, 4, 5 (ermittelt nach der Schüttelmethode).

Die Prozentzahlen beziehen sich auf die ursprüngliche Menge von Trockenextrakt (6 g im Liter für die Analyse).

Tabelle 15

	I	II	III	IV	V
1. Gerbstoffmenge in%	68.3	79.8	72.9	63.5	34.1
2. An Gerbstoff geb. Bisulfit in %	0.65	8.2	11.2	15.4	11.9
3. Organ. Gerbstoffe	67.65	71.6	61.7	48.1	22.2
4. Nichtgerbstoffe im Ganzen	6.0	12.8	44.0	100.5	130.0
5. An Nichtgerbstoffe geb. Bisulfit	—	0.6	22.1	66.9	70.4
6. Organ. Nichtgerbstoffe	6.0	12.2	21.9	33.6	59.6
7. Gerbstoffverlust	—	6.2	15.9	27.6	53.6

Außer der Gerbstoffzersetzung erfolgt eine starke Verringerung der vom Leder irreversibel, d. h. nicht auswaschbar gebundenen Gerbstoffe, wie dies aus den Gerbstoffbestimmungen in den genannten Extrakten nach der Methode Wilson-Kern hervorgeht:

	Extrakte				
	I	II	III	IV	V
Prozent Gerbstoff	51.1	42.3	29.9	22.1	2.8

Parallel mit der Sulfitierung verringert sich die Empfindlichkeit der Gerbstoffe hinsichtlich der Fällbarkeit durch Gelatine und ebenso parallel verringert sich die durch eine und dieselbe Gelatinemenge unter gleichartigen Bedingungen fällbare Gerbstoffmenge, so daß Extrakt mit Gelatine überhaupt keine Fällung mehr gibt.

Bei schwacher Sulfitierung verschwindet die Fällbarkeit durch organische Säuren, bei starker Sulfitierung entsteht auch mit Salzsäure kein Niederschlag.

Außerdem verringert sich mit steigender Sulfitierung die Aussalzbarkeit durch Natriumchlorid, was auf eine Dispersitätserhöhung der Gerbstoffe infolge der Sulfitierung hindeutet.

Die folgende Tabelle gibt Auskunft über die Menge der aussalzbaren Gerbstoffe:

Tabelle 16

Gerbstoff-Fällung	I	II	III	IV	V
bei Sättigung zu 1/3	27.35	18.1	2.6	0.8	1.7
bei Sättigung zu 2/3	27.65	13.5	1.9	2.4	1.7
bei Sättigung zu 3/3	21.4	12.7	3.8	1.6	2.6
Summe d. ausges. Gerbstoffe	76.4	44.3	8.3	4.8	6.0
Nichtaussalzbare Gerbstoffe	23.0	52.3	92.0	92.5	92.3
Summe	99.4	96.6	100.3	97.2	98.3

Die Verwendung der Sulfite hat sehr anregend auf die Entwickelung der Extraktindustrie im allgemeinen und der von Quebrachoextrakt im besonderen gewirkt.

Nach den ersten amerikanischen Patenten Nr. 178919 und 193443 J. Foleys aus dem Jahre 1876 wurden Sulfite zum Extrahieren von Gerbmaterialien zum Zwecke der Konservierung und Entfärbung der Brühen vorgeschlagen, oder die Sulfite wurden in derselben Absicht den verdünnten oder konzentrierten Brühen einfach zugesetzt.

Das Patent der Firma Lepetit, Dollfus und Ganßer, D. R. P. Nr. 91603 aus dem Jahre 1897, mit dem Zusatzpatent L 16890 IV/28 a, löste endgültig das Problem der Herstellung in der Kälte leicht löslicher Quebrachoextrakte. Dieses patentierte Verfahren besteht in der Behandlung natürlicher Farb- oder Gerbextrakte mit Bisulfiten oder Sulfiten der Alkalimetalle bei Temperaturen von 100 bis 150° C.

Gemäß dem Zusatzpatent wird zwecks Herstellung von kaltlöslichem Quebrachoextrakt aus dem natürlichen, schwer löslichen, dieser letztere längere Zeit mit neutralem Natriumsulfit bei 80—90° C behandelt und das erhaltene, klar lösliche, schwach alkalische Produkt angesäuert.

Temperatur und Zeit spielen bei der Sulfitierung eine große Rolle:

Je höher die Temperatur, desto rascher erfolgt die Sulfitierung und umgekehrt.

Nachstehend führe ich die Versuche Junghahns an:[1]

Versuch 13. 200 g schwerlöslicher Quebracho wurden mit 50 g Bisulfitlösung von 36° Bé vermischt und das Gemisch auf 5 Flaschen verteilt, die auf dem Ölbad bei 130° unter Druck erhitzt wurden. Die nach 1, 2, 3, 4 und 5 Stunden entnommenen Proben gaben folgende Resultate:

Nach 1 Stunde	weniger zäh, trüb löslich	mit $NaHSO_3$ erfolgt Fällung	Reaktion sauer
„ 2 Stunden	noch weniger zäh, trüb löslich	„	„
„ 3 „	fast klar löslich	„	„
„ 4 „	klar löslich	geringe Fällung	„
„ 5 „	„ „	„ „	„
„ 6 „	„ „	keine „	„

Versuch 14: 100 g schwerlöslicher Quebrachoextrakt werden mit einer konzentrierten Lösung von 17.5 g Natriumsulfit gemischt und auf dem Wasserbad bei 60—63° C während 10 Stunden erwärmt Alle 2½ Stunden wurden Proben entnommen. Es zeigte sich, daß der Extrakt erst nach 7½ Stunden kaltlöslich geworden war. Aber selbst nach 10stündigem Erwärmen lieferte er bei Säure- und Bisulfitzusatz eine Fällung.

Versuch 15. Dieser wurde in gleicher Weise wie der vorhergehende, aber bei 80—85° C durchgeführt, mit Probeentnahme alle 1¼ Stunden. Nach 2½ Stunden resultierte ein kaltlöslicher Extrakt; Beständigkeit gegen Essigsäure und Bisulfit wurde nach 5 Stunden, gegen Schwefelsäure nach weiteren 2 Stunden erzielt. Durch Mischung des so erhaltenen Extraktes mit 10 g Bisulfitlösung gelang es, einen in kaltem Wasser leicht und klar löslichen Extrakt herzustellen, der beim Ansäuern keine Fällung ergab.

Nach dem D. R. P. Nr. 206.166 wird der Extrakt mit Natriumformaldehydsulfoxylat (Rongalit C) oder Natriumformaldehydhydrosulfit (Hydralit) behandelt.

Das Patent von Redlich, Pollak und Turenka (D. R. P. 212876) hat die Lösung der durch Filtration von der Extraktlösung abgetrennten unlöslichen Stoffe in einer kleinen Menge Alkali zum Gegenstand. Das Gemisch der erhaltenen Lösung mit der filtrierten Extraktlösung ist der unter der Bezeichnung „Triumph“ bekannte Extrakt.

In dem D. R. P. 206166 wird die Verwendung von Formaldehyd und Kresolsulfosäure geschützt.

Nach einer Vorschrift für die Sulfitierung von rohem Quebrachoextrakt werden 1000 Teile Extrakt einige Stunden mit 24 Teilen Natriumsulfit, 30 Teilen Natriumbisulfit und 5 Teilen Aluminiumsulfat gekocht; die erhaltene Lösung behandelt man

[1] Collegium, 1905, 81.

mit 2 Teilen 50%iger Essigsäure und 1 Teil 85%iger Ameisensäure. Das Aluminiumsulfat gibt eine hellrote Farbe, die Säuren setzen Schwefeldioxyd in Freiheit, welches den Extrakt bleicht und vor Gärung schützt; die Ameisensäure wirkt gleichfalls als Antiseptikum.

Was die Möglichkeit der Oxydation sulfitierter Extrakte — besonders bei der Lagerung mit ihnen gegerbten Leders — und der Bildung von Schwefelsäure anbelangt, so haben Parker und Ganßer[1] diesbezüglich eine Untersuchung angestellt und den unstreitigen Beweis dafür erbracht, daß sich in den Extrakten aus Sulfit keine Schwefelsäure bildet und daß sulfitierte Extrakte in dieser Beziehung für das Leder ungefährlich sind. Die genannten Autoren haben gezeigt, daß die sulfitierten Extrakte schweflige Säure in Form von Na_2SO_3 oder von $NaHSO_3$ enthalten und keine schwefelige Säure abspalten.

Dann haben Parker, Ganßer[2] und Thuau[3] darauf hingewiesen, daß die Methode von Balland und Maljean bei der Bestimmung der freien Schwefelsäure in mit sulfitiertem Extrakt gegerbtem Leder unrichtige Werte liefert. Ein solches Leder gibt eine alkalisch reagierende Asche und zeigt bei der Untersuchung nach Procter-Searle überschüssiges Alkali; demgegenüber ist nach der Methode von Balland und Maljean deutlich das Vorhandensein von freier Schwefelsäure festzustellen.

Weiter dient das Bisulfit als Schutz gegen die Gärung der Gerbbrühe. Es ist dies eine sehr wichtige Eigenschaft, da die an Nichtgerbstoffen reichen Brühen ohne ein Desinfektionsmittel bei Zimmertemperatur sehr schnell in Gärung übergehen. Es war interessant zu untersuchen, wie groß der Verlust an Gerbstoff beim Stehenlassen der Eichenholzbrühen von 7—9° Bé während 5—7 Tagen ist. Diese bedeckten sich mit einer Schimmelhaut und erwiesen bei der Analyse einen Verlust von 2.5%. Dieselbe Brühe, mit 0.5% (Volumprozent) Bisulfit versetzt, blieb ganz rein.[4] Zwecks Einhaltung ganz gleicher Bedingungen wurde auch der in Gärung übergegangenen Brühe vor der Analyse 0.5 Volumprozent Bisulfitlösung hinzugefügt.

Während schwache Eichenholzbrühen ohne Bisulfit in einigen Tagen zu gären beginnen, halten sich Extrakte von der Konzentration bis zu 24° Bé bedeutend länger: so zeigte ein bei Zimmertemperatur aufbewahrter Extrakt im Verlauf von 2 Monaten kein Anzeichen von Gärung.

21. Die Löslichmachung und Sulfitierung der trockenen Extrakte erfolgt in Mischmaschinen oder Trommeln. Die einfachste Misch-

---

[1] Collegium, 1902, 49.
[2] Collegium, 1913, 613.
[3] Collegium 1913, 519 u. 1914, 527.
[4] P. Pawlowitsch, Collegium, 1923, 316.

maschine[1] besteht aus einer runden hölzernen dicht verschlossenen Kufe mit einem durchlöcherten Zwischenboden und 2 Paar Rührflügeln, ein Paar über, das andere unter dem Zwischenboden (15 Umdrehungen in der Minute).

Unter dem Zwischenboden befindet sich ein Dampfrohr mit offenem Ende oder eine geschlossene Dampfschlange, unter dem Deckel endigt ein Wasserrohr.

Der Kufendeckel besitzt eine Durchbrechung für das Abzugsrohr und eine Öffnung für das Einschütten des Extraktes. Im unteren Teil ist ein Hahn zum Ablassen des Extraktes angebracht. Zum Sulfitieren von Quebracho-Ordinary verwendet man 2—4% des Sulfits mit 5 Molekülen Kristallwasser bezogen auf das Gewicht des trockenen Extrakts. Die Aufschließung wird unter fortwährendem Rühren und Erwärmen in 8 Stunden durchgeführt. Das Ende der Sulfitierung stellt man fest, indem man eine Probe des erhaltenen Extraktes von 20—25° Bé mit kaltem Wasser auf 3—4° Bé verdünnt: wenn sich kein Niederschlag bildet, ist der Extrakt fertig.

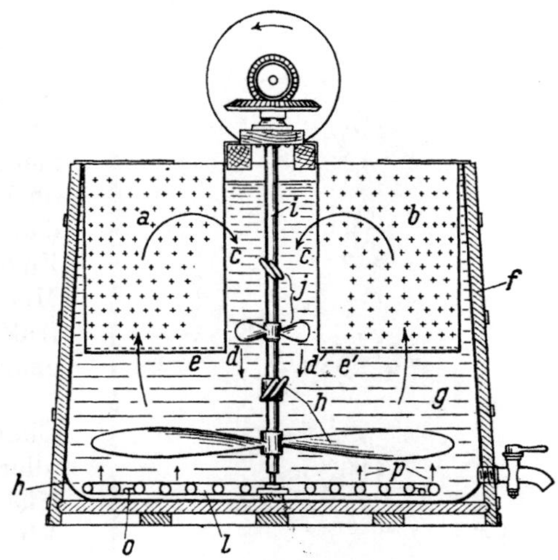

Abb. 29. Mischmaschine der „Société française de Construction des Machines pour Tannerie“

Die Fabriksmischmaschine nach dem Patent der „Société française de Construction des Machines pour Tannerie“ (Abb. 29) ist innen mit Kupfer überzogen und enthält hängende kupferne Körbe für die Aufnahme des trockenen Extraktes und eine hölzerne Achse mit einem Propellerrührwerk aus Hartholz.

Abb. 30 zeigt eine drehbare Kupfertrommel für die Aufschließung unter Druck: Löslichmachung und Sulfitierung werden durch Druckanwendung sehr beschleunigt. (Konstruktion Neubäcker.)

Nach dem französischen Patent Nr. 432.439 von A. Redlich wird zur Aufhellung der Extrakte im Allgemeinen und des Quebrachoextraktes im Besonderen bloßes Erwärmen unter Druck angewendet.

Nach erfolgter Löslichmachung und Sulfitierung wird der Quebrachoextrakt gewöhnlich durch Zusatz von 3% oder mehr Bisulfit angesäuert und aufgehellt.

[1] Westnik d. Ledersynd. 1924, 172, Nr. 3—4.

Die Versuche von Nikischin[1] über Sulfitierung des festen ungereinigten Eichenholzextraktes aus Maikop in Lösung von 30° Bé bei 80—90° C während 6 Stunden mit 2%, 4% und 6% Bisulfitlösung von 30° Bé ergaben folgende Zahlen NL bei Verdünnung bis 10° Bé nach Kubelka:

	NL
Ohne $NaHSO_3$ . .	14.8%
Mit 2% „ . . .	10.0%
„ 4% „ . . .	8.6%
„ 6% „ . . .	7.6%

Abb. 30. Sulfitierungsapparat, System Neubäcker, Danzig

D. h. Sulfitierung mit 5% $NaHSO_3$ bezogen auf das Gewicht des trockenen Extrakts, wie aus meinen Versuchen hervorgeht (s. oben), ist genügend. In Bezug auf das Gewicht der NL beträgt dieser Zusatz von $NaHSO_3$ 33%, welche Menge man auch für andere Extrakte: z. B. Fichtenrinde, Weidenrinde usw. empfehlen kann.

22. Die Viskosität. Für die Charakteristik der Extrakte, wie aller kolloiden Lösungen, ist die Viskosität von großer Bedeutung. Wie aus den Viskositätsdiagrammen verschiedener Extrakte nach Pollak[2] (Abb. 31 und 32) hervorgeht, steigt die Viskosität der meisten Gerbextrakte, mit Ausnahme von Eichen- und Kastanienholzextrakt, gemessen bei 25° C, zwischen 20—22° Bé steil an (Abb. 31) und ein ebensolcher Sprung für Extrakte von 25° Bé (Abb. 32) erscheint bei Erniedrigung der Temperatur unter 40° C.

Nach unseren im Laboratorium der Großen Lederfabrik in Taganrog angestellten Versuchen steigt die Viskosität von Quebrachoextrakt (hergestellt aus argentinischem Ordinary durch Sulfitierung mit 3% Sulfit und 1% Bisulfit) schon früher als bei Pollak scharf an, nämlich bei 14—16° Bé und die Viskosität bei 18—20° Bé

[1] Westnik d. Lederindustrie u. d. Lederh., 1928, Nr. 11—12.
[2] Collegium, 1925, 122.

haben wir viel höher gefunden als Pollak sie angibt. Die Zähigkeit des Maikoper Eichenholzextrakts steigt mit wachsender Konzentration in ebenso geringem Maße wie bei Pollak. Die Werte für die Viskosität bei 20° und 35° C, für Gerbstoffe und Nichtgerbstoffe, sind in Tabelle 17 und Abb. 33 angegeben.

Tabelle 17

Extrakte	Quebrachoextrakt							Maikoper Extrakt						
Bé	8	10	12	14	16	18	20	8	10	12	14	16	18	20
Natürl. pH	5.79	5.71	5.78	5.86	5.80	5.23	4.95	3.81	3.78	3.74	3.71	3.72	3.71	3.61
Viskos. 20° C	1.09	1.20	1.55	2.72	10.92	24.69	26.57	1.04	1.10	1.16	1.25	1.41	1.96	2.98
35° C	1.02	1.07	1.21	1.45	3.02	5.25	10.47	0.98	1.02	1.06	1.12	1.19	1.42	1.78
Trockenrückstand d. trüben Brühe	14.80	—	22.80	—	31.50	—	38.20	13.25	—	19.80	—	26.70	—	33.43
Unlösliches in % d. Trockenrckst. d. trüben Brühe	8.58	—	1.27	—	—	—	0.84	9.96	—	7.78	—	3.52	—	0.60
Gerbstoffe	11.50	—	—	20.92	—	—	29.28	7.12	—	—	12.80	—	—	18.65
Nichtgerbstoffe	1.62	—	—	3.11	—	—	4.89	4.82	—	—	9.06	—	—	12·79

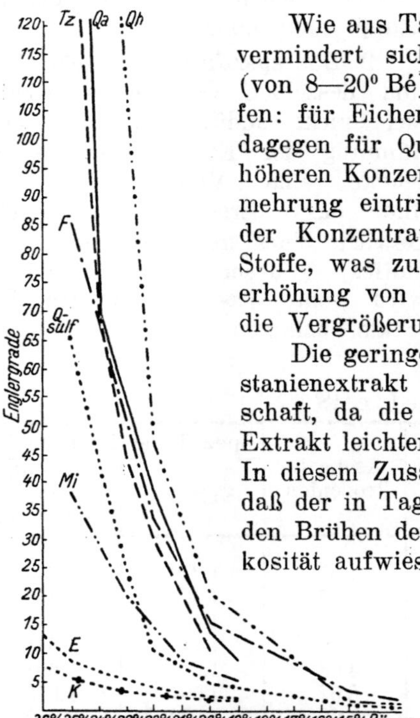

Einfluß der Dichte in Bé auf die Viskosität bei 25°C

Abb. 31

Wie aus Tabelle 17 und Abb. 27 hervorgeht, vermindert sich mit steigender Konzentration (von 8—20° Bé) der Gehalt an unlöslichen Stoffen: für Eichenholz ununterbrochen bis 20° Bé, dagegen für Quebracho bis 16° Bé, während bei höheren Konzentrationen wieder eine kleine Vermehrung eintritt. Offenbar erfolgt bei steigender Konzentration Peptisation der unlöslichen Stoffe, was zusammen mit der Konzentrationserhöhung von Gerbstoffen und Nichtgerbstoffen die Vergrößerung der Zähigkeit unterstützt.

Die geringe Zähigkeit von Eichen- und Kastanienextrakt ist eine sehr wertvolle Eigenschaft, da die Haut von einem weniger zähen Extrakt leichter durchtränkt und angefüllt wird. In diesem Zusammenhang soll erwähnt werden, daß der in Taganrog bereitete Badanextrakt aus den Brühen der heißen Fraktion eine hohe Viskosität aufwies, eine bedeutend höhere als Quebracho: bei 50° C und 20° Bé beträgt seine Zähigkeit 21 bis 31° Engler, die des Extrakts aus der kalten Fraktion 1.23°.

Die Verschiedenheit der Viskositäten kann zur Erkennung der Extrakte benützt werden, besonders der Punkt des plötzlichen Viskositäts-

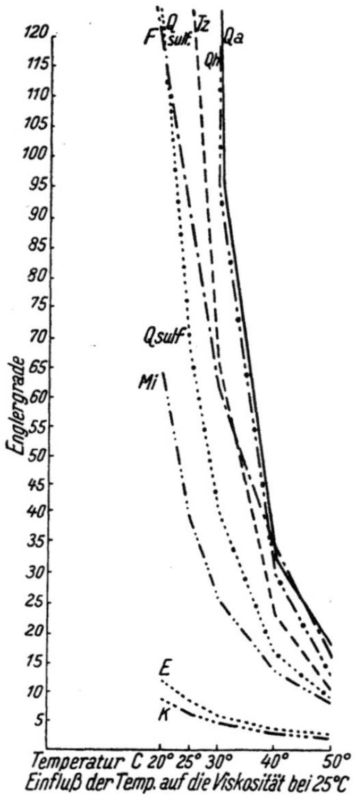

Abb. 32

Qh = Qubracho-Extrakt „Triumph" aus Holz. — Qa = ebensolcher Quebracho-Extrakt aus argentinischem festen Extrakt bereitet. — Tz = Tizrah-Extrakt. — Qsulf = sulfitierter Quebrachoextrakt „Corona". — Mi = Mimosa-Extrakt. — F = Fichtenrindenextrakt. — E = Eichenholzextrakt. — K = Kastanienholzextrakt

anstieges bei bestimmter Konzentration.

23. Spezifisches Gewicht. N. Schurawlew und G. Arbusow[1] untersuchten verschiedene feste und einen flüssigen Extrakt. Die erhaltenen Ergebnisse (Tabelle 18) sind die folgenden:

1. Die spezifischen Gewichte verschiedener Gerbstoffe sind, wenn auch wenig voneinander verschieden, doch nicht gleich.

2. Die spezifischen Gewichte der Pyrogallolgerbstoffe, d. h. der sauerstoffreicheren, sind höher als diejenigen der Pyrokatechingruppe. (Ausnahme Sumach, dessen spez. Gewicht denen der Pyrokatechingruppe nahe kommt.)

3. Das spezifische Gewicht eines und desselben Gerbstoffes verhält sich nicht additiv: bei der Verdünnung der Extrakte erfolgt offenbar eine Volumverkleinerung, und das berechnete spezifische Gewicht eines und desselben Gerbstoffes (wasser- und aschefrei) wird vom Wassergehalt des Extrakts abhängen.

Tabelle 18

Extrakte	Wasserin Prozenten	Asche in Prozenien	Spezifische Gewichte der Extrakte	Spezifische Gewichte der Gerbstoffe ohne Wasser und Asche
Eichenholz flüssig . .	59.57	1.57	1.2201	1.780
Quebracho Ordinary . .	14.32	0.57	1.464	1.589
„ Corona N. 1	14.06	7.57	1.482	1.551
„ Corona N. 2	20.21	5.16	1.414	1.541
Valex	8.68	4.08	1.610	1.697
Mirobalanen	12.54	3.67	1.561	1.675
Sumach	13.0	5.62	1.520	1.610
Mimosa	12.16	1.57	1.4867	1.584
Mangrove	15.30	5.47	1.462	1.556
Kastanienholz gereinigt mit Blut	13.63	2.82	1.576	1.716

[1] Westnik d. Ledersyndikats, 1926, 41, 12.

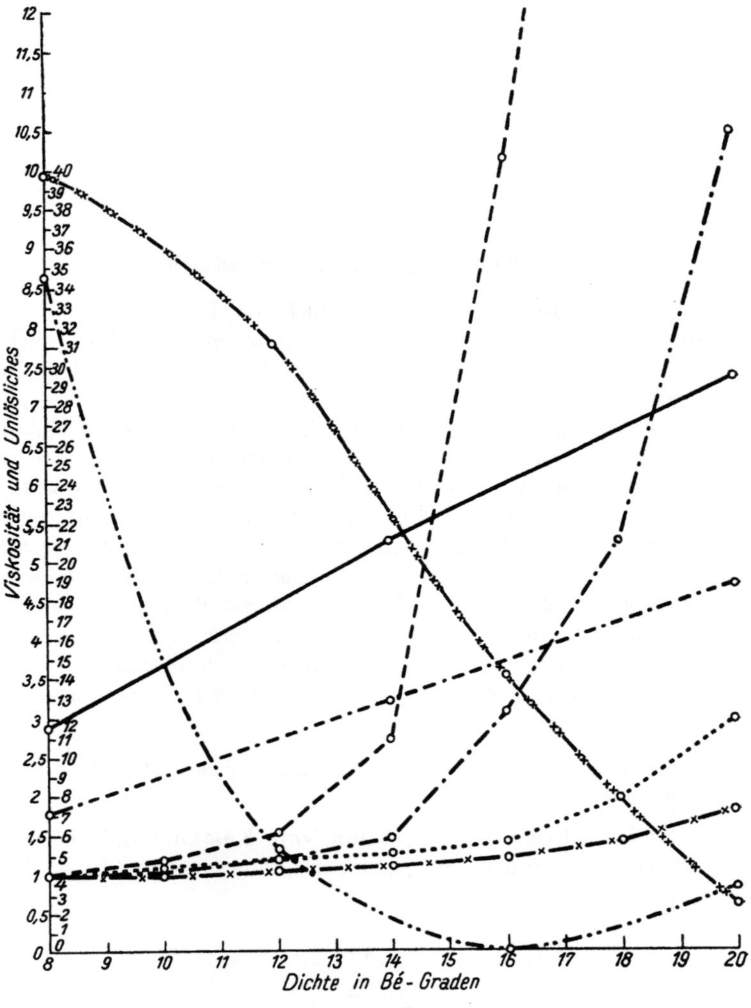

Quebracho-Extrakt

Viskosität in Englergraden bei t = 20° C
Viskosität in Englergraden bei t = 35° C
Gerbstoffe
Unlösliches

Maikoper Extrakt

Viskosität in Englergraden bei t = 20° C
Viskosität in Englergraden bei t = 35° C
Gerbstoffe
Unlösliches

Abb. 33. Die Viskositäten von Quebracho- und Maikoper Extrakt in ihrer Abhängigkeit von der Dichte und Temperatur der Lösungen bei natürlichem pH

Spezieller Teil

Erstes Kapitel

Die Zerkleinerung der Gerbmaterialien

1. Der Einfluß der Zerkleinerung auf die Extraktion. Vor der Extraktion werden die Gerbmittel auf besonderen Maschinen zerkleinert, deren Bau nach der Art der Gerbmittel und der Extraktionsmethode verschieden ist.

Als Vorbereitung zur Extraktion wird das Holz der Eiche, Kastanie oder des Quebracho auf Holzschneidemaschinen, Trommel- oder Scheibenschneidemaschinen zu Spänen quer zur Längsrichtung der Holzfasern zerkleinert (Hirnschnitt). Die Dicke der Späne beträgt 3—5 mm aus Trommel-, und 7—15 mm aus Scheibenschneidemaschinen. Einen wie großen Einfluß die Dimensionen der Holzspäne auf das Resultat der Auslaugung haben, zeigen zu diesem Zwecke von Pawlowitsch angestellte Versuche[1] von parallelen Extraktionen von Kastanienholzspänen im Koch schen Apparat. Dieselben wurden bei ganz gleichen Bedingungen, mit Einhaltung einer Zeitdauer von 3—4 Stunden ausgeführt.

Dicke der Späne	18 mm	15 mm	10 mm	5 mm
Menge der ausgelaugten Gerbstoffe	47	51	60.5	61.5%

Im Betriebe führte die Extraktion von Kastanienholzspänen in einer Reihe von 8 Gefäßen bei einer Arbeitsdauer von 36—48 Stunden zu folgenden Ergebnissen:

Tabelle 19

Dicke d. Holzspäne in mm	Im ausgelaugten Material zurückgebliebener Anteil an gerbenden Stoffen, auf einen Wassergehalt von 13% bezogen,	Ausgelaugte Gerbstoffe in %	Unterschied in %
5	0.62	91	6
12—18	1.01	85	
5—7	0.93	86	14
15—15	1.9	72	
5—7	0.8	88	8
12—20	1.37	80	
5—7	0.72	89.5	6
12—17	1.11	83.5	

[1] Collegium, 1923, 277.

Aus einer Reihe von ähnlichen Auslaugeversuchen im Betrieb ergab sich, daß aus Eichenholzspänen von im Mittel 5—7 mm Dicke 79.5% Gerbstoff extrahiert wurden, während aus solchen von 10—20 mm Dicke nur 67.5% entzogen werden konnte, d. h. ein Verlust von ungefähr 12% zu verzeichnen war.

Kastanienholzspäne, die durch Hobeln längs der Faser erhalten wurden, von einer Dicke von ½—2½ mm und einer Länge von 20 bis 100 mm, gaben einen um 7% größeren Verlust an Gerbstoff als Querspäne von etwa 15 mm Dicke. Die Auslaugung gerbender Stoffe aus solchen Spänen beträgt ungefähr 60%.

Die Extraktion von Spänen, die durch Schneiden unter einem Winkel von 45° zur Faserrichtung erhalten wurden, ergibt keinen merklichen Unterschied gegenüber derjenigen von quergeschnittenen Spänen, — unter der Bedingung, daß die Faserlänge in beiden Fällen die gleiche ist. Daher ist die Ansicht unrichtig,[1] daß für das Schneiden von Holz die Schneidemaschinen mit horizontaler Zuführungsrinne denjenigen mit geneigter vorzuziehen sind.

Die Versuche Gayleys[2] über die Extraktion von Kastanienholzspänen in geschlossenen Laboratoriumsdiffuseuren bei 99—127° C mittels 6maligen Wasserwechsels im Verlauf von 3 Stunden gaben für verschiedene Spangrößen folgende Resultate:

Länge in der Faserrichtung in mm	Querschnitt in mm²	Extrahierter Gerbst. in %
25	25 × 25	34
25	6 × 6	44
12.5	3 × 3	66.5
6	25 × 25	72

Das heißt, Verringerung der Spandicke normal zur Faserrichtung von 25 mm auf 6 mm ohne Veränderung der Länge ergibt eine Steigerung der Gerbstoffausbeute von 44—34 = 10%, und eine Verringerung der Länge in der Faserrichtung von 25 mm auf 6 mm ohne Dickenveränderung liefert eine Erhöhung des Gerbstoffertrags von 72—34 = 38%.

Man soll also die Späne quer zur Faserrichtung möglichst weitgehend zerkleinern, praktisch aber nicht mehr als bis auf 3 mm, da eine weitere Zerkleinerung Verstopfung der Diffuseure und schlechte Brennbarkeit der ausgelaugten Späne verursacht.

Die Verschlechterung der Heizeigenschaften der Lohe mit abnehmender Spangröße ist in erster Linie durch die starke Zusammenballung, in zweiter Linie durch den höheren Wassergehalt bedingt. Um letzteres zu beweisen, haben wir Wasserbestimmungen in mit Wasser ausgelaugten normalen Spänen von 3—5 mm und in solchen, die außerdem auf einer Laboratoriumsmühle gemahlen und durch ein Sieb von 25 Maschen auf 1 cm² gesiebt worden waren, vorgenommen;

---

[1] J. A. L. C. A., 1920, 344.

[2] Cuir Techn., 1921, 461

im ersten Fall wurde der Wassergehalt zu 54%, im zweiten zu 68.6% festgestellt.

Es wäre natürlich ideal, eine leicht ausführbare Extraktionsmethode für feiner zerkleinertes Material zu finden, bei der es zu keiner Verstopfung der Diffuseure käme. Das hätte besonders Bedeutung für reiche faserige Materialien, deren bei ihrer Verkleinerung anfallender Staub gerbstoffreicher ist als die Faser selbst. So wurde z. B. durch Versuche festgestellt, daß der bei der Zerkleinerung von Mimosa mit 33% Gerbstoffgehalt entstehende Staub 46% Gerbstoff enthält.[1]

Wie der Zerkleinerungsgrad die Extraktion von Mimosa unter sonst gleichen Bedingungen beeinflußt, geht aus folgenden Loheanalysen hervor:

Lohe von geschnittener Mimosa	8.7% Gerbstoff
Lohe von grob gemahlener Mimosa	8.3% Gerbstoff
Lohe von mittelfein gemahlener Mimosa	6.8% Gerbstoff
Lohe von fein gemahlener Mimosa	6.1% Gerbstoff

Bei der betriebsmäßigen Extraktion von feingemahlener Mimosa resultiert eine Lohe von 2% Gerbstoffgehalt.

2. Das Schneiden des Holzes und Berechnung des hiezu erforderlichen Arbeitsaufwandes. Bevor ich mich der Beschreibung der Zerkleinerungsmaschinen zuwende, soll der Holzschneidevorgang untersucht werden.

Das Schneiden des Holzes kann quer zur Faserrichtung (Hirnschnitt), unter einem Winkel zu ihr und längs der Faser erfolgen.

Zur Berechnung der Arbeit beim Schneiden von Holz quer zur Faserrichtung bedienen wir uns der Methode von Prof. Time.[2]

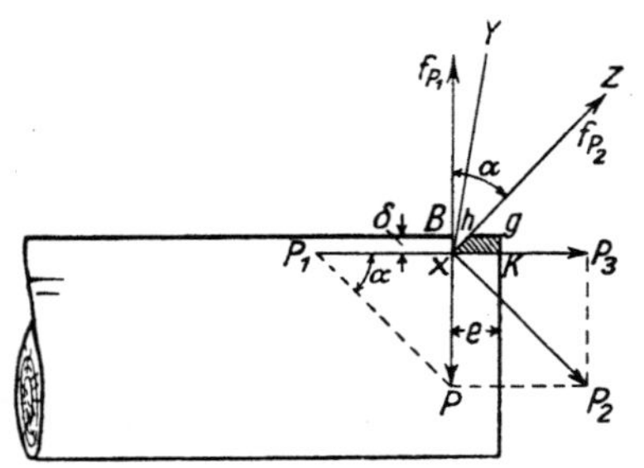

Abb. 34. Berechnung der zum Schneiden von Holz quer zur Faserrichtung erforderlichen Arbeit $x\beta = \delta$ — $xK = e$ — $xh = a$ Breite der Schneide = 8

Auf Abb. 34 haben wir:

P die Kraft, welche die Schneide yxz in der Richtung AB fortbewegt

P_2 ihre Komponente, welche die Fasern zusammendrückt

P_1 die Komponente, welche die Schneide an die Fasern drückt und die Reibung hervorruft.

Zur Verminderung dieser Reibung wird das Messer unter einer geringen Neigung zur Schnittebene gestellt.[3]

$$P_2 = k.a.b \quad \ldots\ldots\ldots \quad (1)$$

---

[1] J. Society Chem. Industry, 1923, 245, 42.

[2] Prof. Time, „Der Widerstand von Metallen und Holz gegen das Schneiden".

[3] 3°—6° in Scheiben-Schneidemaschinen; in Trommel-Schneidemaschinen wird dieser Winkel 0°.

wo k den Widerstand des Holzes gegen das Zusammendrücken und a . b die Fläche, auf welche der Druck ausgeübt wird, bezeichnen.

Beim Fortbewegen des Messers wächst a und P_2 bis zu einer gewissen Grenze, bei welcher die Komponente P_3 das Abtrennen eines Teilstückes des Holzes in der Ebene der Fasern xk bewirkt, da in dieser Ebene der geringste Zusammenhang zwischen den Teilchen besteht. Bezeichnen wir den Widerstandskoeffizienten gegen das Abtrennnen mit k_1, so erhalten wir

$$P_3 = k_1\, b\,.\,e \quad \ldots\ldots\ldots \quad (2)$$

wo b . e die Trennungsfläche in mm^2 bezeichnet. Nach dem Abtrennen des Elements xkgh erfolgt das Ablösen weiterer ähnlicher Teilchen, wobei, je nach der Dicke der abgeschnittenen Schicht e, die Kraft P_3 eine mehr oder minder große Verschiebung der Elemente gegeneinander hervorruft, sodaß bei dünnen Spänen von Eichen- und Kastanienholz, in einer Dicke von ca. 3 mm, die Teilchen nicht ihren Zusammenhang verlieren, während sie bei dickeren Spänen, bei 7 mm und mehr, auseinanderfallen. Aus der Abb. 34 ist ersichtlich, daß

$$\delta = a \cos\alpha \quad \ldots\ldots\ldots \quad (3)$$

$$a = \frac{\delta}{\cos\alpha} \quad \ldots\ldots\ldots \quad (3^1)$$

$$P_2 = kb\frac{\delta}{\cos\alpha} \quad \ldots\ldots \quad (4)$$

$$P_2 \cos\alpha = kb\,\delta \quad \ldots\ldots \quad (4^1)$$

$$P_3 = P_2 \cos\alpha = kb\,\delta. \quad . \quad (5)$$

$$\text{Aus (2) u. (5)}\ kb\,\delta = k_1 be \quad (6)$$

$$k\,\delta = k_1\, e \text{ und } \frac{e}{\delta} = \frac{k}{k_1} \quad . \quad (7)$$

da k immer größer ist als k_1, so ist $\frac{e}{\delta} > 1$ und für eine bestimmte Holzart eine konstante Größe. Unsere Beobachtungen beim Schneiden von Eichen- und Kastanienholz haben festgestellt, daß das Verhältnis $\frac{e}{\delta}$ für die Eiche 3.5—4 und für die Kastanie 5.5 beträgt. Prof. Time gibt 1.5—2 an, offenbar für weiche Holzarten.

Das Verhältnis $\frac{e}{\delta}$, d. h. der Länge des abgetrennten Teilchens zu seiner Dicke, ist gleich dem Verhältnis des Widerstandes gegen das Zusammendrücken zum Widerstande gegen das Abtrennen und hängt überhaupt von der Festigkeit des Holzes ab. Es wird deshalb nicht nur für verschiedene Holzarten verschieden sein, sondern ist auch für ein und dieselbe Holzart nicht unveränderlich, und zwar in Abhängigkeit vom Alter, von der Trockenheit und von anderen Bedingungen. Für eine gegebene Holzsorte wird jedoch $\frac{e}{\delta}$ eine unveränderliche Größe sein, die unabhängig vom Schnittwinkei α ist.

Außerdem ist aus der Zeichnung zu ersehen, daß

$$P = P_3 \operatorname{tg} \alpha = k_1 \operatorname{be} \operatorname{tg} \alpha \quad \ldots\ldots\ldots \quad (8)$$

d. h. je kleiner der Winkel α ist, desto kleiner ist die zum Schneiden erforderliche Kraft P. In der Praxis jedoch, in Anbetracht dessen, daß bei einem sehr kleinen Winkel die Schneide des Messers schnell stumpf wird und unter Einwirkung der Kraft P_1 das Bestreben hat, in die Tiefe des Holzes einzudringen und die Schnittfläche zu verlassen, muß der Winkel einen Grenzwert haben, welcher von Prof. Time experimentell zu 45° im Mittel für alle Fälle des Schneidens bestimmt worden ist. Bei 45° ist

$$\operatorname{tg} \alpha = 1;\ P = P_3 = k_1 \operatorname{be} \quad \ldots\ldots\ldots\ldots \quad (9)$$

Zur Bestimmung des Gesamtwiderstandes gegen das Schneiden muß man die Reibung des Messers gegen die Schnittfläche des Holzes beachten.

Bezeichnet man den Reibungskoeffizienten des Holzes gegen das Material des Messers mit f und berücksichtigt man, daß der normale Druck gegen die Schnittfläche bei $\alpha = 45^0$, $P_3 = P_1 = P$ ist, so ergibt sich der Widerstand gegen die Reibung W = 2 Pf. Bei einem beliebigen Winkel ist der Reibungswiderstand zwischen Messerschneide und Schnittfläche gleich fP_1, der Reibungswiderstand zwischen Holz und vorderer Messerkante gleich fP_2 und die Projektion der letzteren auf die Richtung der Bewegung gleich

$$f P_2 \cos \alpha = f \frac{p \cos \alpha}{\sin \alpha};\quad P_1 = \frac{P}{\operatorname{tg} \alpha}$$

daher der volle Widerstand beim Schneiden

$$P_0 = P + f P \operatorname{cotg} \alpha + f P \operatorname{cotg} \alpha = P\ (1 + 2 f \operatorname{cotg} \alpha) =$$
$$= k_1 \operatorname{be}\ (1 + 2 f \operatorname{cotg} \alpha);\ \text{bei } 45^0$$
$$P_0 = k_1 \operatorname{be}\ (1 + 2 f) \quad \ldots\ldots\ldots \quad (10)$$

f ist für Eisen oder Stahl gegen Holz 0.6; daher ist $P_0 = 2.2 k_1 \mathrm{be}$, wo $2.2\ k_1 = k_2$ der Koeffizient des Gesamtwiderstandes gegen das Schneiden ist. Nach den Bestimmungen von Prof. Time beträgt er für Eiche und Birke 3.8—5 kg pro mm².

Aus der 5. und 8. Formel ergibt sich $P = kb\delta \operatorname{tg}\alpha$; da k, b und α für einen gegebenen Fall konstant sind, kann man $kb\operatorname{tg}\alpha$ durch eine Konstante A ersetzen und erhält $P = A\delta$, d. h. die Kraft P ändert sich in Abhängigkeit von der Veränderung von δ von 0 bis zu einem Höchstwert und kann durch ein Diagramm dargestellt werden, in welchem δ auf der Abszisse und P auf der Ordinate aufgetragen ist (s. Abb. 35).

Offenbar ist die Fläche abc die graphische Darstellung der beim

Schneiden von einem Element geleisteten Arbeit $P\frac{\delta}{2}$. Die Schneidearbeit in der Sekunde ist gleich $P\frac{v}{2}$, wo v die Geschwindigkeit der Vorwärtsbewegung des Messers bedeutet. Da $P = k_2be$, so ist die Schneidearbeit $R = k_2be\frac{v}{2}$.

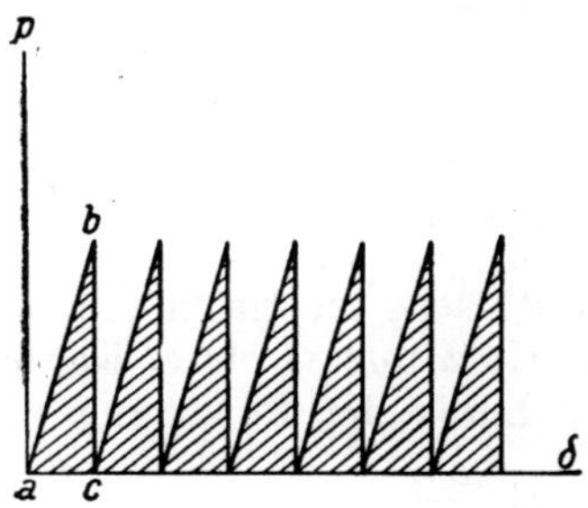

Abb. 35. Graphische Darstellung der beim Schneiden geleisteten Arbeit

Die Schneidearbeit ist also direkt proportional der Dicke der erhaltenen Späne. Beachtet man andererseits, daß be die Querschnittfläche der abgehobenen Schicht und v die Geschwindigkeit des Messers ist, so erhält man bev — das Volum des in der Sekunde abgeschnittenen Holzes. Nennen wir es q, dann wird die Schneidearbeit $R = k_2\frac{q}{2}$, woraus hervorgeht, daß zur Erzielung eines bestimmten Spänevolums q dieselbe Arbeit R aufgewendet werden muß, unabhängig von der Spandicke, wenn nur $bev = q$ ist; man kann also die Spandicke auf Kosten von b und v abändern, damit die Schneidearbeit R unverändert bleibt.

Beim Schneiden von Holz unter einem Winkel zur Faserrichtung verringert sich der Widerstand gegen das Schneiden und wird in der Längsrichtung der Fasern bei einer Spandicke von 1 mm 10mal so klein.

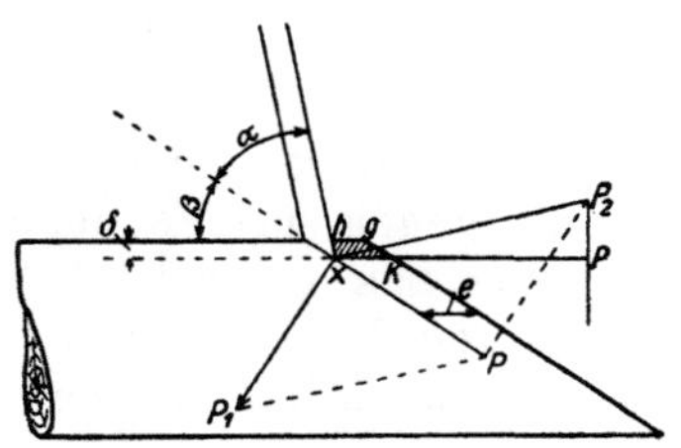

Abb. 36. Berechnung der zum Schneiden von Holz unter einem Winkel zur Faserrichtung erforderlichen Arbeit

Bei dickeren Spänen wird die Schneidearbeit noch kleiner. Im Gegensatz zu den Verhältnissen beim Querschneiden, ist die Arbeit beim Schneiden in der Längsrichtung von der Dicke der Späne abhängig. Für Eiche ist k_2 nach **den Angaben von** Prof. Time gleich 2.8 kg pro mm.

Für das Schneiden von Holz unter einem Winkel zur Faserrichtung stellen wir dieselben Erwägungen an[1] wie für das Schneiden in der Querrichtung und schreiben analoge Formeln (s. Abb. 36)

$P_2 = kab$ . . . . (1); $P_3 = k_1 be$. . . . (2); $\delta = a \sin(\alpha + \beta)$. . . (3);

$a = \frac{\delta}{\sin(\alpha+\beta)}$. (3'); $P_2 = kb\frac{\delta}{\sin(\alpha+\beta)}$ (4); $P_2 \sin(\alpha+\beta) = kb\delta$ (4')

[1] P. Pawlowitsch, Collegium 1924, 367.

$$P_3 = P_2 \sin(\alpha + \beta) = kb\delta \quad \ldots\ldots\ldots \quad (5)$$

Aus (2) und (5) $k_1 be = kb\delta$ ... (6) und $\frac{e}{\delta} = \frac{k}{k_1}$

d. h. das Verhältnis e/δ ist unabhängig von der Neigung des Messers gegen die Fasern.

$$P = P_2 \sin\alpha = \frac{P_3 \sin\alpha}{\sin(\alpha+\beta)} = \frac{kb\delta \sin\alpha}{\sin(\alpha+\beta)} = \frac{k_1 be \sin\alpha}{\sin(\alpha+\beta)} \quad \ldots\ldots \quad (8)$$

Beim Vergleich dieser Formeln mit denen für das Querschneiden erkennt man, daß sie für $\beta = 90^0$ in die letzteren übergehen. Bei 45^0

$$P = k_1 be \frac{1}{\cos\beta + \sin\beta} = k_1 be \frac{1}{\sqrt{2}\sin\left(\beta + \frac{\pi}{4}\right)} \quad \ldots\ldots \quad (9)$$

Der Reibungswiderstand gegen die Schnittfläche ist gleich $fP_1 = fP/tg\alpha$. Der Reibungswiderstand zwischen Holz und vorderer Kante fP_2, die Projektion der letzteren auf die Richtung der Bewegung

$$f P_2 \cos\alpha = f P \frac{\cos\alpha}{\sin\alpha} = f P \frac{1}{tg\alpha}$$

Der Gesamtwiderstand gegen das Schneiden wird ausgedrückt durch

$$P_0 = P + 2 f P \operatorname{ctg}\alpha = k_1 be \frac{\sin\alpha}{\sin(\alpha+\beta)} (1 + 2 f \operatorname{ctg}\alpha) \quad \ldots\ldots \quad (10)$$

$$\text{bei } \alpha = 45^0,\ P_0 = 2.2\, k_2\, be \frac{1}{\sqrt{2}\sin\left(\beta + \frac{\pi}{4}\right)} = \frac{2.2\, k_1}{\sqrt{2}\sin\left(\beta + \frac{\pi}{4}\right)} \quad (11)$$

$$\text{Die Größe } \frac{2.2\, k_1}{\sqrt{2}\sin\left(\beta + \frac{\pi}{4}\right)} = k_2 \quad \ldots\ldots \quad (12)$$

stellt den allgemeinen Ausdruck für den Koeffizienten des Widerstands gegen das Schneiden vor.

Wie aus Formel (11) ersichtlich, ist beim Wachsen des Winkels β von 0 bis 45^0 die Kraft P_0 dem $\sin(45^0 + \beta)$ verkehrt proportional. Das Minimum der Kraft P_0 liegt bei 45^0, wenn k_2 gleich ist 3.5 kg/mm², bei weiterem Anwachsen von β von 45 bis 90^0 werden der Koeffizient k_2 und folglich die Kraft P_0 größer und erreichen ihren maximalen Grenzwert bei $\beta = 90^0$, d. h. beim Schneiden quer zur Faser, wenn k_2 nach Time gleich ist 5 kg/mm². Die Veränderung des Koeffizienten k_2 in Abhängigkeit vom Schnittwinkel ist in Abb. 37 dargestellt.

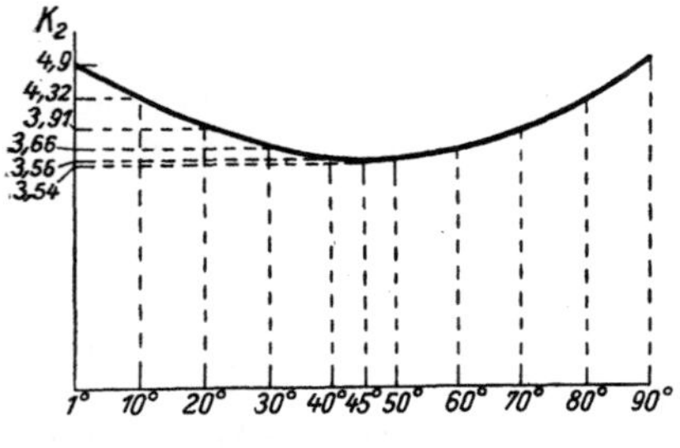

Abb. 37. Die Veränderung des Koeffizienten k_2 in Abhängigkeit vom Schnittwinkel

3. Maschinen für die Zerkleinerung von Holz. Der günstigste Neigungswinkel des Scheites zum Messer beträgt also 45°. Einen solchen Winkel weist die schwedische Scheibenschneidemaschine mit einem Scheibendurchmesser von 1000 mm und zwei Messern auf (Abb. 38).

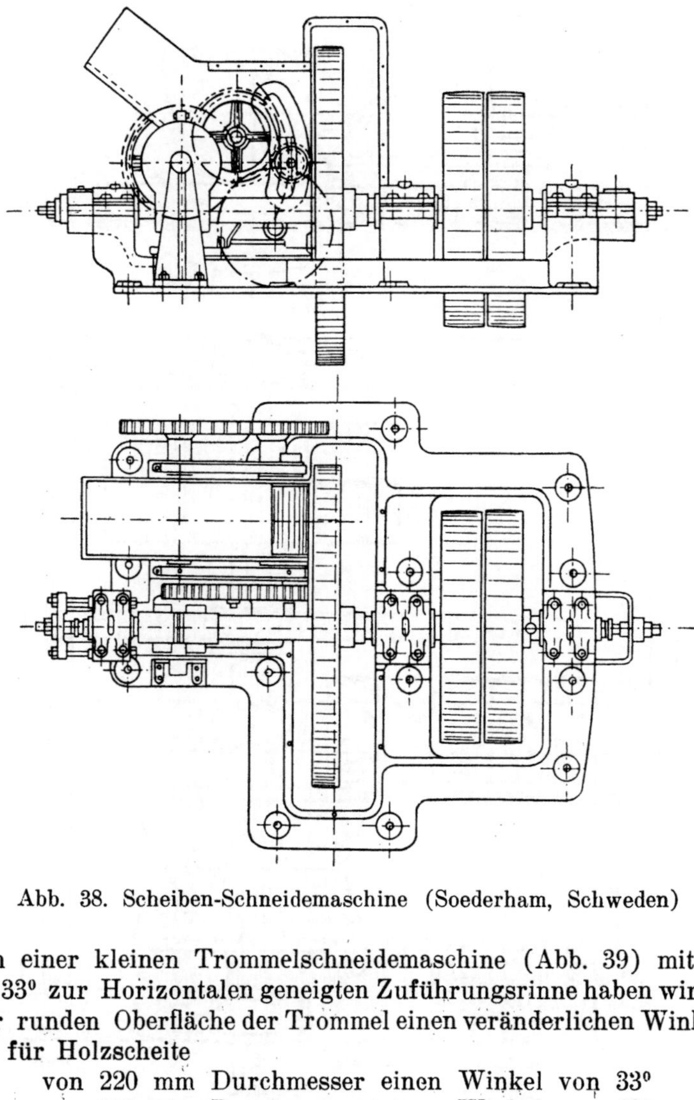

Abb. 38. Scheiben-Schneidemaschine (Soederham, Schweden)

In einer kleinen Trommelschneidemaschine (Abb. 39) mit einer unter 33° zur Horizontalen geneigten Zuführungsrinne haben wir infolge der runden Oberfläche der Trommel einen veränderlichen Winkel, im Mittel für Holzscheite

von 220 mm Durchmesser einen Winkel von 33°
von 270 mm Durchmesser einen Winkel von 40°
von 330 mm Durchmesser einen Winkel von 45°

Außerdem haben wir sowohl bei alten (Abb. 40) wie bei moder-

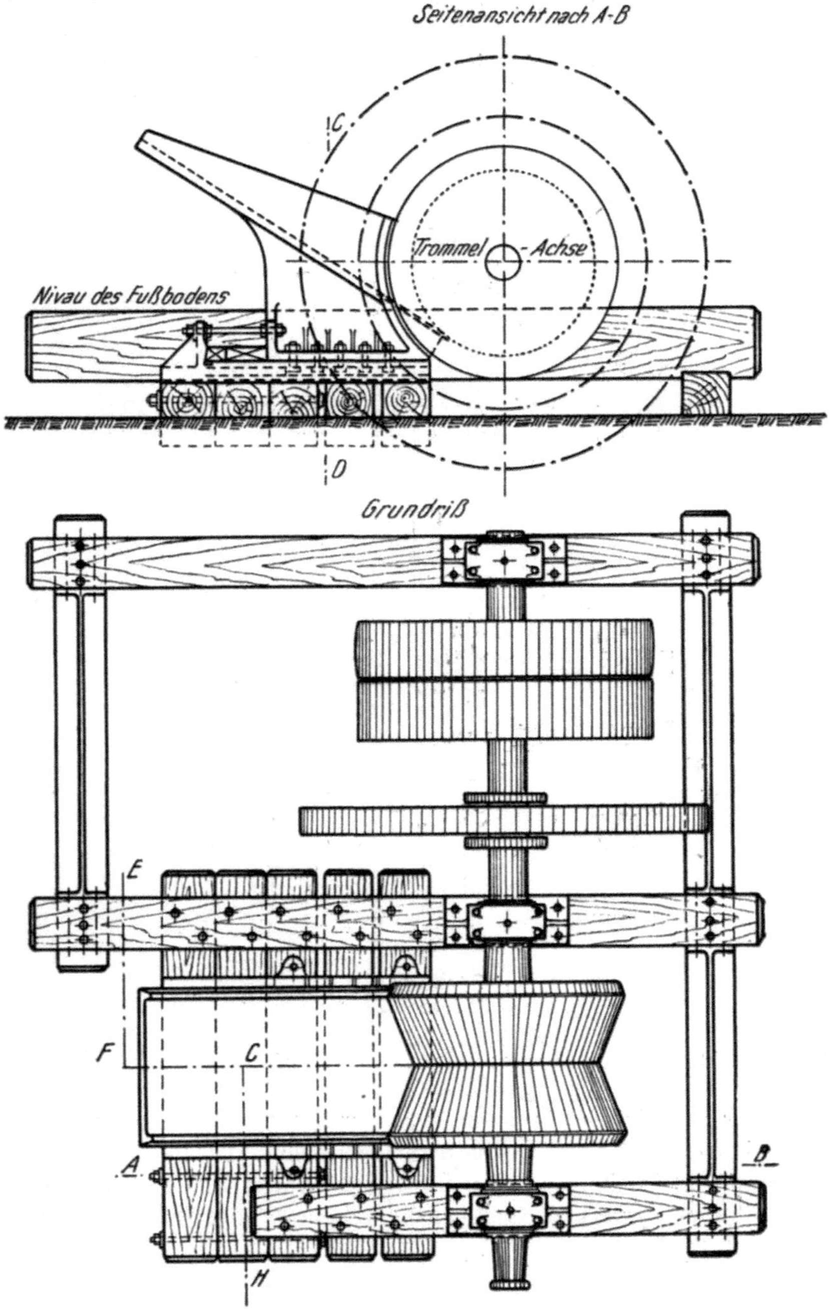
Seitenansicht nach A-B
C
Trommel
- Achse
Nivau des Fußbodens
D
Grundriß
E
F
C
A
B
H

Abb. 39

nen Trommelschneidemaschinen eine Neigung der schneidenden Oberfläche in der Horizontalebene von 22° 33′.[1]

Bei der alten Trommelschneidemaschine ergibt sich infolge dieser Neigung nach Formel (12) unter Einsetzung von $\beta = 22^0\,30'$

$$k_2 = 3.85,$$

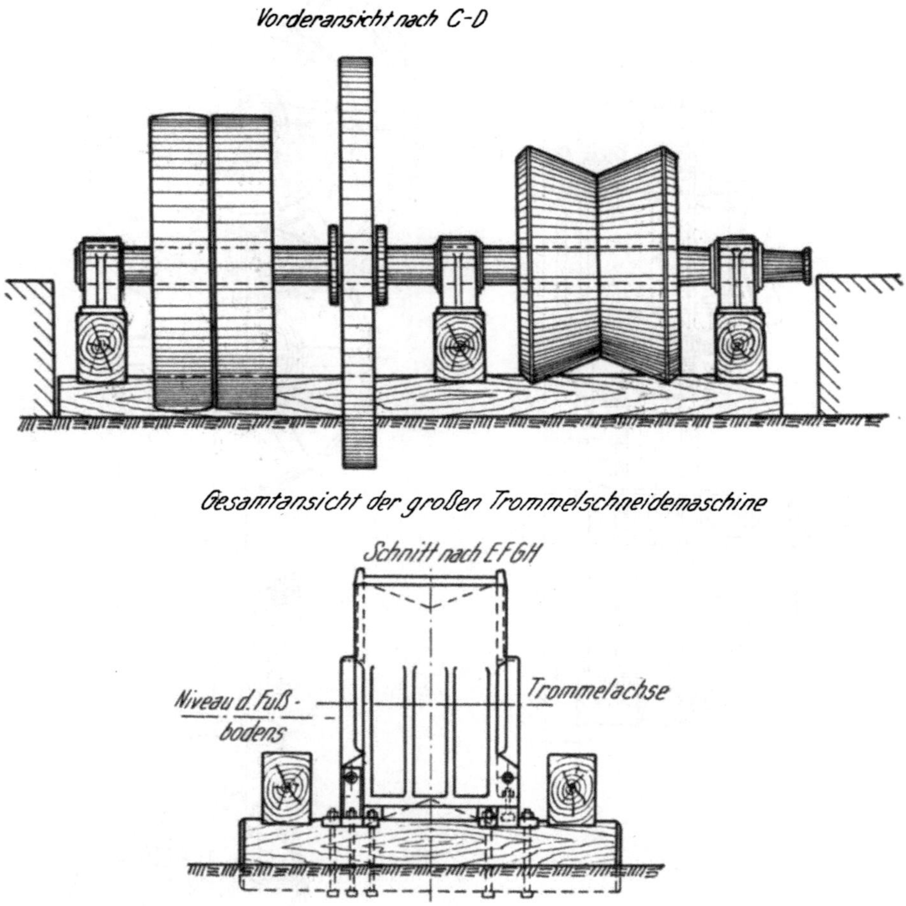

Abb. 39

bei den neuen Schneidemaschinen haben wir außerdem für normale Scheite von 220 mm eine Neigung von 33° in der Vertikalebene, daher $k_2 = 2.8$, d. h. im letzteren Falle ist der Koeffizient k_2 halb so klein als beim Schneiden in der Querrichtung, außerdem 27% kleiner als

[1] Bei den alten Schneidemaschinen besteht infolge der Trommelrundung auch eine geringe Neigung in vertikaler Richtung, welche wir jedoch vernachlässigen.

bei der alten Schneidemaschine und 20% kleiner als bei der schwedischen Scheiben-Schneidemaschine.

Nun soll die von einer kleinen Trommelschneidemaschine gelei-

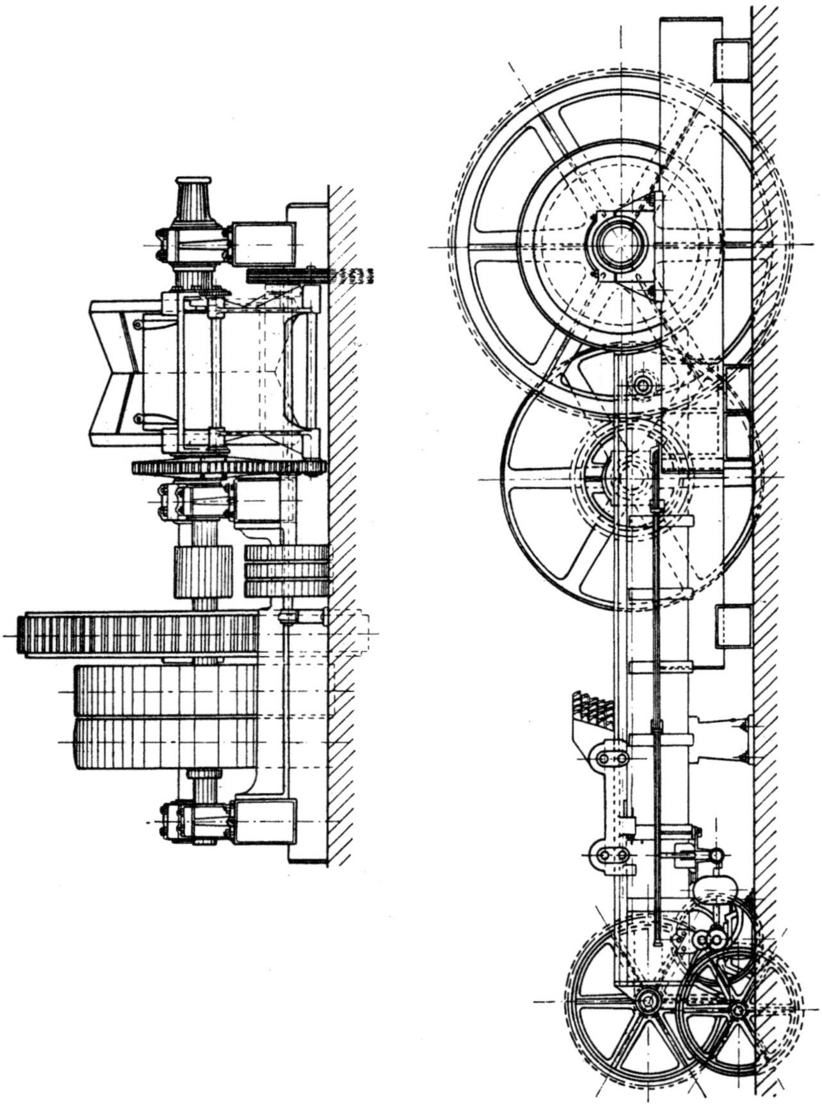

Abb. 40

stete Arbeit ermittelt werden. Die Maschine stellt sich als eine um ihre Horizontalachse rotierende Trommel aus Spezialgußeisen oder Stahl dar (Abb. 41).

Die Trommel besteht aus zwei hohlen abgeschnittenen Kegeln, die an ihren kleineren Grundflächen miteinander verbunden sind und einen stumpfen Winkel von 135° bilden. Diese Kegel haben je sechs Fugen, aus denen Messer hervortreten.[1] Auf den Schneidemaschinen alten Systems wird das Material mechanisch durch eine horizontale Rinne der Trommel zugeführt (s. Abb. 39). Bei dieser Maschine erfolgt das Schneiden in dem Zeitabschnitt, in welchem der das Holz

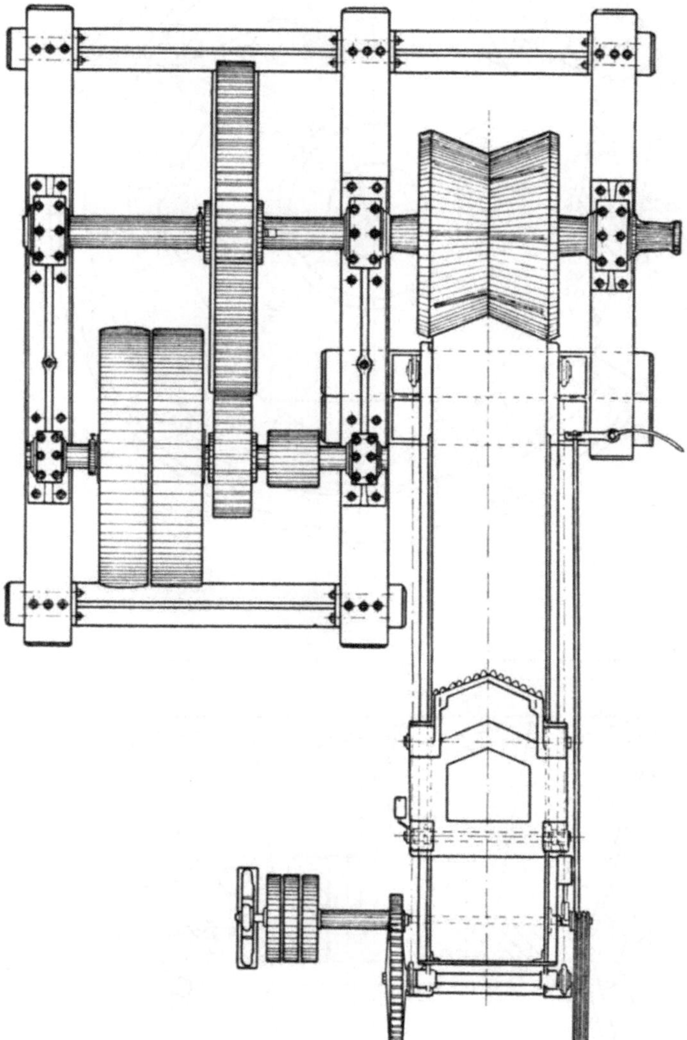

Abb. 40. Trommelschneidemaschine (großer Typ) mit mechanischer Zuführung des Holzes

[1] Die Kegel bestehen aus 6 Elementen abcd (Abb. 41), die man als Speichen bezeichnen kann und die mit ihren inneren Enden auf einer Scheibe befestigt sind und deren äußere Enden durch die Verbindungsstücke efgh miteinander zusammenhängen. Die Messer sind abwechselnd glatt und gezahnt.

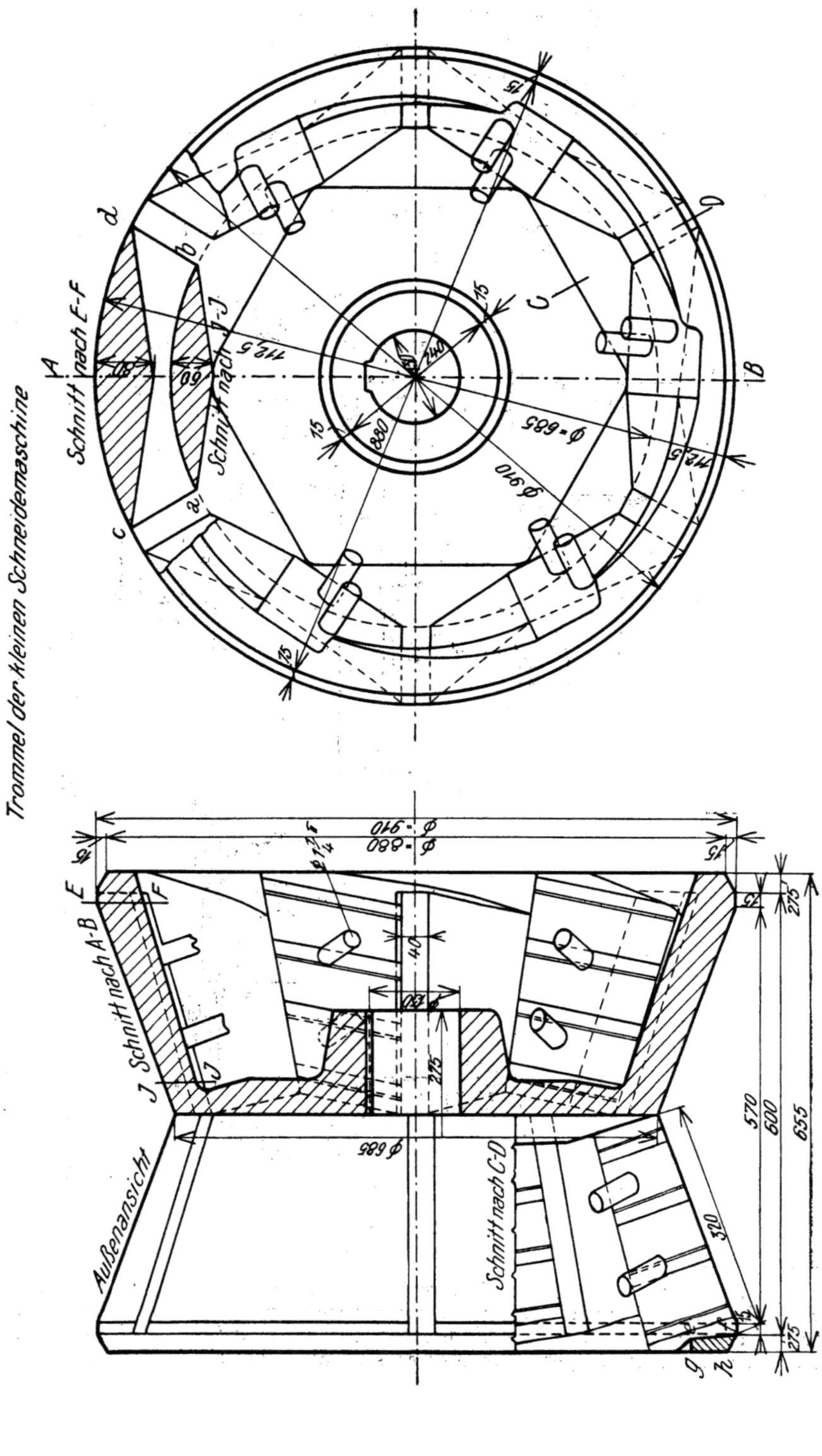
Trommel der kleinen Schneidemaschine
Schnitt nach E-F
Schnitt nach J-J
Schnitt nach A-B
Außenansicht
Schnitt nach C-D

Abb. 41

heranbringende Karren sich vorwärts bewegt. Während er zurückgeführt und das Holz eingefüllt wird, läuft auch die Schneidemaschine leer. Annähernd die Hälfte der Zeit arbeitet sie, die andere Hälfte läuft sie leer. Infolge der Kompliziertheit des Mechanismus, der die Wagen vorwärts und zurück bewegt und infolge der Unmöglichkeit, eine raschere Rückwärtsbewegung des Wagens als 5 m/Min. zu erreichen (da sonst der Arbeiter mit der Aufladung des Holzes in die Rinne nicht fertig wird), läßt sich die Umdrehungszahl der Maschine und ihre Leistungsfähigkeit nicht erhöhen. Solche Schneidemaschinen machen nur 70—80 Trommelumdrehungen in der Minute für den kleinen Typ und 50 für den großen.[1]

Wir wollen die Leistung einer solchen Maschine vom kleinen Typ berechnen, deren Trommel an der größeren Grundfläche 910 mm, an der kleineren 685 mm Durchmesser und eine Breite von 655 mm hat. Die Zuführungsrinne ist 550 mm breit, die normale Höhe des zerkleinerten Holzes beträgt 230 mm. Jeder Kegel trägt 6 Messerpaare. Wenn man die Rinne mit der Höchstmenge Holz: 550×230 mm beschickt und Späne von 3 mm schneidet, dann geben die 6 Messerpaare bei einer Trommelumdrehung $5.5 \times 2.3 \times 0.03 \times 6 = 2.27\ dm^3$ Späne. Nach einer Minute ist das Spänevolum gleich $5.5 \times 2.3 \times 0.03 \times 6 \times 78 = 177.4$. Im Verlauf einer Stunde leistet die Maschine annähernd nur durch 30 Minuten Arbeit und liefert ein Spänevolum von $5.5 \times 2.3 \times 0.03 \times 6 \times 78 \times 30 = 5320\ dm^3$. Nimmt man das spez. Gew. von lufttrockenen Eichenspänen zu 0.75 an, so ergibt sich eine Leistung von

$$5320 \times 0.75 = 4000\ \text{kg}$$

In der Praxis ist natürlich eine solche Leistung nicht erzielbar, da die Rinne mit einzelnen Scheiten von unregelmäßiger Gestalt angefüllt wird, weshalb die erreichbare Füllung im Mittel weniger als 50% und die tatsächliche Leistung etwa 1500 kg Holz je Stunde beträgt.

Die beim Schneiden geleistete Arbeit ist

$$R = \frac{k_2\, bev}{2}, \quad k_2 = 3.85\ \text{kg/mm}^2, \qquad be = 3 \times 550\ \text{mm}^2$$

v ist die Geschwindigkeit oder der von den Messern in 1 Sekunde zurückgelegte Weg. Während einer Umdrehung vollführen die 6 Messerpaare 6 Schnitte von der Länge

$$6 \times 0.230\ \text{m, in 1 Sek.}\ 6 \times 0.230 \times \frac{78}{60} = 1.78\ \text{m/sek.}$$

$$R = \frac{3.85 \times 3 \times 550 \times 1.78}{2}\ \frac{\text{kg/m}}{\text{sek}} = 76\ \text{PS}$$

bei der angeführten theoretischen Leistung. Bei unserer mittleren tat-

[1] Die Trommeln des großen Typus haben an der größeren Grundfläche einen Durchmesser von 1210 mm, an der kleineren von 940 mm und eine Breite von 820 mm Bei 50 Umdrehungen liefern sie 2000—2500 kg Späne pro Stunde

sächlichen Leistung von 1500 kg ist der Energieverbrauch proportional geringer:

$$\frac{76 \times 1500}{4000} = 28 \text{ PS}$$

Nach Versuchen mit indizierter Dampfmaschine in der Kiewer Extraktfabrik hat eine Schneidemaschine einen Energiebedarf von ungefähr 40 PS. Der Unterschied zwischen den berechneten und den experimentell bestimmten Werten für den Energiebedarf ist zurückzuführen auf die Reibung, auf Verluste bei der Riemenübertragung und auf die mechanische Zuführung des Holzes. Die Energieverluste machen etwa 43% aus.

Die lebendige Kraft der rotierenden Trommel ist gleich 135 kg/m und die bei einem Schnitt geleistete Arbeit bei theoretischer Füllung der Rinne 730 kg/m, bei der in der Praxis möglichen Füllung ungefähr 270 kg/m, d. h. die lebendige Kraft der Trommel ist verschwindend gering und die Schneidemaschine arbeitet stoßweise, was für den ganzen Mechanismus, Transmissionen und Fundamente, schädlich ist.

Es ist daher klar, daß die beschriebene Schneidemaschine sehr unvollkommen ist:

1. der Mechanismus ist sehr kompliziert,
2. Umdrehungszahl und Leistung sind gering,
3. da sie nur die halbe Betriebszeit hindurch wirklich arbeitet, muß ihr Antriebs- und Kraftübertragungsmechanismus für 40 PS eingerichtet sein, während bei ununterbrochener Arbeit die gleiche Leistung mit dem halben Energieaufwand ausgeführt werden könnte.
4. Infolge des Mangels an lebendiger Kraft arbeitet die Maschine stoßweise.
5. Es wird unnötig Energie für die Zufuhr des Holzes verbraucht.

Alle diese Mängel beseitigt eine Erfindung französischer Ingenieure, nach welcher das Holz in einer unter 33° geneigten Rinne durch die eigene Schwere der Trommel zuwandert.

Die Konstruktion einer solchen Schneidemaschine ist sehr einfach. Sie besteht in der letzten, von uns umkonstruierten Form (s. Abb. 39), aus einer ebensolchen Trommel auf einer Welle mit drei Lagern, einem Schwungrad und damit verbundener oder auch selbständiger Arbeitsscheibe, einer Leerscheibe und einer geneigten Platte. Diese Konstruktion ermöglicht vor allem, die Umdrehungszahl zu erhöhen, soweit es die Festigkeit der verwendeten Metalle und Legierungen zuläßt. Die Arbeit einer solchen Schneidemaschine wird kontinuierlich und sehr ergiebig, der Energieverbrauch sinkt, die Erteilung von lebendiger Kraft an die Maschine, um die Arbeit gleichmäßig zu gestalten, vereinfacht sich und schließlich wird die Leistungsfähigkeit der Antriebs- und Kraftübertragungsmechanismen 3—4mal so groß als bei den Maschinen alten Systems, so daß stündlich 6 t 3 mm-Späne erzeugt werden.

So kann man mit einer einfach konstruierten Schneidemaschine, an der im Vergleich mit dem alten komplizierten System wenig zu verderben ist, die Erzeugung von Eichenholzextrakt von 24° Bé auf 16 t in 24 Stunden steigern.

Der Energiebedarf wird so berechnet, wie oben für die langsamgehende Schneidemaschine

$$R = \frac{k_2 \, bev}{75 \times 2} \text{ PS}$$

wo $k_2 = 2.8 \text{ kg/mm}^2$ ist. Bei 250 Umdrehungen ist

$$v = \frac{6 \times 0.230 \times 250}{60} = 5.75 \text{ m/sek.}$$

$e = 3$ mm, b beträgt im Mittel für die verlangte Leistung von 6000 kg/St. bei einem spez. Gew. des Eichenholzes von 0.75, 2.22 dm³.

$$bev = 2.43, \qquad b = \frac{2.22}{9.03 \times 57.4} = 1.29 \text{ dm} = 129 \text{ mm}$$

$$R = \frac{2.8 \times 129 \times 3 \times 5.74}{75 \times 2} = 41.5 \text{ PS}$$

Bei größerer oder geringerer Leistung wird der Energiebedarf im gleichen Verhältnis größer oder kleiner. So wird der Energiebedarf z. B. für eine Leistung von 8 t

$$41.5 \times \frac{8}{6} = 55.4 \text{ PS} .$$

Versuche, den Energiebedarf durch Indizieren der Dampfmaschine zu ermitteln, ergaben, daß bei einer stündlichen Erzeugung von 8 t Spänen 59 PS verbraucht werden, d. h. der tatsächliche Energieverbrauch stimmt fast völlig überein mit dem theoretisch berechneten. Er ist etwas größer, weil der Energieverlust bei der Übertragung durch die Transmission, der durch Indizieren während des Leerlaufs der letzteren bestimmt wurde, kleiner ist als der bei Belastung eintretende, da im letzteren Fall noch die Reibung der Riemen hinzukommt.[1]

Es ist also die schnellaufende Trommelschneidemaschine mit geneigter Zuführungsrinne unvergleichlich vorteilhafter als die langsam laufende mit horizontaler Rinne, und zwar sowohl hinsichtlich ihrer ganz bedeutenden Leistung als auch wegen des sparsameren Energieverbrauchs: 27% werden dank der Verkleinerung des Widerstandskoeffizienten gegen das Schneiden erübrigt und etwa 40% infolge des Entfallens einer mechanischen Zuführung des Holzes, d. h. der Energieverbrauch ist fast halb so klein und erfolgt außerdem kontinuierlich. Überdies schneidet eine Trommel mit 6 paarweise auf beiden Kegeln befestigten Messerpaaren, einem mittleren Durchmesser von 785 mm, bei einer maximalen Dicke des Holzscheits von 250 mm, im

---

[1] Außerdem wird eine geringfügige Vergrößerung der Schneidearbeit dadurch hervorgerufen, daß das Holz beim Herabgleiten zu der Messertrommel durch sein Gewicht eine gewisse Reibung gegen dieselbe verursacht.

Falle einer horizontalen Rinne auf einer Strecke von 250 mm, wogegen sie auf einer Strecke von $\frac{3.14 \times 785}{6} - 250 = 160$ mm leer läuft, während sie im Falle der unter 33° geneigten Rinne das Scheit auf einer Strecke von $\frac{250}{\sin 33^0} = 460$ mm, d. h. auf ihrer ganzen Wegstrecke schneidet, auf einem Teil des Weges sogar mit 2 Messern. Daher erfolgt bei richtiger Beschickung die Arbeit der Trommel kontinuierlich. Aber in Anbetracht dessen, daß eine richtige Beschickung praktisch unmöglich ist, und daß die Eichenscheite von verschiedenen Ausmaßen und ästig sind, ist es unerläßlich, daß die Trommel mit dem Schwungrad über genügende lebendige Kraft verfügen, um bei allenfalls auftretenden Ästen und dicken Scheiten einen etwa 4mal so großen Widerstand zu überwinden.

Die von Pawlowitsch umkonstruierte Schneidemaschine, großer Typ, entsprechend Abb. 39, mit einem Trommeldurchmesser von 1210/940 kann eine mittlere Leistung von etwa 10 t Spänen in der Stunde entfalten, bei einem Energiebedarf von 100 PS.

Die Schneidemaschinen mit geneigter Rinne finden in Frankreich und Italien für die Zerkleinerung von Kastanienholz auf Späne von 3 mm ausgebreitete Anwendung; in Rußland werden sie zur Zerkleinerung von Eiche in Maikop, Taganrog, Wassilkow und in den neu zu gründenden Fabriken verwendet.

Obgleich vom mechanisch konstruktiven Standpunkt die Trommelschneidemaschinen mit geneigter Rinne vorteilhafter sind als die mit mechanischer Zuführung, sind sie aus Gründen der Betriebsführung doch nicht immer anwendbar und nützlich. So sind für die Zerkleinerung von Stämmen, stark ästiger Balken und so harter Holzarten wie Quebracho, die Schneidemaschinen mit mechanischer Zuführung besser geeignet. Außerdem vermögen diese letzteren Späne von weniger als 3 mm Dicke zu liefern, wozu die ersteren nicht imstande sind.

Als Beispiel einer vervollkommneten Schneidemaschine mit mechanischem Vorschub gebe ich in Abb. 42 die Raspelmaschine der Firma Ritter in Altona an.

Die normale Länge der zu zerkleinernden Kastanien- und Eichenscheite beträgt in Amerika 1.5 m, in Frankreich 1.25 m, in Rußland 2.1 m.

In einer Quebrachoextrakt erzeugenden Fabrik der Vereinigten Staaten von Nordamerika, werden Scheiben-Schneidemaschinen mit Scheiben aus Gußstahl von 6 m Durchmesser und 6 Messern an ihrer Oberfläche verwendet. Diese Scheiben besitzen ein Gewicht von etwa 18 t. Solche Schneidemaschinen haben bei einer Leistung von 14 t Quebrachospänen je Stunde einen Kraftbedarf von 200 PS.

Die Scheiben-Schneidemaschine der schwedischen Fabrik Soederham (Abb. 38) hat eine Stahlscheibe von 1320 mm Durchmesser mit zwei radial angeordneten Messern von 340 mm Länge. Das Holz wird mittels geriffelter und gezahnter Walzen durch eine Rinne von 310 × 200 Millimeter automatisch zugeführt.

Die Scheibe macht 500 Umdrehungen in der Minute. Die Leistung beträgt 2300 kg Eichenspäne je Stunde bei einem Energiebedarf von 35 PS.

In den Vereinigten Staaten von Nordamerika verwendet man außer der großen Raspel noch eine Art Splittermühle oder Schlagkreuzmühle „Shredder“, in der die von der Raspel abfallenden Späne noch weitgehend zerkleinert werden. Dieses Maschinensystem, dessen Bauart die nachstehende Abb. 43 erkennen läßt, besteht in der Hauptsache aus einem Mahlgehäuse, dem darin mit großer Geschwindigkeit rotierenden Schlägerwerk (das z. B. 1000 Umdrehungen pro Minute ausführt) und einem im unteren Teil der Mühle angebrachten auswechselbaren Rost. Die Schläger sind gelenkig aufgehängt. Infolge der Zentrifugalkraft stellen sie sich im Betriebe starr nach außen und wirken hierbei nach Art von Dreschflegeln. Durch den leicht auswechselbaren Rost aus widerstandsfähigem Material,

Abb. 42. Raspelmaschine (Ritter in Altona)

dessen Spaltweite je nach der verlangten Feinheit eingestellt wird, verläßt das Mahlerzeugnis die Maschine.

Eine mittlere Leistung der „Shredder“ vom Typ E beträgt 10 bis 12 t Späne in der Stunde bei einem Energiebedarf von 80—90 PS. Die Zweckmäßigkeit der Aufstellung der Maschine „Shredder“ geht

Abb. 43. Shredder

noch aus dem Umstand hervor, daß bei der Holzzerkleinerung mit Raspelmaschinen die Enden der Holzscheite keiner vollkommenen Zerspanung unterliegen und daher einer nochmaligen Zerkleinerung unterzogen werden müssen. Man kann sagen, daß, je besser zerkleinerte Späne in die Diffuseure gelangen, desto vollkommener die Extrahierung der Gerbstoffe geschieht.

Wir gehen nunmehr zur Beschreibung der Rindenzerkleinerungsmaschinen über.

Abb. 44. Rindenschneidemaschine (Moenus, Frankfurt a. M.)

Maschinen für die Zerkleinerung von Rinden. Während die Zerkleinerungsmethoden für Holz auf dem Prinzip des Schneidens beruhen, basieren die Zerkleinerungsvorrichtungen für Rinden auf verschiedenen Vorgängen, nämlich: Schneiden, Zerdrücken, Zerschlagen, Zerbrechen. Infolgedessen verfügen wir über eine große Vielfalt von Maschinen.

Für die Vorzerkleinerung der langfaserigen Eichen-, Weiden-, Mimosa- und anderer Rinden in Bündeln werden Maschinen vom Typus der Häckselschneidemaschinen verwendet.

Die Bündel werden von den Zahnwalzen mit verschiedener

Abb. 45. Rindenbrecher (Moenus, Frankfurt a. M.)

Geschwindigkeit durch die Rinne an das rotierende Schwungrad mit 2—3 radial angeordneten Messern geführt, die das Material je nach der Geschwindigkeit der Zuführung auf Stücke von 6, 12, 24 mm Länge zerschneiden.

Ein Beispiel einer solchen Maschine ist der Schnellschneider der Firma Moenus (s. Abb. 44) mit Zuführung der Rinden zu den Walzen vermittelst eines endlosen Bandes, das entweder aus zwei Ketten mit quer eingehängten eisernen Lamellen oder aus einem Lederriemen mit auf ihm befestigten hölzernen Querleisten besteht.

Die Geschwindigkeit läßt sich durch die Wahl der Scheiben abändern. Es ist eine Vorrichtung zum Abstellen und Umsteuern der Zuführungswalzen und des Bandes vorhanden, was für den Fall des Vorhandenseins von Steinen, Eisen u. ä. in den Rindenbündeln unbedingt erforderlich ist.

Für die Vorzerkleinerung von mit Schalen bedeckten Rinden, wie Fichte, Mangrove, Maletto u. a. werden Brechmaschinen — Rindenbrecher — verwendet. Wie aus Abb. 45 ersichtlich ist, bestehen derartige Maschinen aus rotierenden Zylindern, die mit stählernen, längs einer Schraubenlinie angeordneten Brechzähnen ausgestattet sind. Der Zerbrechungsgrad wird durch die Entfernung zwischen den Zylindern reguliert.

Nach Passierung der Rinden-Schneide- oder -Brechmaschine gelangt die Rinde zur weiteren Zerkleinerung auf Rindenmühlen verschiedener Systeme

Die einfachste Rindenmühle ist ein Paar steinerner Mühlsteine, wie sie in der Getreidemüllerei verwendet werden. Dieser Typ leistet sehr wenig. Die steinernen Mühlsteine wurden bald gegen gußeiserne oder stählerne vertauscht und es entstanden die sogenannten Scheiben- oder Glockenrindenmühlen.

Abb. 46. Scheiben-Rindenmühle (Bayrische Maschinenfabrik, Regensburg)

Die Scheiben-Rindenmühle (Abb. 46) besteht aus zwei gußeisernen Scheiben mit gußeisernen ringförmigen Aufsätzen, die konzentrisch mit scharfen Zähnen und ebensolchen Einkerbungen versehen sind. Die eine Scheibe ist unbeweglich, die zweite dreht sich zugleich mit der Welle derart, daß ihre Zähne zwischen den Vertiefungen der ersten Scheibe durchgehen. Durch Veränderung des Abstandes zwischen den Scheiben kann man jeden beliebigen Zerkleinerungsgrad erlangen. Die Materialzufuhr erfolgt von oben durch einen Trichter und weiter auf eine Schüttelrinne, die das Material durch eine steile Rinne zum Mittelpunkt der Scheibe befördert, von wo es durch die Fliehkraft an den Umfang geschleudert wird. Dabei passiert es die radialen Durchgänge zwischen den Zähnen, und wird deren schneidender und zerdrückender Wirkung ausgesetzt.[1] Wenn

[1] Um die Zähne an den Scheiben gegen die zerstörende Wirkung von zufällig in die Rinde gelangten Eisenstücken zu schützen, ist in die Schüttelrinne ein Magnet eingebaut, der Eisenstücke abscheidet.

die Zähne auf der einen Seite stumpf, auf der anderen schärfer werden, dann wird die Drehungsrichtung umgekehrt, entweder durch Kreuzung des früher geraden Riemens, oder umgekehrt. Überdies haben die Scheiben auf beiden Seiten eine Kerbe, so daß sie bei Ab-

Abb. 47. Desintegrator der Badischen Maschinenfabrik in Durlach

nützung der einen Seite auf die andere umgedreht werden können.

Die in England erzeugten Glocken-Rindenmühlen vom Typus der Kaffeemühlen bestehen aus einem inneren rotierenden Kegel, der Zähne und schiefgestellte scharfe Vorsprünge trägt, deren Länge gegen die Kegelbasis hin abnimmt. Dieser Kegel dreht sich innerhalb eines gleichfalls mit Zähnen bedeckten kegelförmigen Gehäuses. Die

Zähne des Gehäuses greifen in die Zwischenräume zwischen den Zähnen und den scharfen Vorsprüngen des Kegels ein und die Neigung seiner schiefen scharfen Vorsprünge ist derjenigen der Kegelvorsprünge entgegengesetzt. Das Material wird mittels auf einer Welle sitzender Schraubenflügel von oben zugeführt, bewegt sich nach abwärts zwischen Kegel und Gehäuse und wird zwischen den Zähnen zerdrückt und zwischen den wie die Messer einer Schere wirkenden schiefen Vorsprüngen zerschnitten. Ebenso wie bei den Scheibenmühlen werden die Zähne beim Gebrauch auf der einen Seite abgestumpft, auf der anderen geschärft, so daß man durch Umkehrung der Drehungsrichtung die Leistungsfähigkeit der Rindenmühle wieder herstellen kann. Die Scheiben- und Glockenrindenmühlen haben den Nachteil, daß sie sich für weiche, harzige Materialien, ebenso für weiche oder sehr harte, nicht eignen.

Die Vertiefungen zwischen den Zähnen werden leicht gefüllt und die Mühle wird unwirksam.

Vollkommenere und leistungsfähigere Rindenmühlen sind die auf der Wirkung der Fliehkraft beruhenden Desintegratoren. Der Desintegrator der Badischen Maschinenfabrik in Durlach (Abb. 47) besteht aus einem auf einer Welle montierten Kreuz, das mit hoher Umdrehungszahl von 1300 bis 4000 in der Minute rotiert. Dieses Kreuz dreht sich zwischen zwei gußeisernen Scheiben, deren Oberfläche im Durlacher Modell sektorenweise, und in demjenigen von Ritter radial geriffelt ist. Bei den guten Konstruktionen sind am Umfang des unteren Halbkreises zwischen den Scheiben leicht auswechselbare kleine stählerne Roststäbe angebracht, die je nach dem gewünschten Feinheitsgrad der Mahlung in verschiedenen Abständen voneinander in die Segmente am Umfang eingesetzt und durch Plättchen befestigt werden; der obere Halbkreis enthält gußeiserne Kanten, die das Material zerschlagen.[1]

Das Material wird von oben durch einen Trichter eingefüllt, durch einen regulierbaren Schieber gelangt es in eine Schüttelrinne und von dort durch eine steile Rinne in den Mittelpunkt des Kreuzes, durch welches es mit großer Kraft gegen die Riffelung geschleudert und dadurch so zerbrochen, zerspalten und zerkleinert wird, daß die erhaltenen Teilchen durch die in Abständen von 1—30 mm angebrachten Roststäbe durchfallen können. Da die Scheiben in einer gewissen Entfernung voneinander angeordnet sind und Reibungserscheinungen wie bei den Scheibenmühlen hier nicht vorkommen, erfolgt die Zerkleinerung ohne Erwärmung. Auf dieser Mühle können sowohl feuchte wie harzige und weiche Materialien zerkleinert werden. Sie sind unempfindlich gegen zufällig vorhandene Steine oder Eisenstücke. Ihre Abnützung erfolgt sehr langsam. Die Desintegratoren be-

[1] Beim Modell aus Durlach sind alle Roststäbe kreisförmig angeordnet und bilden dort eine zusammenhängende Platte, so daß im Falle des Bruchs eines Stabes die ganze Platte verloren ist, was einen großen Übelstand bedeutet.

dürfen keiner Vorzerkleinerung des Mahlguts auf Rinden-Schneide- oder Brechmaschinen und zeichnen sich durch große Leistungsfähigkeit aus, haben aber einen hohen Energiebedarf. Wegen der raschen Drehung müssen die Kreuze sorgfältig ausbalanciert sein. Der Nach-

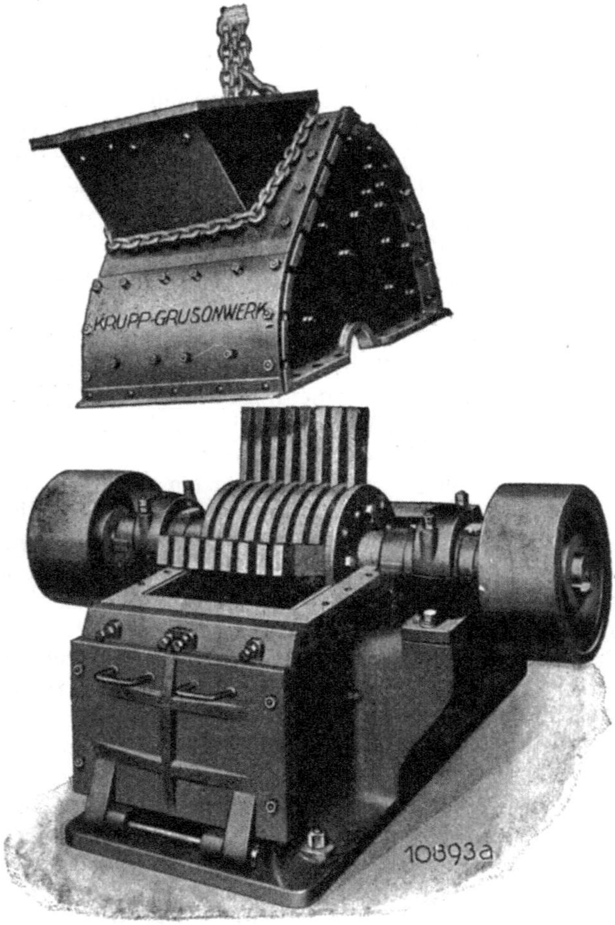

Abb. 48. Desintegrator von F. Krupp Grusonwerk A.-G.

teil dieser Mühlen ist der, daß sie bei trockenen Materialien viel Staub liefern.

Eine vollkommenere Art von Desintegratoren wird in Amerika von der Williams Co. und in Deutschland von F. Krupp Grusonwerk A.-G. (Abb. 48) gebaut. Diese Maschinen (Hammermühlen) bestehen aus einer Reihe auf einer Welle befestigter, mit hoher Umdrehungszahl rotierender Scheiben, an deren Umfang mittels Scharnieren stählerne Schläger oder Hämmer angebracht sind. Infolge der Wirkung der

Fliehkraft behalten diese während der Drehung beständig ihre radiale Lage bei, wie Dreschflegel und schlagen auf das durch eine geneigte Rinne zugeführte Material gegenüber den Kanten der Stahlplatten, die gleichsam Ambosse vorstellen; dadurch wird das Material vielfach zerschnitten. Die abgeschnittenen Stücke werden durch die Fliehkraft gegen die im unteren Teil befindlichen Roststäbe geschleudert und zerbrochen; nach Erlangung des gewünschten Feinheits-

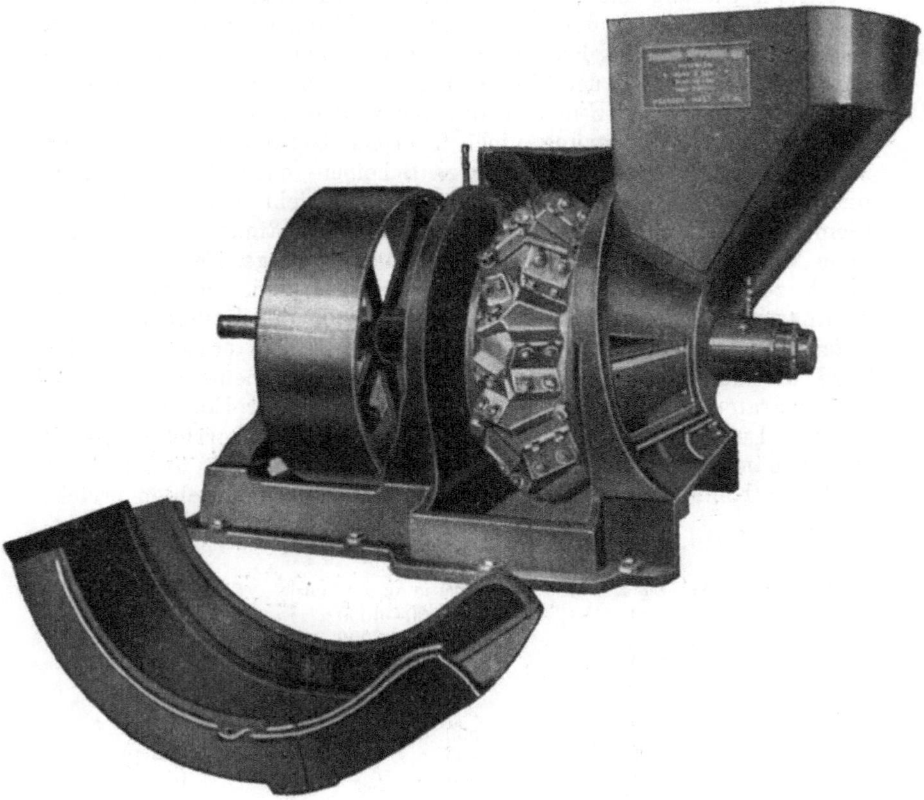

Abb. 49. Rindenmühle von Turner u. Co., Peabody, Mass. U. S. A.

grades fällt das Mahlgut zwischen den Roststäben durch. Gelangen harte Stücke in die Mühle, so können sich die Schläger abbiegen und werden nicht beschädigt. Der Einfülltrichter muß eine Schutzvorrichtung gegen das Herausschleudern von Materialstücken besitzen.

Das letzte Beispiel einer Rindenzerkleinerungsvorrichtung, die in Amerika für Hemlockrinde sehr verbreitet ist, verdient besondere Beachtung (Abb. 49.) Diese Vorrichtungen beruhen auf dem Prinzip des Schneidens, wie die Schneidemaschinen für Holz. Als Werkzeuge, die schneiden und nicht zerschlagen, zerbrechen oder zerdrücken, geben sie eine gleichmäßige Zerkleinerung in Teilchen von bestimmter Größe, ohne Staubbildung und mit geringem Energiebedarf. Eine solche Art der Zerkleinerung ist für die Zwecke der Extraktfabrikation sehr geeignet. Die Rindenbündel gelangen in einen Trichter, unter dem sich eine kegelförmige Messertrommel dreht, welche die Rinde auf kleine Stücke schneidet; diese fallen in das Innere der Trommel, die aus zwei, mit ihren Grundflächen zusammenhängenden und in den Nuten am Umfang mit Messern ausgerüsteten Kegelstumpfen besteht. Durch die Fliehkraft der im Innern der Trommel rotierenden gußeisernen Schläger werden die Rindenstückchen gegen die scharfen Messer in den Nuten der Trommel geschleudert und fliegen in einer durch die Breite der Nuten bestimmten Größe nach außen.

Für die Zerkleinerung nicht faseriger Gerbfrüchte oder -Wurzeln werden die oben beschriebenen Scheiben- oder Glocken-Mühlen und Desintegratoren verwendet. In England zieht man für die Zerkleinerung von Mirobalanen und Valonea den Rindenbrechern ähnliche Maschinen vor, die mit kleingezahnten oder geriffelten, das Material zerdrückenden Zylindern ausgestattet sind. Solche Zerkleinerungsvorrichtungen zerstören wirkungsvoll die Zellstruktur und liefern eine flockige Masse, die in den Diffuseuren besser extrahiert wird als das staubförmige Mahlprodukt der Scheibenmühlen und Desintegratoren. Außerdem verbrauchen sie weniger Energie.

Die Leistung der beschriebenen Zerkleinerungsvorrichtungen ist sehr abhängig vom Material, von dessen Wassergehalt und dem geforderten Kleinheitsgrad, wie aus den nachfolgenden Zahlen ersichtlich ist.

Tabelle 20.

Nr. der Abb.	Nr. nach d. Größe	Leistung in kg pro Stunde	Energiebedarf in PS
Abb. 44	1	3000—4000	4—8
	2	4000—6000	8—15
Abb. 45	1	300—500	1—2
	2	600—800	1½—3
Abb. 47	1	200 kg Fichtenrrinde	2—6
	2	500 „	4—8
	3	800 „	6—12
	4	1200 „	10—20
	—	2000 „	25—35

Zweites Kapitel.

Die Diffusion

Der zweite Arbeitsvorgang, — die Diffusion oder Auslaugung mit Wasser, erfolgt entweder in offenen Apparaten, den sogenannten Diffuseuren, unter Erwärmen auf 100° C, oder in geschlossenen Diffuseuren unter Druck oder unter Vakuum.

Vermögen die Gerbstoffe aus den Zellen durch die halbdurchlässige abgetötete Zellwand hindurchzudringen, oder muß diese Zellwand zerstört werden?

Wie die Versuche über den Zerkleinerungsgrad (s. vorhergehendes Kapitel) ergeben haben, hängt die Menge der extrahierten Gerbstoffe sehr vom Mahlungsgrad ab.

Außerdem haben unsere Versuche, aus dem Betrieb stammende Lohe zu extrahieren, ohne sie vorher zu zerkleinern, gezeigt, daß sich nach gründlicher Extraktion im Betrieb kein Gerbstoff mehr extrahieren läßt; erst nach weiterer Feinmahlung, wie sie für die offizielle Methode verlangt wird (die Teilchen müssen durch ein Sieb von 16 Maschen pro cm^2 durchgehen) gelingt es, aus der Lohe, z. B. von Kastanie oder Eichenholz etwa 1% Gerbstoff bei 13% Wassergehalt zu extrahieren.

Nach den Forschungen Haberlandts[1] lagern sich die Gerbstoffe in den Pflanzen in langen Reihen von Röhren ab, die oft mit den Gefäßbündeln gemeinsam verlaufen. Die Länge dieser Röhren erreicht 18—20 mm bei einer Breite von 0.025—0.164 mm. Jede dieser Röhren ist eine gesonderte, in die Länge gezogene spindelförmige Zelle. Daraus wird verständlich, daß es leicht ist, durch Zerkleinerung auf 3—5 mm quer zur Faserrichtung diese Zellen zu öffnen und daß dies in der Längsrichtung selbst bei ½ mm Spandicke nicht gelingt.

Daher werden bei der Extraktion offensichtlich die Gerbstoffe nur aus den zerstörten Zellen herausgelaugt, während die Zellwände selbst eine halbdurchlässige Scheidewand bilden, die den Gerbstoff nicht hinausdiffundieren läßt.

Es ist interessant, diese Verhältnisse mit denen bei der Extraktion von Zucker aus der Rübe zu vergleichen. Diese gibt bei Temperaturen bis 50° C aus den geöffneten Zellen nur Zucker ab, beim Erwärmen auf 60° und mehr aber gerinnt die Plasmahülle der Zelle, die ihr, solange sie lebt, eigene Halbdurchlässigkeit, auf der die Erscheinung der Osmose beruht, geht verloren und der Zucker kann ohne Hindernis herausgelaugt werden (s. Prof. M. D. Sujew, „Enzyklopädie der Rübenzuckerfabrikation", Bd. I, Kiew, 1924, S. 190).

Ähnlich wie die Zuckerrübe verhält sich der Badan, wie dies aus den unten angeführten Daten über die Extraktion von frischen Wurzeln hervorgeht. In den unten angeführten Tabellen über die Extraktion aller anderen Gerbstoffe unter Temperatursteigerung sind keine auf die Gerinnung der Zellhülle hinweisenden plötzlichen Sprünge zu erkennen, wie dies bei der Rübe und Badan der Fall ist.

An dieser Stelle mag erwähnt werden, daß die Erscheinungen der Diffusion oft mit denen der Osmose verschmelzen.

Indem ich bezüglich der Einzelheiten auf die elementaren Lehrbücher der physikalischen Chemie hinweise, erinnere ich nur daran, daß unter Diffusion der Konzentrationsausgleich zweier mit einander in Berührung stehender, verschieden konzentrierter Phasen verstanden wird, wenn beide unbehindert durch die trennende Scheidewand in einander übergehen können; während unter Osmose derjenige Vor-

[1] Dekker, „Die Gerbstoffe", 1913, 227.

gang verstanden wird, welcher stattfindet, wenn die Scheidewand nur für das Lösungsmittel, nicht aber für die gelöste Substanz durchlässig ist, wodurch in der konzentrierten Phase der sogenannte osmotische Druck auf die halbdurchlässige Scheidewand entsteht.

Bei der alten Extraktionsmethode ging man in folgender Weise vor: in das Gefäß mit der gemahlenen Rinde oder den Spänen goß man Wasser; nachdem das Wasser sich gesättigt hatte, wurde die Brühe abgegossen und dieselbe Rinde mit frischem Wasser übergossen. Dies wurde solange wiederholt, bis kein Gerbstoff mehr in Lösung ging.

Diese Methode ist unvollkommen, da sie schwache Brühen liefert und der Ausnützungskoeffizient der Gerbstoffe gering ist. Deshalb ging man auf die Auslaugung nach dem Prinzip des Gegenstroms über.

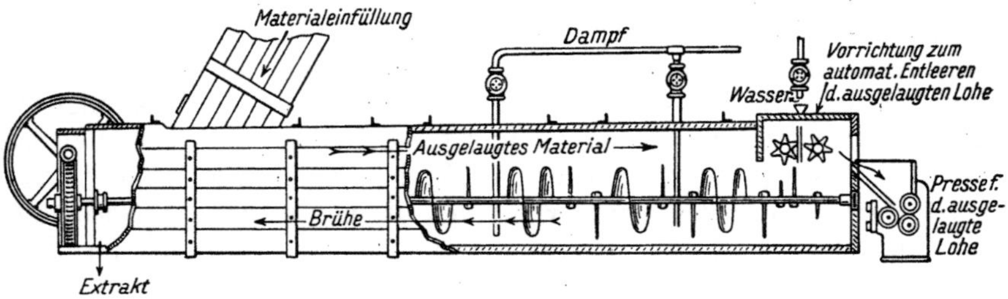

Abb. 50. Extraktionsapparat „Automat" von Rider

1. Das Prinzip des Gegenstroms. Die Extraktion nach dem Gegenstromprinzip besteht darin, daß zur Auslaugung des frischen Materials eine mit den auszulaugenden Stoffen, im vorliegenden Falle den Gerbstoffen, fast gesättigte Brühe verwendet wird und das der Reihe nach mit Brühen abnehmender Konzentration ausgelaugte Material zur endgültigen Auslaugung mit reinem Wasser in Berührung tritt. Je größer die Anzahl der Brühen von bis Null abnehmender Konzentration ist, die durch das auszulaugende Material hindurchgehen, desto vollständiger wird dieses extrahiert.

Vollendet erscheint das Gegenstromprinzip dann, wenn das Wasser sich dem Gerbmaterial entgegen bewegt, wobei es sich allmählich an Gerbstoffen anreichert und am Ende seines Weges zur endgültigen Sättigung mit Gerbstoffen auf frisches Material trifft.

Am schönsten wird dieses Prinzip in dem horizontalen Apparat von Rider und in dem vertikalen von Tournecroft verwirklicht.

2. Der Apparat von Rider. Der Apparat von Rider, Abb. 50, stellt sich als eine hölzerne oder kupferne Rinne dar, in der sich eine Schnecke mit schraubenförmig angeordneten Schaufeln dreht; auf der einen Seite tritt das Wasser ein, auf der anderen das Material, das mittels der erwähnten Schnecke dem Wasser entgegengeführt wird. Dieser Apparat hat sich nicht eingeführt, weil Stücke von Spänen sich zwischen der Schnecke und dem Boden der Rinne einkeilen und den Bruch der Schnecke herbeiführen.

3. Der Apparat von Tournecroft. Der Apparat von Tournecroft ist ein vertikaler hoher Zylinder, in welchem sich die Späne von unten nach oben bewegen und nach der Auslaugung von oben entfernt werden; das frische Wasser tritt oben ein, durchdringt die Späneschicht in ihrer ganzen Dicke und wird unten als Brühe abgelassen. Obgleich dieser Apparat nach dem ihm zugrundeliegenden Gedanken sehr vorteilhaft erscheint, hat er bisher keine praktische Anwendung gefunden, da seine Ausführung auf technische Schwierigkeiten stößt.

Das Gegenstromprinzip findet nicht nur bei der Extrakt-, sondern auch bei der Zucker- und anderen Fabrikationen Anwendung. Die gesamte pflanzliche Gerbung beruht auf diesem Prinzip.

Die frische Blöße gelangt in die schwächste, älteste Gerbbrühe und bewegt sich vorwärts zur frischesten und stärksten Brühe, bis sie sich in fertiges Leder verwandelt.

4. Die Diffusionsbatterie. In der Praxis wird die Diffusion in Batterien aus 6—12 Diffuseuren, mit aufeinanderfolgendem Überpumpen der Brühen von einem Diffuseur in den anderen, durchgeführt, wobei das extrahierte Material unbewegt bleibt, aber die Brühe nach dem Gegenstromprinzip bewegt wird. Die Extraktion hängt von einer Reihe von Faktoren ab, deren Wirkung man unbedingt kennen muß:

1. Temperatur, 2. Zeit, 3. Anzahl der Brühenwechsel, 4. Mengenverhältnis von Wasser zum Material, 5. Beschaffenheit des Wassers.

5. Der Einfluß der Temperatur auf die Extraktion. Die erste Untersuchung über den Einfluß der Temperatur und des Drucks auf die Extraktion von Gerbmaterialien hat Eitner[1] ausgeführt. Er unterwarf die Gerbmaterialien im Autoklaven der 2stündigen Einwirkung der Temperaturen 100°, 121°, 144°, 159° C bei Drucken von 1, 2, 4 und 6 abs. atm., worauf er sie vollständig auslaugte und die erhaltenen Lösungen analysierte.

Die Ergebnisse sind in Tabelle 21 dargestellt.

In den meisten Fällen ändert sich die Menge der löslichen Stoffe mit steigender Temperatur wenig; eine starke Abnahme ist nur bei Divi-Divi, und im Gegensatz dazu eine starke Zunahme bei Eichenholz festzustellen, offenbar infolge der Aufschließung der inkrustierenden Substanzen. Die Gerbstoffe nehmen mit steigender Temperatur stark ab, in den meisten Fällen von 100° an, aber bei Eichenholz und Quebracho von 121° angefangen; die Gerbstoffe der Mimosa erweisen sich als die beständigsten: erst bei 159° ist eine merkliche Abnahme zu beobachten.

Es ist also nur bei Eichenholz und Quebracho vorteilhaft, die Temperatur auf 121° zu erhöhen.

[1] Der Gerber, 1895, 145.

Tabelle 21.

	Lösliche Stoffe				Gerbstoffe				Nichtgerbstoffe				Anteilzahl			
Druck in abs. atm.	1	2	4	6	1	2	4	6	1	2	4	6	1	2	4	6
Temp. in °C	100	121	144	159	100	121	144	159	100	121	144	159	100.	121	144	159
Eichenrinde	22.1	23.8	23.9	24.0	11.1	8.0	5.6	3.2	11.0	15.8	18.3	20.8	50	34	24	13
Fichtenrinde	29.1	32.8	31.5	30.7	16.2	12.9	8.5	6.5	12.9	19.9	23.0	24.2	56	39	27	21
Mimosarinde	42.1	44.2	44.2	41.3	31.6	30.7	30.0	26.6	10.5	13.5	14.2	14.7	75	70	68	64
Valonea	49.2	50.7	47.8	41.4	30.0	27.3	24.8	18.9	19.2	23.4	23.0	22.5	61	54	52	46
Mirobalanen	41.7	44.2	46.0	44.1	25.0	23.0	14.5	12.5	16.7	21.2	31.5	31.6	60	52	32	28
Divi-Divi	69.4	64.7	55.9	46.5	45.1	33.1	18.1	14.9	24.3	31.6	37.8	31.6	65	51	32	32
Eichenholz	9.8	10.9	23.6	24.8	6.4	6.5	5.5	2.6	3.4	4.4	18.1	22.2	65	60	23	10
Quebrachoholz	23.9	24.4	25.4	26.2	21.0	21.5	18.4	13.6	2.9	2.9	7.0	12.6	88	88	72	52
Sumach	43.4	52.3	51.1	47.5	22.8	22.7	11.3	8.9	20.5	29.6	39.8	38.6	53	43	22	19

Die Nichtgerbstoffe erfahren bei Temperaturerhöhung einen starken Zuwachs, teilweise auf Rechnung der zerfallenden Gerbstoffe, zum größten Teil aber auf Kosten der schwerlöslichen und inkrustierenden Stoffe, besonders bei Eichenholz und Quebracho.

Entsprechend der Zunahme der Nichtgerbstoffe und der Abnahme der Gerbstoffe, verringert sich die Anteilzahl der Brühen mit steigender Temperatur stark; klein ist die Verringerung nur für Mimosa bis 144°, für Eiche bis 121° und für Quebracho bis 144°.

Ähnliche Versuche hat Paessler[1] an Eichenholz, Quebracho und Kastanienholz ausgeführt.

Tabelle 22.

	Kastanie						Eiche					Quebracho				
Temperatur	100	121	121	135	144	159	100	121	121	144	159	100	121	121	144	159
Einwirkungsdauer in St.	—	1	2	1	1	1	—	1	2	1	1	—	1	2	1	1
Gerbstoffe	12.2	12.3	11.7	11.8	10.5	9.5	7.7	7.5	8.0	6.7	5.8	24.8	25.0	25.6	25.6	23.1
Nichtgerbstoffe	2.4	3.2	4.9	6.2	10.6	15.2	3.3	4.9	6.6	11.6	18.7	1.6	2.0	2.4	5.2	11.1
Gesamtlösl.	14.6	15.5	16.6	18.0	21.1	24.7	11.0	12.4	14.6	18.3	24.5	26.4	27.0	28.0	30.8	34.2
zuckerart. Stoffe	0.7	1.1	2.0	2.9	5.9	11.4	1.3	1.7	2.7	6.4	14.3	0.3	0.3	0.5	1.7	6.4
Anteilzahl	83	79	70	65	50	38	70	60	55	37	24	94	93	91	83	67
Auf 100 T. Gerbstoffe entfallende zuckerartige St.	5.8	9.0	170	25	56	120	17	23	34	96	24.7	1.2	1.2	2.0	6.7	28

[1] Ledertechnische Rundschau, 1912, Nr. 46—48.

Wieder sehen wir, daß die Extraktion von Eiche bis 121⁰ die Gerbstoffausbeute nicht nur nicht verringert, sondern sogar vergrößert, aber infolge des starken Anwachsens der Nichtgerbstoffe sinkt die Anteilzahl.

Bei Quebracho wirkt eine Temperaturerhöhung bis 121⁰ durchaus vorteilhaft: die Gerbstoffausbeute wächst und die Anteilzahl geht nur unbedeutend zurück.

Bei Kastanie bleibt eine kurze, einstündige, Behandlung bei 121⁰ fast ohne Wirkung, aber eine zweistündige verursacht eine deutliche Gerbstoffabnahme. Die Kastaniengerbstoffe sind also empfindlicher gegen Temperaturerhöhung als die der Eiche und des Quebracho. Gleichzeitig mit Eitner untersuchten die Engländer Procter und Parker den Einfluß der Temperatur stufenweise von 10 zu 10⁰, — zwischen 15 und 100⁰ —, auf die Extraktion der wichtigsten Gerbstoffe.[1]

Wenn man die Höchstausbeuten an Gerbstoffen und Nichtgerbstoffen mit 100 annimmt, dann erscheinen die übrigen, bei verschiedenen Temperaturen erzielten Ausbeuten aus den untersuchten Gerbmaterialien durch folgende Zahlen ausgedrückt:

Tabelle 23.

Extraktionstemperatur in °C	Eichenrinde		Mimosa		Mangrove		Valonea		Trillo		Mirobalanen		Quebracho		Sumach	
	T	NT	T	NT	T	NT	T	NT	T	NT	T	NT	T	NT	T	NT
15	62	77	66	97	62	83	64	100	71	100	79	83	35	73	70	74
15— 30	71	83	91	82	76	83	72	97	74	96	84	88	47	80	87	75
30— 40	83	83	94	82	83	100	84	92	86	95	90	92	54	80	91	75
40— 50	85	86	94	82	88	91	94	93	91	95	93	88	70	80	99	77
50— 60	89	88	95	87	96	82	99	95	100	87	96	93	76	80	100	80
60— 70	95	89	98	88	95	91	100	97	99	89	97	93	80	80	94	81
70— 80	96	91	100	90	97	89	98	96	99	92	97	96	88	90	89	83
80— 90	100	91	96	93	100	86	96	96	94	90	98	97	100	100	83	88
90—100	100	92	94	98	96	91	94	97	94	89	100	96	90	100	82	93
Halbstündiges Kochen vor dem Extrahieren bei 100⁰	95	100	92	100	—	—	90	100	92	92	98	100	—	—	75	100

Tabelle 23 zeigt, daß die Menge der bei niedrigen Temperaturen extrahierten Nichtgerbstoffe größer ist, als die der Gerbstoffe: besonders groß ist der Unterschied bei Valonea, Quebracho, Mimosa, Mangrove und Eichenrinde, klein ist er bei Sumach und Mirobalanen. Mit steigender Temperatur wächst die Extrahierbarkeit der Gerbstoffe in höherem Maße als die der Nichtgerbstoffe und bei 15—30⁰ überwiegen die Gerbstoffe bei Mimosa und Sumach die Nichtgerbstoffe, bei 30—40⁰ auch bei Eichenrinde, bei 40—50⁰ bei Valonea, bei 50—60⁰ bei Mangrove und bei 70—80⁰ bei Quebracho. Auf Grund dieser Löslichkeitsverhältnisse der Gerbstoffe und Nichtgerbstoffe kann man durch Änderung der Extraktionstemperatur Fraktionen von verschiedener Anteilzahl gewinnen.

[1] J. Society Chem. Industry, 1895, 635.

Paessler hat die Versuche Procters und Parkers an verschiedenen Gerbstoffen wiederholt[1] und folgende Resultate erzielt, ausgedrückt in Prozenten extrahierter Gerbstoffe, bezogen auf das ursprüngliche Material:

Tabelle 24.

Extraktionstemperatur in ° C	Eichenrinde	Weidenrinde	Valonea	Mirobalanen	Divi-Divi	Algarobilla	Sumach	Quebracho
15	8.6	11.6	25.0	26.6	35.3	39.8	24.0	15.9
40	10.4	13.1	25.2	28.1	36.0	43.8	26.7	18.2
60	11.3	14.1	26.3	29.9	36.6	43.9	25.2	19.1
80	12.2	14.0	26.9	32.4	37.1	46.3	25.0	22.3
100	12.2	12.5	28.1	30.9	40.8	46.5	23.3	22.8

6. Der Einfluß der Temperatur auf die Auslaugung von Eichenholz, Weidenrinde, Fichtenrinde und Badanwurzel. In Ergänzung der oben angeführten Untersuchungen von Procter-Parker und Paessler wurden im Laboratorium der Großen Lederfabrik in Taganrog unter Einhaltung der gleichen Arbeitsweise Versuche[2] angestellt, um die Verhältnisse beim Auslaugen der verbreitetsten pflanzlichen Gerbmittel der U. S. S. R. aufzuklären. Die Zerkleinerung, wie auch in den oben beschriebenen Versuchen, wurde nach der offiziellen Methode ausgeführt. Die Auslaugung wurde bei verschiedenen Temperaturen ausgeführt. Die Analysenergebnisse in Prozenten sind in der Tabelle angegeben.

Tabelle 25.

Temperaturgrenzen der Auslaugung	Eichenholz			Fichtenrinde			Weidenrinde			Badanwurzel		
	Gerbstoff	Nicht-Gerbstoff	Anteilzahl	Gerbstoff	Nicht-Gerbstoff	Anteilzahl	Gerbstoff	Nicht-Gerbstoff	Anteilzahl	Gerbstoff	Nicht-Gerbstoff	Anteilzahl
20—26°	2.24	1.66	57.4	9.09	8.03	53.1	9.82	7.93	55.3	13.56	25.28	34.9
30—38	2.39	1.94	55.2	9.86	9.26	51.6	10.66	8.88	54.6	14.30	25.02	36.4
40—49	2.58	2.04	55.8	10.47	9.53	52.3	10.83	8.50	56.0	18.30	25.48	41.8
53—60	3.10	2.08	59.8	11.03	9.73	53.2	10.61	9.36	53.2	18.50	25.35	42.2
64—70	3.38	2.42	58.3	11.39	10.23	52.7	11.25	9.30	54.7	19.47	26.47	42.3
70—80	3.60	2.96	54.9	14.44	15.07	48.9	11.02	9.90	52.7	21.84	30.52	41.7
80—90	3.87	2.75	58.5	13.55	13.30	50.5	10.81	8.78	55.7	20.32	27.70	42.3
90—100	3.93	3.15	55.5	15.28	15.14	50.2	10.41	9.49	52.3	20.45	28.81	41.5

Es soll bemerkt werden, daß die Temperatur 20—26° C die im Sommer herrschende Zimmertemperatur ist, da die Versuche zu dieser Jahreszeit ausgeführt wurden. Die optimale Temperatur für die Auslaugung von Eichenholz beträgt 90—100° und mehr bis 121° C, was schon aus den Untersuchungen von Eitner und Paessler hervorgeht. Das Optimum für Fichtenrinde ist 90—100° C, für Weiden-

[1] Collegium, 1919, 283.

[2] P. Pawlowitsch, Collegium, 1926, 570.

rinde 60—70°, für Badanwurzel 70—80° C. Das Optimum der Auslaugung der Nichtgerbstoffe liegt für Weidenrinde und Badanwurzel zwischen 70 und 80° C, bei Fichtenrinde und Eichenholz liegt es zwischen 90 und 100° und höher.

Die Anteilzahl befindet sich für Eichenholz und Weidenrinde in fast gar keiner Abhängigkeit von der Temperatur und schwankt bei verschiedenen Temperaturen nach der einen oder der anderen Seite. Für Fichtenrinde haben wir eine geringfügige Erniedrigung der Anteilzahl bei Temperaturen, welche höher als 60° liegen. Bei der Badanwurzel steigt anfangs die Anteilzahl mit der Temperatur und ändert sich oberhalb 40° C nicht mehr.

Im Gegensatz zu den von Procter untersuchten Gerbmitteln war also bei Eichenholz und Weiden- und Fichtenrinde kein Einfluß der Temperatur auf die verschiedene Auslaugung von Gerbstoffen und Nichtgerbstoffen festzustellen.

Selbst bei den niedrigsten angeführten Temperaturen ist der Prozentsatz der extrahierten Gerbstoffe ziemlich bedeutend. Nach Procter beträgt er 62—79% bei 15° C. Bei unseren Versuchen ist derselbe bei 20—26° C für Eichenholz 57%, für Fichtenrinde 59.5%, für Weidenrinde 87%, für Badanwurzel 62% von der unter optimalen Bedingungen erzielbaren Gesamtmenge, wenn man für die Gesamtmenge 100 setzt.

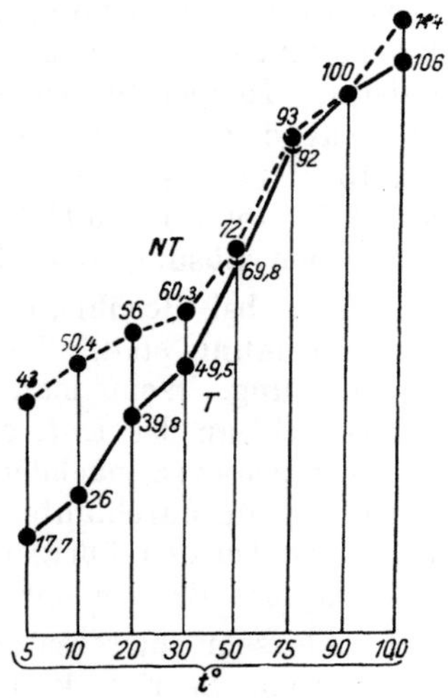

Abb. 51. Der Einfluß der Temperatur auf die Extraktion von Fichtenrinde (nach Jakimow)

Die Versuche von P. Jakimow[1] (Abb. 51) zeigen den Einfluß der Temperatur beim Extrahieren der Fichtenrindenspäne von 2—3 mm Dicke. Das Optimum befindet sich auch bei 100° C. (Die Prozente sind auf das Optimum bei 100° bezogen.)

Bei unseren Extraktionsversuchen mit kaukasischem Sumach in Apparaten nach Koch wurden nach vier Stunden, wie dies für die Analyse vorausgesetzt wird, die folgenden Werte erhalten:

Temperatur	50°	60°	70°	80°
Extrahierte Gerbstoffe	11.9 %	12.4 %	13.3 %	13.0 %

Das Optimum liegt also bei 70°, dagegen bei Procter bei 50 bis 60°. Daraus geht hervor, daß der Sumachgerbstoff sehr temperaturempfindlich ist, weshalb die besten Sorten Sumachextrakt im Ausland

[1] Westnik d. Lederind. u. Lederh., 1928.

bei niedriger Temperatur, 30°, hergestellt werden; die schlechteren Sorten werden unter Erwärmung bereitet.

Die Temperaturoptima für die Gerbstoffextraktion aus Eichenrinde, Mirobalanen, Quebracho, liegen nach Paessler innerhalb derselben Grenzen wie nach Procter und Parker.

Dagegen ist der Unterschied bei Valonea groß: Nach Paessler liegt das Optimum bei 100°, gegenüber 60—70° nach Procter. Die Ursache für diese Differenz ist möglicherweise die Verschiedenheit der untersuchten Valoneasorten.

Temperaturerhöhung bei der Extraktion beeinflußt stark die Farbe der Brühen. Procter und Parker haben bei ihrer oben erwähnten Untersuchung gleichzeitig die Färbung mittels des Lovibondschen Tintometers bestimmt und ermittelt, daß sie nach Maßgabe der Temperaturerhöhung bis 100° ununterbrochen stärker wird: so bestand z. B. die Farbe einer durch Extraktion von Eichenrinde bei 15° C hergestellten ½%igen Lösung in einer ½″ (12.5 mm) Zelle aus 8.6° Rot und 23.1° Gelb, dagegen diejenige der bei 90—100° gewonnenen Lösung aus 14° Rot und 41.2° Gelb.

Auch bei Berührung der Brühen mit Luft findet eine starke Farbvertiefung statt. Dies tritt besonders bei Sumachbrühen in die Erscheinung. Wenn man z. B. eine frische Brühe von 5° Bé in dünner Schicht an der Luft ausgießt, wird sie innerhalb 8 Stunden vollkommen schwarz, nachdem sie vorher die Färbungen: gelb, rosa, violett und grün durchlaufen hat. Deshalb muß man bei der Extraktion und auch bei den übrigen Operationen der Extraktbereitung die Berührung der Brühen mit der Luft ausschalten.

Eine sehr interessante Untersuchung über den Einfluß der Temperatur auf die Extraktion von Kastanienspänen hat auch der Amerikaner Gayley ausgeführt.[1]

Frisches Kastanienholz wurde von der Rinde befreit, auf Späne zerkleinert, durch ein Sieb von der Lochgröße ¼″ (6.25 mm) gesiebt, drei Monate lang an der Luft getrocknet und nach der Methode der ALCA analysiert.

Zusammensetzung in lufttrockenem Zustand:

Trockenrückstand 13.62%, lösliche Stoffe 12.88%, Nichtgerbstoffe 3.86%, Gerbstoffe 9.02%, Anteilzahl 70.10.

Mit diesen Spänen hat Gayley eine ganze Reihe von Versuchen ausgeführt. Vor allem unterwarf er sie der Extraktion in Laboratoriums-Autoklaven, bei verschiedenen konstanten oder allmählich steigenden Temperaturen. Die Brühe wurde 8mal nach jeweils 30 Minuten dauernder Kochung abgelassen, wobei jedesmal destilliertes Wasser auf die Späne gegossen wurde.

Die Ergebnisse sind in Tabelle 26 dargestellt.

---

[1] J. American Leath. Chem. Ass., 1920, 344.

Tabelle 26.

Temperatur	Ausgelaugte Gerbstoffe bez. auf lufttrockenes Holz %	Gerbstoffrest in der Lohe %	Ausgelaugte Nichtgerbstoffe %	Anteilzahl der Brühe	g Gerbstoff in der 1. von den Spänen abgelassen. Brühe	g Gerbstoff in der letzten von den Spänen abgelassen. Brühe	Summe der ausgelaugten u. in der Lohe verbliebenen Gerbstoffe
Konstante Temperatur in ° C							
99	8.674	1.64	3.11	73.65	9.78	0.586	10.314
110	8.59	0.97	4.27	66.79	9.52	0.582	9.56
121	8.97	0.95	7.00	56.16	9.52	0.920	9.92
132	9.062	0.79	13.28	40.55	7.92	0.935	9.852
143	8.45	0.46	20.71	28.97	7.96	0.445	8.910
154	7.08	0.32	22.95	23.6	10.20	0.270	7.401
165	7.67	0.31	30.25	20.23	13.63	0.207	7.981
In Intervallen von 10° ansteigende Temperatur							
65—143	9.41	1.42	6.91	57.66	3.78	2.44	10.83
77—159	10.46	1.20	13.20	43.72	5.53	3.24	11.66
88—165	10.49	0.95	18.51	36.18	6.93	1.26	11.44
99—165	10.56	0.91	18.63	36.16	7.63	1.07	11.47
110—165	10.53	0.99	18.12	36.76	8.95	1.64	11.52

Die Höchstausbeute an ausgelaugten Gerbstoffen erhält man zwischen 99 und 165° C (bei Intervallen von je 10° der Versuchstemperaturen); allerdings ist die Anteilzahl in diesem Fall sehr niedrig. Aus der Gegenüberstellung der bei konstanter und bei steigender Temperatur erhaltenen Extraktionsergebnisse ist zu ersehen, daß man im letzteren Falle bei ein und derselben Anteilzahl eine um 5—15% höhere Ausbeute erzielen kann.

Bemerkenswert sind die letzten drei Spalten der Tabelle, welche die Extrahierbarkeit und Beständigkeit der Gerbstoffe bei verschiedenen Temperaturen charakterisieren.

Die Summe der extrahierten und der in der Lohe zurückbleibenden Gerbstoffe verringert sich zwischen 99—110° C infolge der Gerbstoffzersetzung und wächst zwischen 110 und 132°, offenbar infolge Aufschließung der schwerlöslichen Gerbstoffe, deren Menge diejenige der zersetzten leicht löslichen Gerbstoffe überwiegt; der Gehalt an diesen letzteren sinkt in der Brühe des ersten Aufgusses bei 132° C auf 7.92%; oberhalb 132° verringert sich die Summe der Gerbstoffe, infolge von deren Zersetzung; doch überraschenderweise nimmt der Gerbstoffgehalt in den Brühen des ersten Aufgusses oberhalb 132° stark zu, offenbar infolge des Löslichwerdens unbekannter, sehr schwer löslicher Gerbstoffe. Im Falle der Extraktion bei allmählich steigender Temperatur ist die Zersetzung der Gerbstoffe unmerklich und die Summe aus extrahierten und im Material zurückbleibenden Gerbstoffen fast konstant. Eine Ausnahme bildet der erste Versuch zwischen 65 und 143°. Offenbar wird der bei 110° und höher möglicherweise stattfindende Zerfall der leicht löslichen Gerbstoffe durch die starke Erhöhung der bei 165° extrahierten Gerbstoffmenge (13.63 g Gerbstoff in der ersten Brühe) kompensiert. Die Frage der Beschaffenheit der bei 165° extrahierten Gerbstoffe ist sehr interessant und bedarf des Studiums.

Durch Kombinierung der Temperaturen kann man auf diese Weise bei 99—165° mit Sprüngen von 10° um $\frac{10.56-9.02}{9.02} \times 100 = 17\%$ mehr Gerbstoffe extrahieren als die Analyse ergibt; allerdings ist die Anteilzahl der Brühen, 36.16, sehr niedrig.

Wenn es gelänge, eine Veredlungsmethode für solche Brühen von niedriger Anteilzahl auszuarbeiten, dann ließe sich die Extraktausbeute wesentlich steigern, was besonders bei einem so armen Material wie Eichenholz von Bedeutung wäre.

8. Die Wirkung der Extraktionsdauer. Die Extraktionsdauer befindet sich in Abhängigkeit von der Temperatur. Während bei der Extraktion von Eichenholz in einer Batterie aus 6—8 offenen Diffuseuren mit Erwärmung auf 100° für eine hinreichende Auslaugung 16—24 Stunden erforderlich sind, genügt bei Verwendung geschlossener Diffuseure mit stufenweiser Erhitzung von 100° bis 120° (2 abs. atm.) eine Extraktionsdauer von etwa 8 Stunden.

Bei höheren Temperaturen erfolgt die Extraktion noch rascher. So empfiehlt Gayley für die Extraktion von Kastanienholz von 110—149° C mit Sprüngen von 5° 12 Kochungen mit reinem Wasser von je 10 Minuten Dauer, oder von 110—138° mit Sprüngen von 5°, 6 Kochungen von je 30 Minuten Dauer. Durch Variierung der Dauer kann man die gewünschte Anteilzahl erhalten (s. Tab. 27),

Tabelle 27.

Anzahl der Auskochungen	Dauer	Temperatur in Stufen von 5°	% ausgelaugt. Gerbstoff	% ausgelaug. Nichtgerbstoff	Anteilz.	% Gerbstoff nach der Analyse
6	10 Min.	110—137	8.88	3.44	72.1	
6	20 „	„ „	8.91	3.91	69.3	8.27
6	30 „	„ „	9.47	5.02	65.4	

Bei der Extraktion in offenen Diffuseuren ist die Anteilzahl des Extraktes von der Extraktionsdauer wenig abhängig.

Aus diesen Versuchen Gayleys läßt sich die bestimmte Schlußfolgerung ziehen, daß man durch Veränderung der Extraktionsdauer bei allmählich steigenden Temperaturen unter Druck die gewünschte Anteilzahl des Extraktes und eine größere Ausbeute erzielen kann als bei 100° und darunter, und zwar in bedeutend kürzerer Zeit und daher auch bei kleinerem Rauminhalt der Apparatur.

9. Der Einfluß des Brühenwechsels. Eine große Rolle spielt auch die Anzahl der Kochungen, d. h. der Wasser- oder Brühenwechsel. Weder Verlängerung der Kochdauer, noch Temperaturerhöhung können die Anzahl der Auskochungen ersetzen.

Der Vorgang der Gerbstoffextraktion mittels Wasser besteht darin, daß die Späne vom Wasser durchtränkt werden, welches die im Zellinneren befindlichen Gerbstoffe löst. Infolge des Unterschiedes der Konzentration innerhalb der Zellen und in der umgebenden Lösung (anfangs im Wasser) gehen die Gerbstoffe nach und nach in Lösung, bis ihre Konzentration innerhalb und außerhalb der Zellen die gleiche wird.

Nach den Versuchen Gayleys verhält sich die von lufttrockenen, durch ein Sieb von ¼″ Maschenweite gesiebten, mit Wasser eben bedeckten Kastanienspänen zurückgehaltene Wassermenge zu derjenigen, die man von den Spänen abgießen kann, wie 8 zu 9.

Daher kann man annehmen, daß nach Einstellung des Gleichgewichts ungefähr die Hälfte der Gerbstoffe in die Lösung übergegangen und die Hälfte in den Spänen verblieben ist. Wenn man nach Entfernung der erhaltenen Lösung die Späne von neuem eben

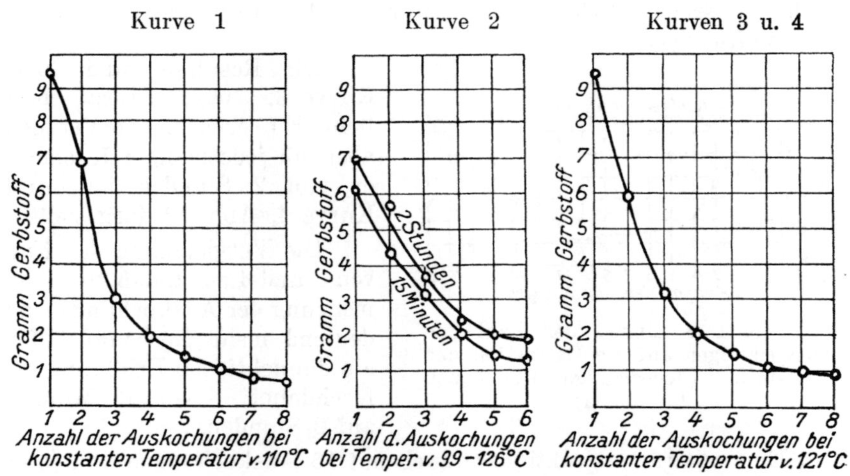

Abb. 52. Der Einfluß der Zahl der Auskochungen auf die Extraktion der Gerbstoffe. (Jedesmalige Kochdauer 15 Minuten)

nur mit Wasser bedeckt, dann ist nach Einstellung des Gleichgewichts wieder $\frac{1}{2} \times \frac{1}{2} = \frac{1}{4}$ der Gerbstoffe in die Lösung übergegangen und in den Spänen ist gleichfalls ¼ zurückgeblieben. Wenn man die Extraktion auf diese Weise fortsetzt, dann enthalten die Späne nach, beispielsweise, 6 maliger Wegnahme der Brühe noch $(\frac{1}{2})^6 = \frac{1}{64}$ der ursprünglich vorhandenen Gerbstoffmenge. In der Praxis verläuft der Extraktionsvorgang natürlich nicht in so idealer Weise.

Gayley hat eine Reihe von Extraktionsversuchen mit 300 g durch ein Sieb von ¼″ Maschenweite gesiebten Kastanienspänen bei achtmaliger Auskochung mit destilliertem Wasser durch je 30 Minuten bei 110° C ausgeführt. Die bei jeder Auskochung extrahierten Gerbstoffmengen werden in Grammen nach der Reihenfolge der abgezogenen Brühen durch folgende Zahlen ausgedrückt:

In Prozenten:									
40	24.7	12.7	8.1	5.25	4.5	2.86	2.4	Summe	100%
In Gramm:									
9.52	5.922	3.040	1.940	1.261	1.078	0.686	0.582	„	24.029 g

d. h. die 8. Brühe liefert nur $^1/_{40}$ der Gesamtmenge der extrahierten Gerbstoffe. Diese Zahlen werden durch die erste Kurve von Abb. 52 dargestellt. Die Ergebnisse eines ebensolchen, bei 121° C durchgeführten Versuchs werden durch die Kurve 2, Abb. 52, wiedergegeben.

Ein weiterer Extraktionsversuch mit 6 Auskochungen von je 15 Minuten Dauer bei 99—126° C und Abstufungen von 5½° lieferte der Reihe nach folgende Werte:

In Prozenten:							
32.6	23.7	17.2	11.1	8.26	7.0	Summe	100%
in Gramm							
6.093	4.444	3.223	2.087	1.546	1.308	„	18.701 g

d. h. die sechste Brühe enthielt nur $^1/_{15}$ der insgesamt extrahierten Gerbstoffmenge.

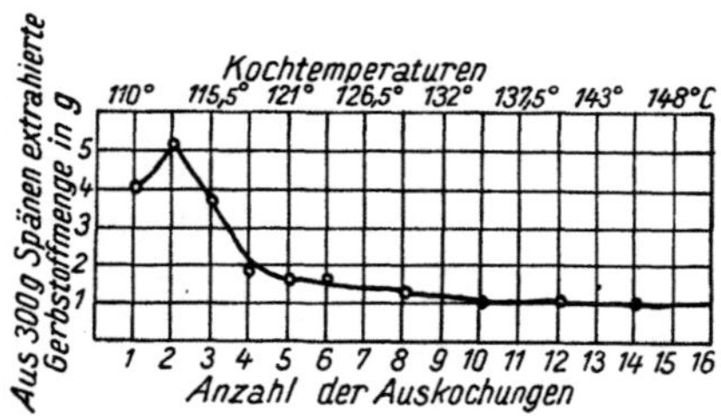

Abb. 53. Der Einfluß der Zahl der Auskochungen auf die Extraktion der Gerbstoffe. (Jedesmalige Kochdauer 2 Stunden)

Die Resultate sind durch Kurve 3, Abb. 52, veranschaulicht. Ein ebensolcher Versuch, aber mit jedesmaliger Kochdauer von 2 Stunden ist durch Kurve 4, Abb. 52 dargestellt.

Die Vergleichung der Kurven 3 und 4 zeigt, daß eine Vermehrung der Auskochungen bedeutend mehr Gerbstoff liefert als die achtfache Erhöhung der Kochdauer — von 15 Minuten auf 2 Stunden.

Ein weiterer Extraktionsversuch mit 16 Auskochungen von je 10 Minuten bei 110—149° C und Stufen von 2.6°, von 300 g durch ein Sieb von $^1/_8$″ Maschenweite gesiebten Spänen (jedesmal abgelassene Brühenmenge 450 cm³), ergab folgende Werte:

Tabelle 28.

Auskochungen	1	2	3	4	5	6	7	8
Ausgelaugter Gerbst. in g	4.002	5.170	3.676	1.924	1.798	1.380	1.304	1.242
Anteilzahl	79.2	80.4	78.1	75.1	71.1	67.1	64.4	60.2
Auskochungen	9	10	11	12	13	14	15	16
Ausgelaugter Gerbst. in g	1.073	0.987	1.114	1.136	1.121	1.082	1.117	1.303
Anteilzahl	55.1	45.5	41.1	37.0	34.7	28.3	26.4	24.4

Die erste Zeile der Tabelle wird durch die Kurve, Abb. 53, wiedergegeben.

Das Kastanienholz enthielt nach der Laboratoriumsanalyse 8.27% Gerbstoff bei einer Anteilzahl von 70.3.

Auf Grund der angeführten Zahlen lassen sich folgende Gerbstoffausbeuten und Anteilzahlen berechnen:

Nach	8	maliger	Auskochung	ist	extrahiert	7.5 %	Gerbstoff	bei	Anteilz.	74.8
„	10	„	„	„	„	8.25%	„	„	„	71.6
„	12	„	„	„	„	9.04%	„	„	„	66.5
„	14	„	„	„	„	9.84%	„	„	„	60.9
„	16	„	„	„	„	10.76%	„	„	„	54.7

Nach dem zehnten Brühenwechsel führt also die Extraktion zu einer Verringerung der Anteilzahl, verglichen mit der Anteilzahl der Späne und der extrahierte Gerbstoff in Prozenten übersteigt die analytisch festgestellte Gerbstoffmenge. Nichtsdestoweniger ist Gayley der Meinung, daß es, um Kastanienholz vollständig auszulaugen, am sichersten ist, dasselbe in einer Batterie aus 8 geschlossenen Diffuseuren 12 Kochungen zu unterwerfen.

10. Der Einfluß des Verhältnisses von Wasser zu Material. Die Wassermenge darf nicht geringer sein als die zur Bedeckung des gesamten Materials erforderliche.

Zur Bedeckung lufttrockener Kastanienspäne von 3 mm Dicke braucht man die 3fache Wasser- oder Brühenmenge, bezogen auf das Gewicht der Späne. Dabei wird die Hälfte dieser Menge von den Spänen aufgenommen, die andere Hälfte kann abgelassen werden.

Aus den Versuchen Gayleys ergab sich, daß ein im Verhältnis zu den im Diffuseur befindlichen Spänen großer Wasserüberschuß keine merkliche Verbesserung der Auslaugung verursacht und daß man daher soviel Wasser nehmen soll, daß die Späne gerade nur bedeckt sind.

11. Betriebsdaten. Bei kleiner Anzahl der Diffuseure, praktisch bei 6, pflegt man in Amerika, wenn die Diffuseure z. B. 1629 kg Späne fassen, 5300 Liter Brühe abzulassen, d. h. die dreifache Menge; offenbar wird die Brühe in 2 Partien abgelassen, so daß ein 12maliger Brühenwechsel in der 1½fachen Wassermenge, bezogen auf die Späne, stattfindet.

Gayley empfiehlt, in einer Batterie aus 8 geschlossenen Diffuseuren zu extrahieren und 12 Kochungen vorzunehmen, jede von 10 Minuten Dauer, bei Temperaturen, die von 110° an um je 2.5° bis 140° C ansteigen und Brühenentnahmen in der 1½fachen Menge des Holzes. Die oben zitierten Angaben Gayleys, denen zufolge bei der Extraktion mehr Gerbstoff erhalten wird als die Analyse angibt, lassen sich in der Praxis nicht voll verwirklichen, da Gayley die Späne nur mit reinem Wasser extrahiert hat; im Betrieb kommen aber nur die Späne des letzten Diffuseurs mit reinem Wasser in Berührung, während die Späne der vorangehenden Diffuseure mit Brühen von abnehmender Stärke behandelt werden, in denen die Gerbstoffe sich durch mehrmalige Auskochung bei hoher Temperatur zersetzt haben; deshalb erfordert die betriebsmäßige Extraktion ein vorsichtigeres Verhalten hinsichtlich der Temperaturen.

Praktisch erfolgt die Extraktion von Kastanie sowohl in Amerika wie in Europa bei 110—127° C; die Dauer jeder Kochung beträgt 20 bis 30 Minuten in Amerika und 15—20 Minuten in Frankreich; die Brühe wird 7mal gewechselt.

Auf Grund von betriebsmäßigen Extraktionsversuchen mit Kastanie in einer Batterie von 7 geschlossenen Diffuseuren unter einem Druck von 2.5 atm. abs. geben Dumesny und Noyer[1] folgende Werte für die aufeinanderfolgenden Stufen der Auslaugung:

	Dichte d. Brühen in ° Bé	Gerbstoffgehalt d. Brühen in % der Gesamtmenge ausgelaugten Gerbstoffs in der Batterie
1. Brühe	3.80	43.37
2. „	2.05	23.44
3. „	1.23	14.04
4. „	0.83	9.47
5. „	0.42	4.79
6. „	0.35	3.99
7. „	0.08	0.90
8. „	—	0.003
9. „	—	0.002
		Summe . . 100%

Der Brühenauszug hatte 3.8° Bé und betrug 1650 l von einer t Holz.

Die erhaltene ausgelaugte Lohe enthält $^1/_{10}$ der im Holz enthalten gewesenen Gerbstoffmenge.

Die Ausbeute an Extrakt von 25° Bé beträgt 22—23% vom Gewicht des Holzes von 40% Wassergehalt.

Die Extraktion von Sumachblättern mittels 7 aufeinanderfolgender Auslaugungen in der Kälte, jede in der Dauer von 2 Stunden, und die von Valonea mittels 7 je anderthalbstündigen Auslaugungen bei 95° C, lieferte folgende Brühen:

	Sumach	Valonea
1. Brühe	6.0 Bé	5.3 Bé
2. „	4.0 Bé	3.0 Bé
3. „	3.0 Bé	1.2 Bé
4. „	2.2 Bé	0.8 Bé
5. „	1.2 Bé	0 5 Bé
6. „	0.6—0.7 Bé	0.2 Bé
7. „	0.1—0.2 Bé	0.1 Bé

Mehr als 7maliger Brühenwechsel hat also keine praktische Bedeutung. Auffallend ist die Tatsache, daß Dumesny und Noyer bei der betriebsmäßigen Extraktion von Kastanie günstigere Werte erhalten haben als Gayley bei seinen Laboratoriumsversuchen. Dies läßt sich, wie es scheint, durch die längere Dauer der Extraktion erklären, über die Dumesny und Noyer leider nichts erwähnen.

Es muß erwähnt werden, daß trotz Zurückbleibens von $^1/_{10}$ der ursprünglichen Gerbstoffmenge in der Lohe, d. i. für Kastanienlohe etwa 0.8% bei 40% Wassergehalt, im 8. und 9. Diffuseur fast nichts mehr ausgelaugt wird.

12. Die fraktionierte Diffusion. Die oben beschriebenen Versuche von Procter und Parker haben gezeigt, daß bei niedrigen Tem-

[1] Dumesny et Noyer, L'Industrie Chimique des Bois, Paris 1926, p. 254.

peraturen Brühen von geringerer Anteilzahl erhalten werden und bei höheren bis zu einem gewissen Optimum solche von größerer Anteilzahl.

Die Frage der Herstellung von Brühen hoher Anteilzahl wurde brennend beim Studium der Extraktion von Badan, der eine sehr niedrige Anteilzahl, — weniger als 50 aufweist.[1]

Zur Herstellung von Brühen höherer Anteilzahl haben A. J. Smetkin und P. A. Jakimow in gemeinsamer Arbeit folgende Methode ausgearbeitet:

Der Extraktionsprozeß wird in zwei Phasen zerlegt: zuerst wird eine kalte, dann eine heiße Fraktion bereitet. Die kalte Fraktion entfernt eine bedeutende Menge von Nichtgerbstoffen (70—90% von deren Gesamtmenge) und etwa 10—40% der Gerbstoffe. Die heiße Fraktion enthält den größeren Teil der Gerbstoffe und den Rest der Nichtgerbstoffe, die ein höheres, dem der Gerbstoffe nahe kommendes Molekulargewicht haben. Zur Erfassung der in die kalte Fraktion übergegangenen Gerbstoffe sieht die Methode eine Vorbehandlung des zerkleinerten Materials mit Kalk oder einem anderen Chemikal in der Kälte vor. Hierauf wird das Material in der Kälte ausgelaugt und dann die heiße Fraktion unter Zusatz solcher Reagentien bereitet, die mit Kalk einen unlöslichen Niederschlag bilden und die gebundene Gruppe der Gerbstoffe freisetzen.

Diese Methode erforderte Überprüfung und gründliche wissenschaftliche Ausarbeitung. Das Staatl. Institut für angewandte Chemie in Leningrad, an dessen Spitze der bekannte russische Physikochemiker N. S. Kurnakow, Mitglied der Akademie, steht, ging als erstes an die Prüfung dieser Methode und überhaupt an die wissenschaftliche Ausarbeitung von Methoden zur Herstellung von veredelten Extrakten aus unedlen Gerbmaterialien (Badan, Taran, Kermek, Tschukra, Fichten- und Weidenrinde u. a.). Seit Juli 1925 ist in kurzer Zeit eine ganze Reihe von Arbeiten über die Methode der doppelten kalten und heißen Extraktion von Badanwurzeln, Kermek, Taran, Weiden- und Fichtenrinde u. a. entstanden, die Prof. W. S. Ssadikow und P. A. Jakimow im organisch-synthetischen Laboratorium des genannten Instituts durchführten.

Nachstehend seien die wichtigsten Ergebnisse angeführt.

Es wurden 20 g trockener Badan folgender Zusammensetzung verwendet (I in Abb. 54):

Nichtgerbstoffe	21.8
Gerbstoffe	20.0
Nichtlösliches	3.7
Glukose	5.8

Die kalte Extraktion wurde im Verlauf einer Stunde bei 4° C

[1] Arbeiten des Staatl. Instituts f. angewandte Chemie, Nr. 6, 1927, S. 40 und P. A. Jakimow, „Badan, eine technisch verwertbare Pflanze", Nowosibirsk, 1927.

durchgeführt; im ganzen wurden 500 ccm kalte Fraktion erhalten.

Hierauf wurde die Badanlohe durch 4 Stunden bei etwa 90—95° C ausgelaugt; das Volumen der heißen Fraktion betrug gleichfalls 500 ccm. Die Werte für Gerbstoff, Nichtgerbstoff, Unlösliches und Glukose sind in Tabelle 29 enthalten.

Tabelle 29. Verteilung der Nichtgerbstoffe, Gerbstoffe, des Unlöslichen und der Glukose in den Badanbrühen der kalten und der heißen Extraktion.

	Kalte Fraktion	Heiße Fraktion	Summe
Ausgelaugte Stoffe	23.4	21.7	45.1
Unlösliches	0.3	3.5	3.8
Lösliche Stoffe	23.1	18.2	41.3
Nichtgerbstoffe	17.0	4.6	21.6
Gerbstoffe	6.4	13.6	20.0
Glukose (in den Nichtgerbst.)	5.0	0.7	5.8

Das Verhältnis der Nichtgerbstoffe zu den Gerbstoffen ist in der kalten Fraktion 1 : 0.38, in der heißen 1 : 3. Der Gerbstoffverlust an die kalte Fraktion beträgt 32%.

Die größere oder geringere Vollständigkeit der Isolierung von Gerbstoff und Nichtgerbstoff beim Auslaugen verschiedener Gerbmaterialien nach der Methode der doppelten Extraktion hängt außerordentlich von der Extraktionstemperatur, der Teilchengröße des zerkleinerten Materials, der Extraktionsdauer und der Konzentration der Lösung ab. Zur Aufklärung des Einflusses der Temperatur auf den Verlauf der kalten Diffusion wurde folgender Versuch angestellt: 4 Einwagen trockener Badan von der Zusammensetzung Nichtgerbstoffe : Gerbstoffe : Unlösl. : Glukose = 21.8 : 20.0 : 3.7 : 5.8 wurden durch 2 Stunden der kalten Diffusion (Nr. 1 bei 1° C, Nr. 2 bei 4° C, Nr. 3 bei 10° C und Nr. 4 bei 15° C) und hierauf der heißen Auslaugung bei ca. 100° C unterworfen.

Die Brühen der kalten und der heißen Diffusion wurden analysiert und ergaben folgende Resultate:

Tabelle 30. Gehalt an Nichtgerbstoff, Gerbstoff, Unlöslichem und Glukose bei Einhaltung verschiedener Temperaturen bei der kalten Diffusion (II, III, IV und V in Abb. 54)

	Kalte Diffusion					Heiße Diffusion					Gesamtsumme				
	Extrakt	Nichtgerbstoff	Gerbstoff	Zucker	Unlöslich	Extrakt	Nichtgerbstoff	Gerbstoff	Zucker	Unlöslich	Extrakt	Nichtgerbstoff	Gerbstoff	Zucker	Unlöslich
Nr. 1 (1° C)	23.6	16.9	6.4	4.8	0.3	21.8	4.8	13.6	0.9	3.5	45.4	21.7	20.0	5.7	3.8
Nr. 2 (4° C)	24.5	17.2	6.8	5.0	0.5	20.9	4.6	13.2	0.5	3.2	45.4	21.8	20.0	5.5	3.7
Nr. 3 (10° C)	25.6	17.4	7.7	5.5	0.6	19.8	4.4	12.3	0.3	3.2	45.4	21.8	20.0	5.8	3.8
Nr. 4 (15° C)	27.6	16.9	10.7	5.7	—	17.7	4.7	9.4	0.1	3.5	45.3	21.6	20.1	5.8	3.5

Aus dem angeführten Versuch ergibt sich in anschaulicher Weise, daß durch Temperatursteigerung von 0 auf 15° C bei der kalten Extraktion die Gesamtmenge an extrahierten Stoffen auf Kosten der

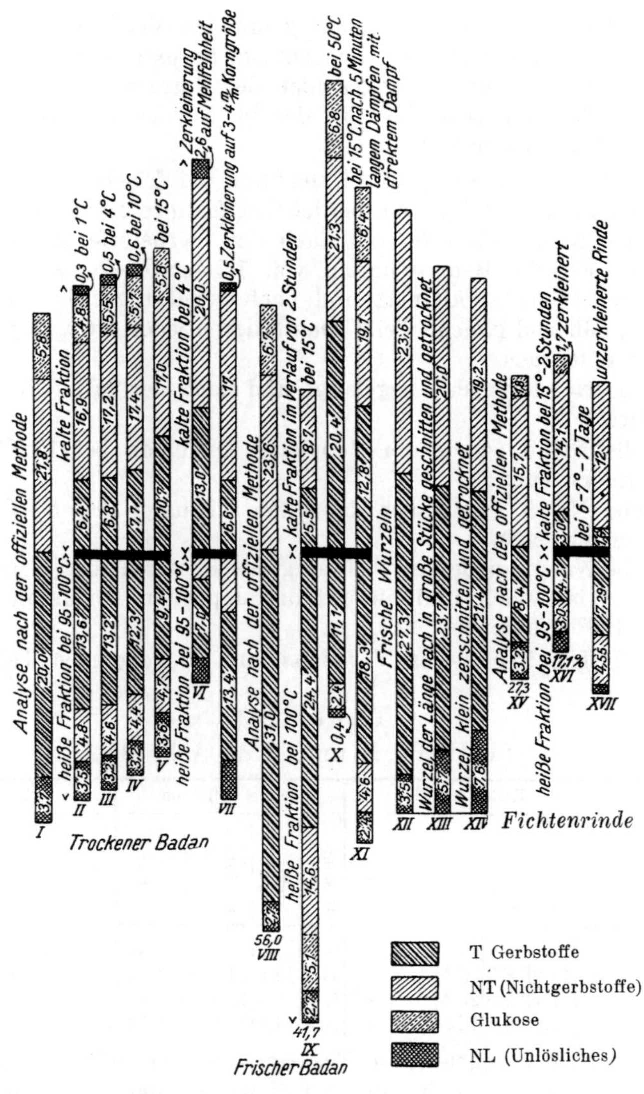

Abb. 54. Der Vorgang der fraktionierten Diffusion

Gerbstoffdiffusion anwächst; dagegen bleibt die Menge der in die Lösung übergehenden Nichtgerbstoffe innerhalb dieses Temperaturbereichs fast die gleiche.

Gerbstoffverlust in der kalten Fraktion

bei 1° C	32 %	Bei der Zerkleinerung bis zur Mehlfeinheit ist der Gerbstoffverlust in der kalten Fraktion fast 2mal so groß als bei der Zerkleinerung auf 3 bis 4 mm Korngröße (VI und VII in Abb. 54).
bei 4° C	34 %	
bei 10° C	38.5%	
bei 15° C	53.5%	

Es ist also, in Übereinstimmung mit den Versuchen Procters und mit unseren eigenen, der Prozentsatz an extrahierten Gerbstoffen in der kalten Fraktion, ungeachtet der kurzen Extraktionsdauer, ziemlich bedeutend, besonders bei der im Norden praktisch leicht erzielbaren Temperatur von 15° C.

Der Versuch, die doppelte Extraktion bei frischen Badanwurzeln anzuwenden, hat gezeigt, daß das lebende Zellprotoplasma das Diffundieren der Nichtgerbstoffe und auch der Gerbstoffe außerordentlich verzögert. Frische Badanwurzeln von 1.5 cm Dicke wurden gleichmäßig auf Späne zerkleinert und nach sorgfältiger Durchmischung in vier annähernd gleiche Teile geteilt, deren jeder etwa 15 g Trockensubstanz entsprach.

Probe Nr. 1 wurde ausgelaugt und nach der offiziellen Methode analysiert.

Probe Nr. 2 wurde der doppelten Diffusion bei 15° C und bei 100° C unterworfen.

Probe Nr. 3 wurde der doppelten Diffusion bei 50° C und bei 100° C unterworfen.

Probe Nr. 4 wurde zur Abtötung des Protoplasmas 5 Minuten mit Heißdampf behandelt und hierauf der doppelten Diffusion bei 15° C und bei 100° C unterworfen.

Die Ergebnisse dieses Versuchs sind in folgender Tabelle dargestellt:

Tabelle 31

(VIII, IX, X und XI in Abb. 54).

	Kalte Diffusion					Heiße Diffusion					Summe				
	Gesamt-lösl.	Nicht-gerbst.	Gerbst.	Zucker	Unlösl.	Gesamt-lösl.	Nicht-gerbst.	Gerbst.	Zucker	Unlösl.	Gesamt-lösl.	Nicht-gerbst.	Gerbst.	Zucker	Unlösl.
Nr. 1	—	—	—	—	—	—	—	—	—	—	53.3	23.6	31.0	6.7	2.7
Nr. 2	14.2	8.7	5.5	1.6	—	41.7	14.6	24.4	5.1	2.7	55.9	23.0	29.9	6.7	2.7
Nr. 3	41.7	21.3	20.4	6.8	—	13.5	2.4	11.1	—	0.4	55.2	23.7	31.5	6.8	0.4
Nr. 4	31.9	19.1	12.8	6.4	—	25.3	4.6	18.3	—	2.4	57.2	23.7	31.1	6.4	2.4

Die bei 15° bereitete kalte Fraktion (Nr. 2) enthält also fast nur halb soviel extrahierten Nichtgerbstoff wie bei dem Versuch mit trokkenen Wurzeln und der Gerbstoffverlust, 19%, ist bedeutend kleiner. Dagegen entfernt die bei 15° hergestellte kalte Fraktion im Falle vorhergehenden Dämpfens des Materials infolge Gerinnens der Plasmahülle einen großen Teil der Nichtgerbstoffe (80%) und auch eine bedeutende Menge Gerbstoff (41%). Die bei 50° bereitete kalte Fraktion enthält fast alle Nichtgerbstoffe (90%) und den größeren Teil der Gerbstoffe (65%).

Der Gehalt an Gerbstoff und Nichtgerbstoff hängt sehr vom Trocknungsprozeß ab, wie die Analysen von Parallelproben frischer Badanwurzeln aus dem Versuchsgarten des Leningrader Forstinstituts zeigen.

Tabelle 32

(XII, XIII, XIV in Abb. 54.)

Bezeichnung der Probe	Gtsame-extr. St.	Unlösl.	Lösliche St ffe	Gerbstoff	Nichtgerb-stoff
1. Frische Wurzel	54.4	3.5	50.9	27.3	23.6
2. Getrocknet in Form von groben, der Länge nach zerschnittenen Stücken .	48.4	5.7	42.7	23.7	20.6
3. Getrocknet in Form klein zerschnitt. Stückchen	48.2	7.6	40.6	21.4	19.2

Der Gerbstoffgehalt nimmt also durch die Trocknung stark ab.

Beim Studium der Fichtenrinde zeigt sich, daß der Gerbstoffverlust in der kalten Fraktion, wenn die unzerkleinerte Rinde bei 6—7° C extrahiert wird, sehr gering ist, wodurch man bei der heißen Extraktion eine ziemlich hochwertige Brühe vom Verhältnis Gerbstoff : Nichtgerbstoff = 7.29 : 4.55 erhält (XV, XVI, XVII in Abb. 54).

Die folgenden Versuche von P. Jakimow[1] (Abb. 55) zeigen das Auswaschen von T und NT aus der unversehrten Fichtenrinde bei 4—6° C in Abhängigkeit von der Zeit.

Infolge des schnellen Auswaschens Nr. I, erhöht sich die Anteilzahl von 44 der ursprünglichen Fichtenrinde bis 64.9.

Die Prozente sind auf Gesamtgerbstoff, bezw. Nichtgerbstoff bezogen. K ist das Verhältnis des Gerbstoffverlustes zur Anteilzahlerhöhung.

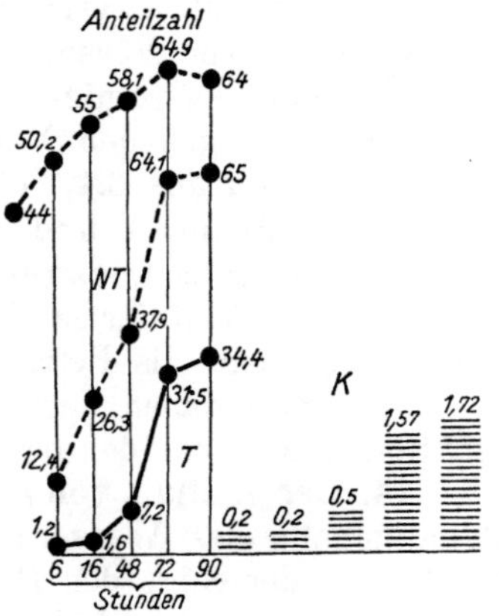

Abb. 55. Die Auswaschung von T und NT aus unversehrter Fichtenrinde bei 4—6° C in Abhängigkeit von der Zeit. (Nach Jakimow)

Ein wichtiger Umstand ist die Möglichkeit der Verwertung von geflößtem Fichtenholz.

Die Analysen P. Jakimows zeigen mit hinlänglicher Beweiskraft, daß die Rinde der im Frühjahr bei niedriger Wassertempera-

[1] Westnik d. Lederindustrie u. Lederh., 1928, 435.

tur und nur kurze Zeit (10—12 Tage) geflößten Bäume offenbar keinerlei Gerbstoffverlust erleidet und sogar, was die Anteilzahl betrifft, besser wird, infolge der beim Flößen stattfindenden Diffusion der Nichtgerbstoffe.

Die verständnisvolle Ausnützung dieser Sachlage kann die Wirtschaftlichkeit der Massenaufbringung von Fichtenrinde in günstigster Weise beeinflussen. Dagegen führt die andauernde Berührung der Rinde mit Wasser, besonders im Sommer, zur fast völligen Zerstörung der Gerbstoffe und zur gänzlichen Entwertung des Materials.

13. Die Beschaffenheit des Wassers. Der letzte Faktor, der die Extraktion beeinflußt, ist die Beschaffenheit des Wassers. Diesbezüglich liegt eine wichtige Arbeit von M. Nihoul[1] vor.

Besonders ungünstig wirken Kalzium- und Magnesiumsalze auf die Extraktion.

Zufolge den Versuchen Nihouls extrahiert ein Wasser, das Kalzium- und Magnesiumkarbonate bis 10—30° französischer Härte enthält, 2—3.5% weniger Gerbstoff als destilliertes Wasser, wobei die Wirkung der Magnesiumsalze überwiegt: ein Gehalt von 0.05% verursacht eine Verringerung um 11.6%.

Schell[2] gelangt auf Grund seiner Extraktionsversuche mit Kastanienspänen zu dem Schluß, daß hartes Wasser einen Gerbstoffverlust von 2—2½% verursacht.

Nach unseren Versuchen[3] verhalten sich die Dinge noch ungünstiger, nämlich: gereinigtes Wasser von 2—3° franz. Härte mit Kondenswasser im gleichen Verhältnis wie das Betriebswasser gemischt (dieses bestand aus 3.4 Teilen Wasser von 24° franz. H. aus einem artesischen Brunnen und aus 1.6 Teilen Kondenswasser aus den Eindampfapparaten), extrahierte 4—5% mehr Gerbstoff als das Betriebswasser; destilliertes Wasser extrahiert im Mittel aus vielen Versuchen 6% mehr als Betriebswasser.

Man muß daher hartes Wasser vor der Verwendung zur Extraktion nach einer der bestehenden Methoden reinigen.

14. Der Einfluß von pH. Der Einfluß von pH, d. h. des Säure- oder Alkaligehalts des Wassers auf die Extraktion ist noch schwerwiegender als derjenige des Härtegrads. Im allgemeinen Teil haben wir gesehen, wie stark pH die Dispersität der Gerbstoffe beeinflußt und daß sie mit steigendem pH für einige Gerbstoffe (z. B. Quebracho, Hemlockrinde usw.) ansteigt. Aber mit der Dispersitätserhöhung wächst offenbar auch die Geschwindigkeit der Gerbstoffdiffusion aus den Pflanzenzellen.

Aus diesen Gründen mag es scheinen, als ob ein optimales pH die Diffusion der Gerbstoffe beschleunigen werde. Aber hier stoßen wir auf die unangenehme Eigenschaft der Gerbstoffe, sich bei pH 8—9

[1] Ed. Nihoul et van de Putte, Bull. Assoc. Belge des Chimistes 1903, Nr. 8, 9, 10, S. 298.

[2] Journal A. L. C. A. 1917, S. 569

[3] P. Pawlowitsch, Collegium, 1923, 277.

in Gegenwart von Luft zu oxydieren, wie dies aus Abb. 28 (s. Allgemeiner Teil) hervorgeht.

Offenbar wird daher die Erhöhung von pH auf 7—8 bei Extraktion in geschlossenen Diffuseuren die Diffusion unterstützen, während es beim Arbeiten mit offenen Diffuseuren notwendig ist, bei pH unterhalb 7 zu bleiben: am besten bei pH 5—6.

Dabei muß man im Auge behalten, daß eine Erhöhung von pH mittels solcher Alkalien (z. B. Kalk), die unlösliche Tannate liefern, gänzlich unzulässig ist.

Die Wirkung von pH auf die Extraktion harrt der genauen Erforschung im Laboratorium und verspricht, die Extraktion der gerbstoffarmen Materialien sehr zu fördern.

15. Die Extraktionsmethoden. Auf Grund obiger Darlegungen wollen wir die bestehenden Extraktionsmethoden untersuchen.

1. Extraktion in offenen Diffuseuren.
2. Extraktion in geschlossenen Diffuseuren unter Druck.
3. Extraktion in Vakuum-Diffuseuren.
4. Extraktion in rotierenden Apparaten.

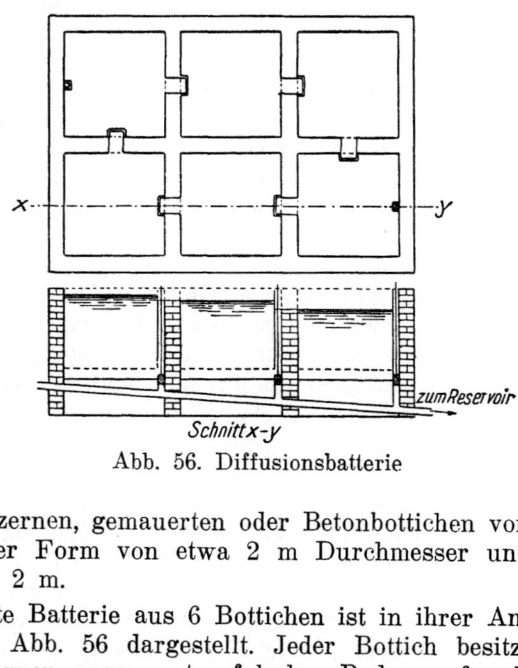

Abb. 56. Diffusionsbatterie

Extraktionsbottiche: Das einfachste System eines offenen Diffuseurs, in Lederfabriken für die Extraktion von Lohe bequem verwendbar, besteht aus hölzernen, gemauerten oder Betonbottichen von runder oder quadratischer Form von etwa 2 m Durchmesser und einer Höhe von ungefähr 2 m.

Eine solche gemauerte Batterie aus 6 Bottichen ist in ihrer Anlage und im Schnitt in Abb. 56 dargestellt. Jeder Bottich besitzt einen gitterförmigen hölzernen, sogenannten falschen Boden, auf welchem vertikal eine hölzerne Rinne steht, die dicht an der zwischen je zwei Bottichen befindlichen Zwischenwand anliegt und mit dem oberen Teil des Nachbarbottichs mittels einer kurzen Rinne oder Röhre zur Überleitung der Brühe von einem Gefäß ins andere in Verbindung steht. Unterhalb der Rinne befindet sich in dem echten Boden des Bottichs eine mittels Stopfens verschlossene Öffnung zum Ablassen der fertigen Brühe, die durch einen unterhalb des Bodens gelegenen Kanal oder eine Rohrleitung in ein Reservoir fließt.

Die Bewegung der Brühen innerhalb der Batterie kommt durch

den hydraulischen Druck der Brühen von wachsendem spezifischen Gewicht zustande. Die stärkste Brühe wird aus dem ersten Bottich ins Reservoir abgelassen, dann wird auf das in dem letzten Bottich befindliche, am meisten ausgelaugte Material Wasser gepumpt, welches das extrahierte Material von oben nach unten durchdringt und in den Raum unter den falschen Boden gelangt, von wo es, mit etwas Gerbstoff angereichert, durch die Rinne aufsteigt und durch das Rohr in der Wand in den nächstfolgenden, mit gerbstoffreicherem Material gefüllten Bottich überfließt, worauf sich der gleiche Vorgang wiederholt, bis die Brühe schließlich in den Bottich mit frischem Material eintritt. Wenn das Material in dem letzten Bottich hinreichend ausgelaugt ist, dann wird die aus ihm abgelassene schwache Brühe durch den unten angebrachten Kanal in einen besonderen Behälter geleitet, die Lohe wird ausgeleert, gepreßt und verheizt. Der ausgeräumte Bottich wird mit frischem Material beschickt und als erstes Gefäß behandelt. Für dieses Mal erfolgt die Brühenbewegung ins erste Gefäß durch Überpumpen der schwachen Brühe aus dem Behälter in den folgenden Bottich, der nunmehr als letzter fungiert. Diese schwache Brühe löst nun wieder die Bewegung aller Brühen in der Batterie in der Richtung des ersten Bottich aus. Sobald in diesem das Material hinreichend ausgelaugt ist, wird die fertige Brühe ins Reservoir abgelassen und der beschriebene Kreislauf beginnt von neuem.

Um Wasser oder schwache Brühe in einen beliebigen Bottich zu leiten, dient eine oberhalb des Bottichs angebrachte schwach geneigte Rinne mit Stopfen über jedem Bottich.

Zwecks Erhitzung werden entweder nur das Wasser oder die schwachen Brühen, die auf den Inhalt des letzten Bottichs gepumpt werden, mit Hilfe einer Dampfschlange erwärmt, oder es werden in alle Bottiche unter den falschen Boden Dampfschlangen verlegt. Im letzteren Falle wird, um die Ausströmung des unter dem falschen Boden sich ansammelnden, aus den erwärmten Brühen stammenden Dampfes zu ermöglichen, über dem falschen Boden ein Rohr gelegt, das in der ganzen Höhe des Bottichs mit Löchern oder oben mit einer Öffnung und darüber befindlicher Kappe versehen ist. Die unten erwärmte Brühe strebt durch dieses Rohr nach aufwärts, verteilt sich über das Material, fließt abwärts, wird wieder erwärmt und gehoben, d. h. es entsteht ein Kreislauf der Brühe.

Hinsichtlich der Brühenzirkulation muß bemerkt werden, daß, die Brühe umso heißer ist, je verdünnter sie ist, so daß beim Übergang der Brühe von einem Bottich in den anderen keine Vermischung der schwächeren, oben in den Bottich eintretenden Brühe mit der stärkeren durch das Rohr nach unten in den nächsten Bottich verdrängten stattfinden kann, da das spezifische Gewicht der schwächeren Brühe kleiner ist, sowohl wegen ihres geringeren Gerbstoffgehalts, als auch wegen ihrer höheren Temperatur.

Sehr oft werden in den Lederfabriken Extraktionsbottiche verwendet, bei denen das Überpumpen mittels Dampfinjektoren erfolgt. Diese letzteren werden in den vertikalen Rinnen der Bottiche angebracht und dienen nicht nur zum Überpumpen der Brühen von einem Bottich in den andern, sondern auch für die Brühenzirkulation in dem Bottich selbst oder zur Verbesserung der Auslaugung beim Arbeiten mit einem Bottich allein (s. Abb. 57).

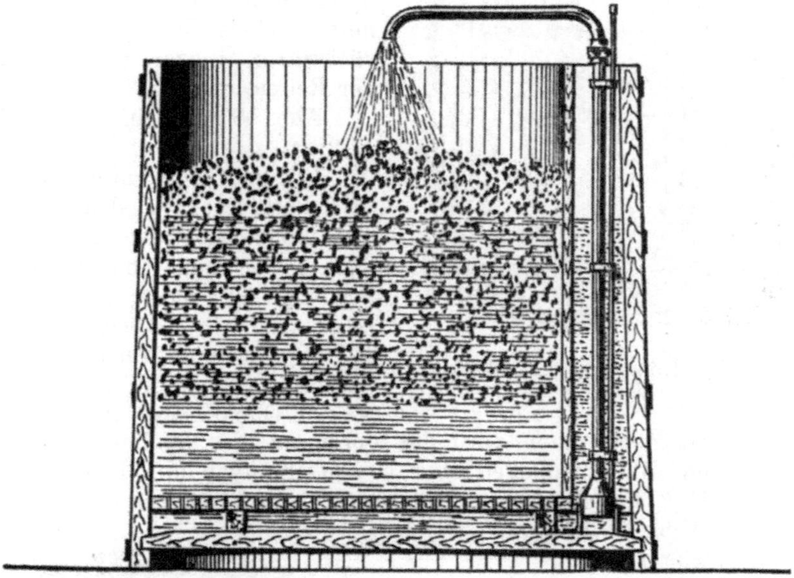

Abb. 57. Extraktionsbottich mit Dampfinjektor (Neubäcker, Danzig)

Die Dampfinjektoren verursachen örtliche Überhitzung der Brühen und in weiterer Folge Zersetzung der Gerbstoffe und verdünnen die Brühen zirka um 15% mehr.

Außerdem können die Injektoren Brühen von höherer Temperatur wie 65° C nicht heben. Ihre Verwendung kann daher nicht empfohlen werden.

Die abgebildeten gemauerten Bottiche können nur von oben mittels großer Gabeln oder besonderer Elevatoren entleert werden. Solche Bottiche können ganz in den Boden versenkt werden. Um die Entleerung zu vereinfachen, muß man die Bottiche über den Fußboden erhöht aufstellen und unten in den Wänden oder am Boden Öffnungen anbringen, was bei hölzernen Bottichen leicht durchzuführen ist.

In Amerika haben runde hölzerne Bottiche von 14 Fuß (4270 mm) Durchmesser und 12 Fuß (3660 mm) Höhe als Extraktionsbottiche am meisten Verbreitung gefunden. Sie werden aus Zypressen-, Tannen- oder Weißfichtenholz hergestellt. Die Stärke der Seiten-Dauben beträgt 75—80 mm, die des Bodens 100 mm. Die Dauben sind durch Reifen aus Bandeisen von 80—100 mm × 5 mm in Abständen von

400—500 mm zusammengehalten. Auf der Kimme, wo der Boden eingepaßt ist, sind zwei Reifen notwendig. Die Reifen bestehen an den großen Bottichen aus zwei Teilen, die die Bottiche mittels Bolzen zusammenhalten. Diese letzteren sind in die an den Enden der Reifen befestigten Winkeleisen hineingefügt, oder einfach in die mittels eines Winkeleisens nach rückwärts umgebogenen Enden der Reifen.

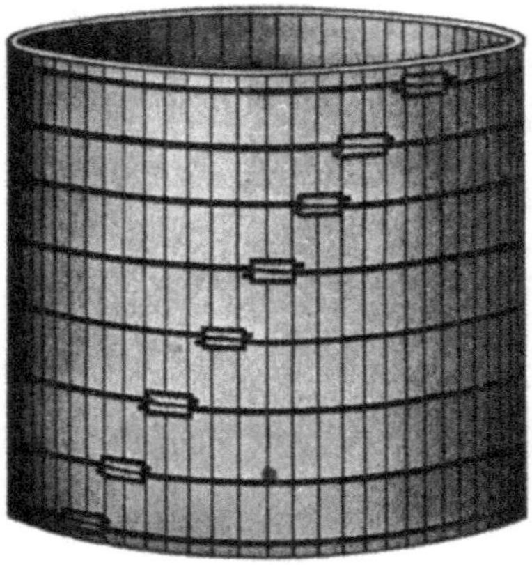

Abb. 58. Hölzerner Extraktionsbottich

Abb. 58 zeigt einen derartigen Bottich.

In einer Entfernung von 12″ (300 mm) vom Boden, befindet sich ein gitterartiger Zwischenboden, der, wie aus Abb. 59 zu ersehen ist, aus nach unten abgeschrägten, in Abständen von $\frac{1}{4}$—$\frac{1}{2}$″ abschnittweise an Querplatten genagelten Leisten besteht. Dank der Abschrägung der Latten nach unten wird die Verlegung der Spalten vermieden. Unter dem Zwischenboden sind Dampfschlangen aus Kupferrohren von 1—$1\frac{1}{2}$″ Durchmesser angebracht.

In Abb. 60 ist eine solche Kupferschlange abgebildet; der Dampf strömt in den Mittelpunkt der Spirale ein und verläßt den Heizkörper nach außen, oder nach unten durch die Seitenwand des Bottichs, oder besser durch den Boden.

Die Bottiche werden mit Deckeln samt Abzugsrohren für Staub und Dampf ausgestattet.

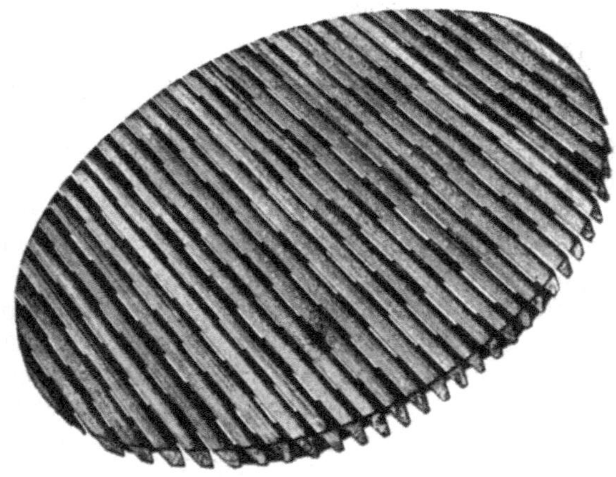

Abb. 59. Zwischenboden des hölzernen Extraktionsbottichs

Solche Kufen werden in Amerika über einen Conveyor aufgestellt, in den sie durch Bodenöffnungen entleert werden.

Zur Erleichterung der Ausräumung wird oberhalb der Öffnung auf dem Zwischenboden im Inneren des Bottichs eine aus mehreren Teilen von 500—1000 mm Länge bestehende kupferne Röhre aufgestellt. Beim Entleeren des Bottichs werden die Teile dieser Röhre, von oben angefangen, nach und nach weggenommen. Dieselbe Röhre steht auch bei der Flüssigkeitszirkulation während des Kochens in Verwendung.

Abb. 61 zeigt die Konstruktion der aus Bronze gearbeiteten Entleerungsmannlöcher der amerikanischen Firma Carley Heater Co, Olean, N. Y. Das Mannloch links ist geöffnet, das rechts geschlossen. Der obere Teil ragt in das Innere des Bottichs vor, um das Herausfließen der auf dem Boden zurückgebliebenen Flüssigkeit in den Conveyor zu verhindern. Der Mannlochdeckel hat eine Vertiefung für Schaumreste und ist mit einem Bügel zum Andrücken an das Mannloch versehen. Solche Mannlöcher haben gewöhnlich einen inneren Durchmesser von 10″ (250 mm).

Abb. 60. Kupferne Dampfschlange aus dem hölzernen Extraktionsbottich

Dieselbe Firma baut Extraktionsbottiche mit Rührwerken, wie Abb. 62 zeigt, zur mechanischen Entleerung der Lohe. In dem Maße als die Entleerung der Lohe fortschreitet, senkt sich das rotierende Kratzeisen. Die Entleerungsöffnung befindet sich näher zur Seitenwand des Bottiches (auf dem Bild links). Der Mechanismus für das

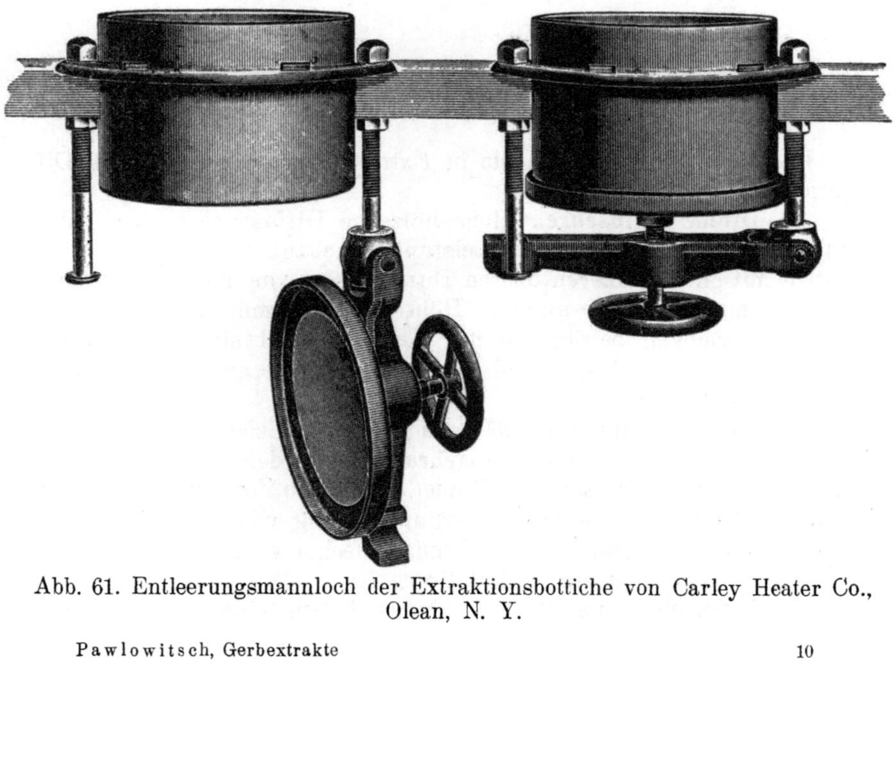
Abb. 61. Entleerungsmannloch der Extraktionsbottiche von Carley Heater Co., Olean, N. Y.

Anlassen des Rührwerks ist auf einem Wagen montiert, der ihn auf einem Geleise über alle Bottiche fahren kann.

Solche Bottiche werden mit einem Durchmesser bis 20 Fuß (6100 mm) ausgeführt, doch empfiehlt Procter einen solchen von 8 Fuß (2440 mm) und spricht sich gegen eine allzugroße Höhe der Bottiche aus, da in diesem Fall Zusammendrückung des Materials und unrichtige Zirkulation zu befürchten ist.

Die geschilderten Diffusionssysteme eignen sich für das Auskochen des Versatzmaterials in den Lederfabriken.

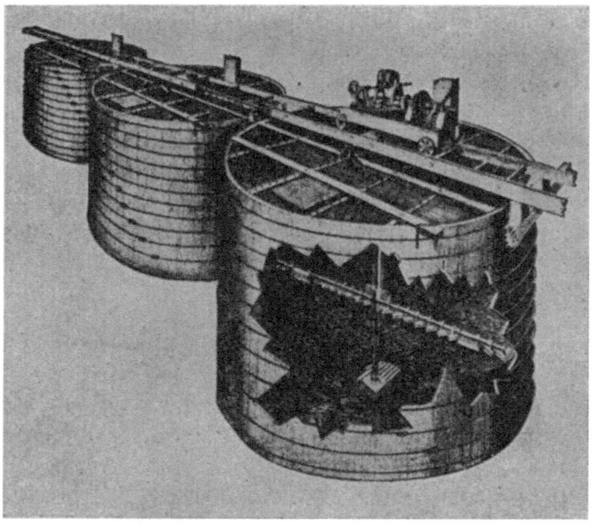

Abb. 62. Extraktionsbottiche mit Rührwerk von Carley Heater Co., Olean, N. Y.

Im folgenden werde ich die in Extraktfabriken verwendeten Diffusionssysteme beschreiben.

16. Offene Diffuseure. Offene hölzerne Diffuseure mit seitlicher Entleerung werden für kleine Leistungen gebaut. Oft wird z. B. ein Bottich mit einem äußeren oberen Durchmesser von 1900 mm, unteren von 2300 mm und einer äußeren Höhe von 4350 mm aufgestellt; sein Fassungsvermögen beträgt 10 m³. Das Material sind Dauben aus Tannenholz, ast- und splintfrei, von 80 mm Dicke an der Seitenwand und 100 am Boden.

In einem Abstand von 300 mm vom wirklichen Boden ist ein durchlöcherter Zwischenboden angebracht, unter dem sich eine Dampfschlange von 6 m² Heizfläche befindet. Oberhalb des falschen Bodens ist in der Seitenwand eine Entleerungsöffnung von 500 mm Durchmesser mit einem luftdicht schließenden Deckel vorgesehen. Auf dem Zwischen-Boden steht ein Zirkulationsrohr.

Die Diffuseure des großen Typus haben einen Durchmesser

von 3000 mm, eine Höhe von 6000 mm und ein Fassungsvermögen von 30 m^3 (s. Abb. 63),[1] und besitzen einen Zwischen-Boden in Form eines Kegelstumpfes, der in dem echten Boden mit der Entleerungsöffnung endigt. Unter dem falschen Boden liegt eine Dampfschlange von 8 m^2 Heizfläche. Der wirkliche Boden trägt Rohrstutzen zum Ablassen der Brühe und für die Röhre, durch welche die Brühe entweder mittels der Pumpe oder durch hydraulischen Druck in den nächsten Diffuseur gelangt. Wenn jeder Diffuseur mit einer Pumpe ausgestattet ist, dann dient diese nicht nur zum Überpumpen der Brühe von einem Diffuseur in den anderen, sondern auch für die Brühenzirkulation im Diffuseur selbst in der Richtung von oben nach unten.

Um die Erwärmung der Brühe gleichmäßig zu gestalten, wird oberhalb der Pumpe ein Röhrenvorwärmer, ein Kalorisator, von 10 m^2 Heizfläche angebracht, der aus kupfernen, in die Bronzeböden eines eisernen Körpers eingewalzten Röhren besteht. Ober- und unterhalb dieses Eisenkörpers sind auf Flanschen mit Stutzen versehene Bronzekästen befestigt.

Die Brühe bewegt sich innerhalb der Röhren von unten nach oben und in entgegengesetzter Richtung strömt zwischen den Röhren der Dampf.

Um zu entscheiden, wie die Röhrenleitungen für die Brühe zwischen den Diffuseuren einer Batterie anzulegen sind, ist es notwendig, ein genaues Bild der Vorgänge zu besitzen, bei denen der Diffuseur im Gange der Extraktion beteiligt ist. Diese Vorgänge sind die folgenden:

1. Beschickung des Diffuseurs mit dem Extraktionsmaterial.

2. Überführen der Brühen in allen Diffuseuren nach der Seite des frischbeschickten Diffuseurs, wodurch sich dieser mit der Brühe der vorangehenden und jeder folgende mit der seines Nachbars füllt und der letzte Diffuseur von der schwächsten Brühe befreit und zur Entleerung bestimmt wird.

3. Entleerung des letzten Diffuseurs.

4. Ablassen der Brühe aus dem frisch beschickten Diffuseur, erneutes Überführen der Brühen zwecks Füllung des letzten und Anfüllen des von der schwächsten Brühe freigewordenen mit reinem Wasser.

Das ist der Kreisprozeß, als dessen Ergebnis ein Diffuseur gefüllt, ein anderer entleert wurde, d. h. ein Diffuseur aufgearbeitet worden ist.

In der Maikoper Fabrik dauert die Beschickung eines 30 m^3 fassenden Diffuseurs mit Eichenspänen ungefähr 45 Minuten, die Entleerung ebensolange, das Überpumpen der Brühen bei gleichzeitiger Arbeit aller Pumpen etwa 30 Minuten.

---

[1] In Abb. 63a ist ein geschlossener Diffuseur unserer Konstruktion für ½ Atm. Betriebsdruck abgebildet, der sich von einem offenen durch den Deckel von außen unterscheidet.

Wenn man das erste Überpumpen nach beendigter Füllung und das zweite nach dem Entleeren vornimmt, kann man einen Diffuseur

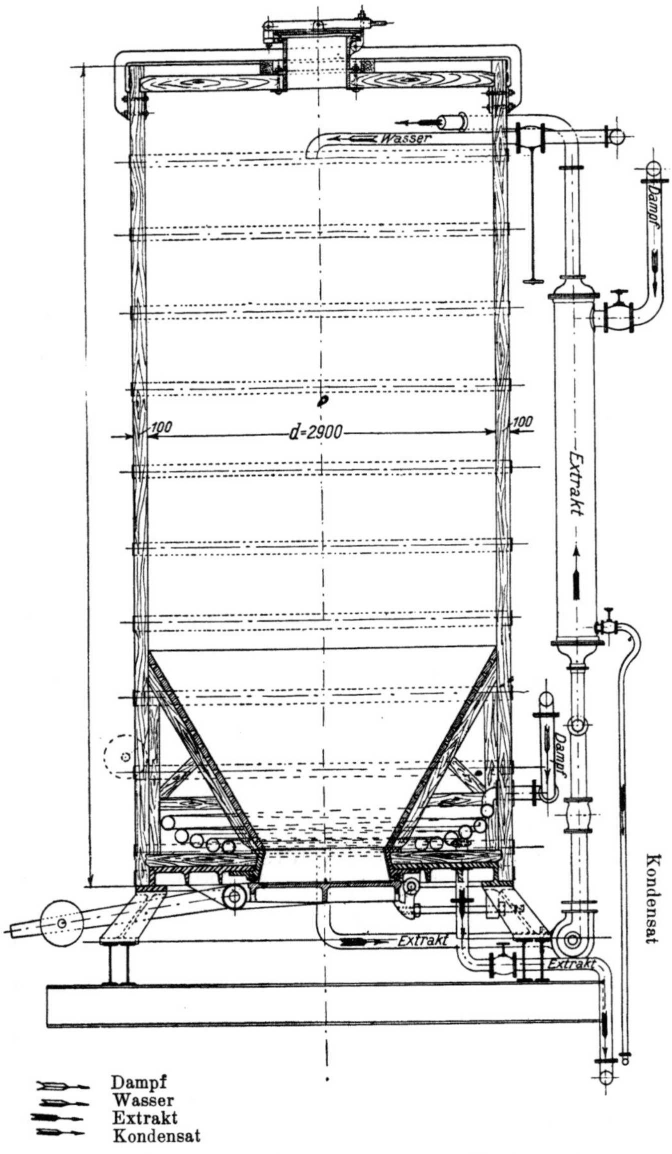

Abb. 63 a. Geschlossener hölzerner Diffuseur

in $45 + 30 + 45 + 30 = 150$ Minuten, d. i. $2\frac{1}{2}$ Stunden aufarbeiten.

Wenn man mit einem Reservediffuseur arbeitet, damit gleichzeitig ein Diffuseur gefüllt und ein anderer entleert werden kann, dann sinkt die Aufarbeitungsdauer eines Diffuseurs um 45 Minuten auf $1^3/_4$ Stunden.

Um innerhalb der ganzen Batterie gleichzeitig Brühen von einem Diffuseur in den anderen pumpen zu können, muß jeder Diffuseur mit einer Pumpe versehen und die Brühenleitungen müssen entsprechend dem Schema in Abb. 64 angelegt sein. Der Wunsch, an den Pumpen zu sparen, führt zu der Einrichtung mit 4 oder weniger Pumpen.

Nach dem Schema mit 4 Pumpen ist es möglich, die Brühen von

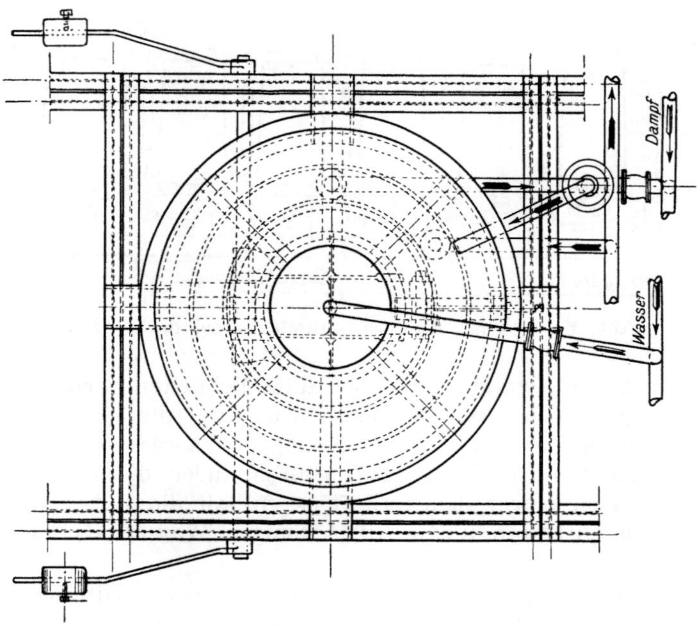

Abb. 63 b. Geschlossener hölzerner Diffuseur. Querschnitt

einem Diffuseur in den anderen mittels einer einzigen Pumpe zu überführen, während die übrigen nur für den zugehörigen Diffuseur arbeiten können. Auf diese Weise erfordert die Überführung der Brühen in einer aus 8 Diffuseuren bestehenden Batterie bei der gleichen Pumpenleistung wie beim Arbeiten nach dem ersten Schema eine Zeit von $7 \times 30 = 210$ Minuten, d. i. $3\frac{1}{2}$ Stunden. Infolgedessen verlängert sich die Arbeitszeit eines Diffuseurs auf $4\frac{1}{4}$ Stunden (bei Verwendung eines Reservediffuseurs), d. h. die Diffusionsbatterie leistet $4\frac{1}{4} : 1^3/_4 = 2.5$mal so wenig wie nach dem ersten Schema.

17. Vergleichung der offenen Diffusion mit der geschlossenen. Die offenen Diffuseure haben im Vergleich mit den geschlossenen viele Mängel; in erster Linie treten die Brühen beim Überpumpen mit der Luft in Berührung, oxydieren sich und werden dunkel; zweitens ist die Auslaugungsgeschwindigkeit bedeutend kleiner: während in offenen Diffuseuren zur hinreichenden Auslaugung von, beispielsweise Eichenholzspänen, 16—24 Stunden erforderlich sind, ist bei geschlossenen Diffuseuren und einem Druck von 2 atm. abs. die Auslaugungsdauer 2—3mal so kurz, d. h. die geschlossenen Diffuseure leisten bei gleichem Rauminhalt 2—3mal soviel wie die offenen; drittens wird bei den offenen Diffuseuren viel Dampf nach außen abgegeben, was bedeutende Wärmeverluste und überflüssige Ausgaben für die

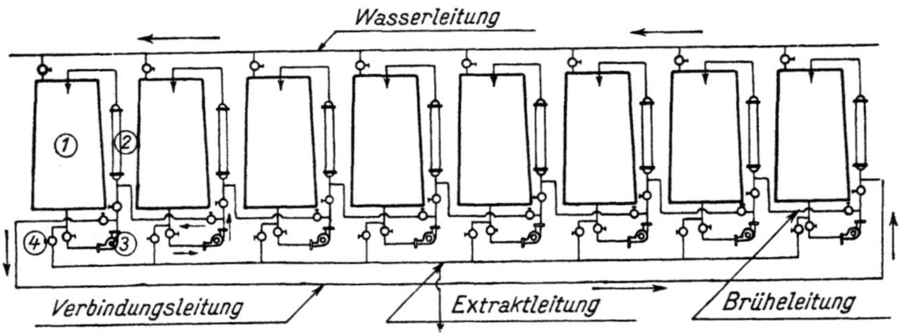

Abb. 64. Schema des Brühenumlaufs bei der Diffusion

Entfernung des Dampfes aus den Räumlichkeiten verursacht; viertens erfolgt in den geschlossenen Diffuseuren die Überführung der Brühen durch die Rohre unter Dampf-, Wasser- oder Luftdruck, während sie in den offenen Diffuseuren durch die Pumpe bewirkt wird, was sich teurer stellt; fünftens enthält die Lohe aus der geschlossenen Diffusion um 5—10% weniger Wasser als die aus der offenen.

Viele sprechen sich gegen die geschlossenen Diffuseure unter Druck aus, da sie Zersetzung der Gerbstoffe verursachen. Dies hängt von der Natur des Gerbmaterials ab und außerdem kann man, wie die oben besprochenen Versuche Gayleys zeigten, durch entsprechende Kombinierung der Auslaugungstemperatur und -Dauer bei der Druckdiffusion neben der gewünschten Gerbstoffmenge beliebige Anteilzahlen erzielen.

Der Amerikaner Oberfell[1] schreibt, daß der Vorzug der geschlossenen Diffusionsbatterie in der Möglichkeit, einen gleichmäßigen Extrakt von guter Qualität und großer Dichte herzustellen, besteht; die Brühen werden nicht an der Luft oxydiert, die Extraktion braucht nicht von langer Dauer zu sein, was die Gerbstoffe ungünstig beeinflussen würde. Auf Grund seiner Parallelversuche mit geschlossenen und offenen Batterien erklärt Oberfell mit Bestimmtheit, daß die Anteilzahl der Brühen in beiden Fällen die gleiche ist.

Nachstehend bringen wir die arithmetischen Mittel mehrerer Jahre

[1] Hide and Leather, 1922, Oktober, S. 26.

aus den in der Taganroger Fabrik ausgeführten Analysen von Eichenbrühen der offenen Diffusion (16stündige Erhitzung auf 100° in einer Batterie aus 10 Diffuseuren) und der geschlossenen Diffusion (6—8stündige Erhitzung auf 125° in einer Batterie aus 5 Diffuseuren.)

Jahr	Offene Diffusion			Geschlossene Diffusion		
	Gerbst.	Nicht-gerbst.	Anteilz.	Gerbst.	Nicht-gerbst.	Anteilz.
			Diffusionsbrühen			
1924/25	2.7	2.4	53.0	3.08	2.8	52.3
1925/26	2.46	1.83	57.2	3.25	2.29	58.6
1926/27	4.12	2.62	61.2	3.78	2.25	62.8
1927/28 1. Halbj.	2.93	1.64	64.0	3.22	1.85	64.2
			Absolut trockene Lohe			
1925/26	1.43	1.02	—	1.51	1.50	
1926/27	1.72	1.37	—	1.43	1.59	
1927/28 1. Halbj.	1.11	0.87	—	0.84	1.2	

Anmerkung. Der erhöhte Gerbstoffgehalt findet seine Erklärung im Zusatz von Mimosa, Mangrove und anderen exotischen Gerbstoffen z. Eichenholz in den Jahren 1925/26 und 1926/27.

Die angeführten, in 4 Jahren parallelen Betriebs der zwei Typen von Diffusionsbatterien erhaltenen Werte beweisen die Folgerungen aus den oben beschriebenen Versuchen Gayleys, daß nämlich bei Regulierung nicht nur der Temperatur, sondern auch des sehr wichtigen Zeitfaktors, die Extraktion bei erhöhter Temperatur gleiche Anteilzahlen und bessere Ausbeuten liefert als die Auslaugung in der offenen Batterie.

Es ist von großer Wichtigkeit, die Temperaturen innerhalb der Batterie so zu regulieren, daß sie von dem ersten, mit frischen Spänen gefüllten Diffuseur bis zum letzten ausgelaugten allmählich ansteigen. Die Versuche Paesslers, Eitners und Procters wurden bei durchwegs gleichbleibenden Temperaturen durchgeführt und sind daher wenig beweiskräftig. Denn wenn auch für den ersten Diffuseur mit der starken Brühe eine hohe Temperatur gefährlich sein kann, so ist sie natürlich unschädlich, ja sogar nützlich für den Diffuseur mit dem Waschwasser. Läßt man die Temperatur bei der Extraktion allmählich ansteigen und berücksichtigt man dabei die Extraktionsdauer — diese soll umso kürzer sein, je höher die Temperatur ist —, so wird man ein sehr gutes Resultat, sowohl bezüglich der Gerbstoffausbeute als auch hinsichtlich der Anteilzahl, erzielen.

Nachstehend führe ich einen Versuch von A. Karatejew an, über die Auslaugung von Eichenholz in einer geschlossenen Diffusionsbatterie aus 5 Diffuseuren je 12 m³ bestehend, bei verschiedenen Drucken, bezw. Temperaturen, im Verlaufe von 8 Stunden, ausgeführt in Taganrog:

Bedingungen	Diffusionsbrühen				Anteilzahl	
	°Bé	NL g/l	T g/l	NT g/l		
Druck 1 atm. auf allen Diffuseuren	2.1	2.56	18.71	13.39	58.3	
Druck 2 atm. auf allen Diffuseuren	2.5	4.48	19.12	20.64	48.1	Der Brühenwechsel ist in allen Fällen gleich
Druck 2 atm. auf dem letzten Diffuseur mit Lohe; 1.5 auf dem folgenden 1 atm. auf den übrigen	2.4	1.62	22.79	17.30	56.8	

Es sind also die besten Bedingungen der Auslaugung von Eichenholz folgende: auf dem letzten Diffuseur mit Lohe — Druck 2 atm.

Abb. 65. Diffusionsbatterie (Neubäcker, Danzig)

(132° C), auf dem folgenden Diffuseur — Druck 1½ atm. (127° C) und auf den übrigen 1 atm. (120° C).

18. Die geschlossene Diffusion. Deshalb sind die besser eingerichteten Fabriken schon seit langem zur Verwendung geschlossener Diffuseure übergegangen, wie sie ähnlich in der Zuckerindustrie üblich sind. Es sind hohe kupferne Zylinder, deren Höhe sich zum Durchmesser verhält wie 2 : 1 bis 2½ : 1. Der obere halbkugelförmige Teil hat in der Mitte eine mit einem dicht anliegenden Deckel verschließbare Beschickungsöffnung von 400—500 mm Durchmesser. Im unteren Teil befindet sich ein halbkugelförmiger Bodenteil mit einer seitlichen Entleerungsöffnung von 500 bis 600 mm Durchmesser (Abb. 80, S. 178) oder ein kegelförmiger Bodenteil mit einer unten angebrachten Öffnung (s. Abb. 65 u. 66).

Abb. 66. Batterie kupferner Diffuseure von **Wiegand**

Der mittlere Rauminhalt eines kupfernen Diffuseurs beträgt 10 m³, bei einem Durchmesser von 1600 mm und einer Zylinderhöhe von 4600 mm. Die Dicke des Kupferblechs für einen Prüfungsdruck von 3 atm. und einen Betriebsdruck von 2 atm. beträgt am Zylinder 5 mm, am oberen und unteren Teil 7 mm. Am Boden liegt eine Dampfschlange, oberhalb derer sich ein durchlöcherter kupferner Zwischenboden befindet. Kleinere Diffuseure von 3 m³ Inhalt haben 1500 mm Durchmesser und 4000 mm Höhe, kleine werden mit 5 m³ Inhalt, 1400 mm Durchmesser und 2600 mm Höhe erzeugt.

Da sich kupferne Diffuseure sehr teuer stellen, werden eiserne mit Kupfer, Holz oder glasierten säurebeständigen Steinen ausgekleidete hergestellt, außerdem auch solche aus Eisenbeton und Holz (Abb. 67 u. 68). Besondere Beachtung verdient Holz.

Nach den neuesten Berichten werden in Amerika und Deutschland hölzerne Rohrleitungen für Drucke bis 12 atm. angefertigt. Als Herstellungsmaterial dienen in Amerika Rotholz, Zypressen, Fichten, Tannen, wobei man die Erfahrung gemacht hat, daß Fichten und Tannen sich am wenigsten eignen, da sie aus Wachstumsringen verschiedener Härte bestehen, nämlich aus weichen, leicht wasserdurchlässigen Sommer- und harten Winterzellen.

In Deutschland wird die preußische harzige Tanne verwendet.

Die Bretter für die Diffuseure müssen 70—100 mm stark und ohne Äste und Splint sein (letzterer ist auch für offene Diffuseure unzulässig, da er Wasser durchläßt). Der größte zulässige Druck (Temperatur) für hölzerne Diffusoren ist 0.5 atm. (110° C). Offenbar führt eine weitere Druck(Temperatur)erhöhung zur raschen Zerstörung des Holzes.

Die Firma Carley Heater Co. N. Y. erzeugt Holzröhren für die Brühen, entweder in Form durchbohrter Balken, oder in Form von

Abb. 67. Diffusionsbatterie (Neubäcker, Danzig)

Zylindern, die durch eiserne Reifen zusammengehalten und mit einer besonderen Masse bedeckt sind, um sie dichter zu machen (Abb. 69).

Bezüglich der Haltbarkeit hölzerner offener Diffuseure soll die Mitteilung von D u m e s n y und N o y e r angeführt werden, derzufolge in ihrer Praxis Diffuseure aus harzigem Tannenholz (Pitchpine) und von einer Daubenstärke von 87 mm nach 15jährigem Gebrauch repariert wurden und dann weiter in Verwendung standen.

Die normale Dienstzeit hölzerner offener Diffuseure ist 10 Jahre, dagegen die kupferner Apparate 30 Jahre.

Hinsichtlich der Verwendung von Beton und Eisenbeton muß erwähnt werden, daß sich unter der Wirkung der Brühen auf den Betonwänden ein Häutchen bildet, das den Beton vor weiteren Angriffen schützt.

Von den anderen für den Bau von Diffuseuren am ehesten geeigneten Metallen verdient Aluminium Beachtung, welches unseren Versuchen zufolge beständiger gegen Brühen und Extrakte ist als Kupfer. Von dem letzteren werden gemäß den Untersuchungen A.

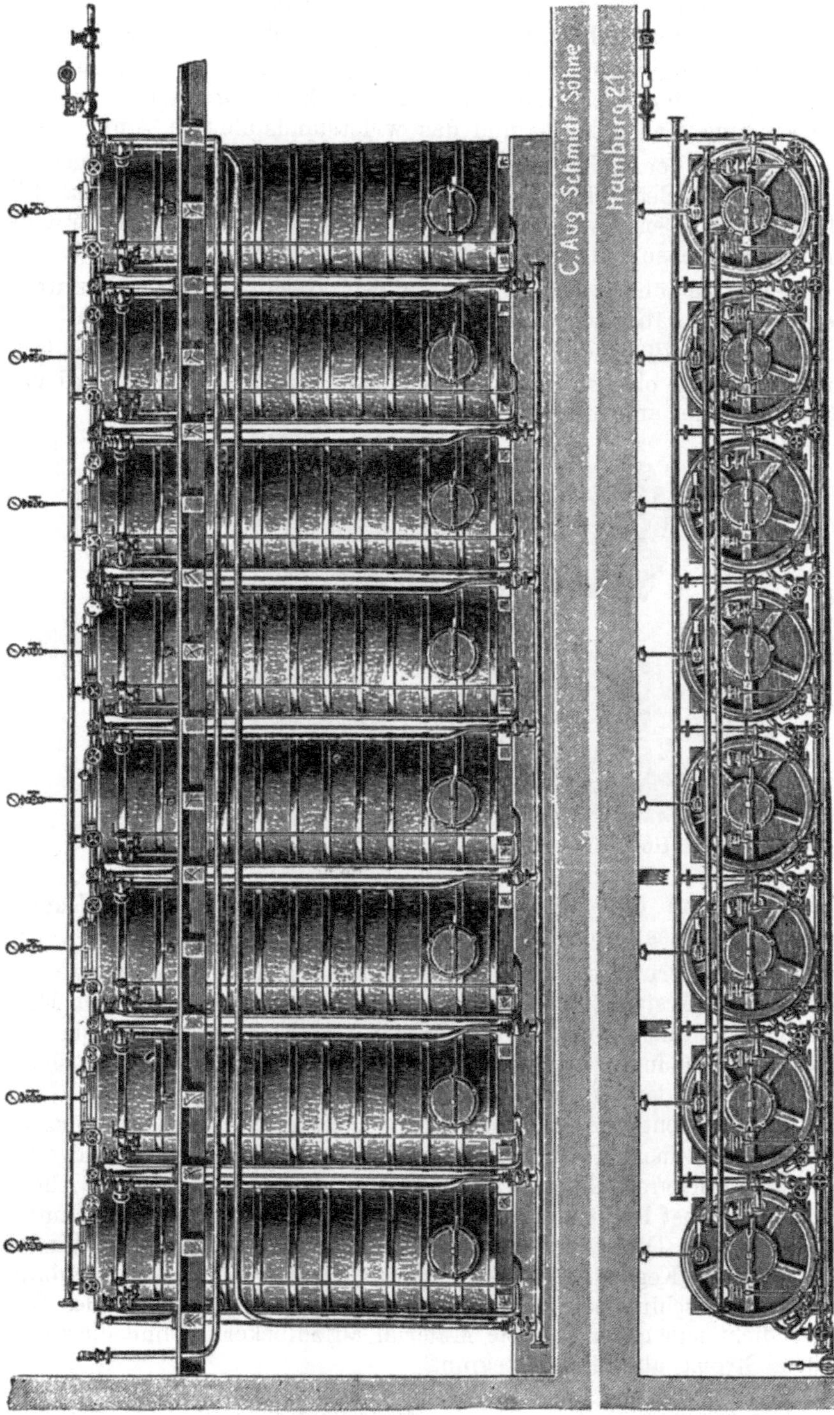

Abb. 68. Hölzerne Diffusionsbatterie (C. Aug. Schmidt Söhne, Hamburg)

J. Smetkins im dritten Körper des Dreikörperverdampfers bei 100.000 l fertig gekochtem Gerbextrakt pro m² Oberfläche 160 g gelöst.

Erwähnung verdient auch das dem Kupfer, was Beständigkeit anbelangt, gleichwertige Blei, das zur Auskleidung eiserner Gefäße Verwendung finden kann, und das widerstandsfähigere Zinn.

Wie aus der Abbildung des geschlossenen hölzernen Diffuseurs für ½ Atm. Betriebsdruck (Abb. 63) zu entnehmen ist, sitzt der obere Boden ebenso wie der untere in einer Kimme. Ein solcher Diffuseur ist ebenso konstruiert wie ein Faß von großem Maßstab.

Das Überführen der Brühen in den geschlossenen Diffuseuren geschieht am häufigsten durch Dampf, Wasser- oder Luftdruck.

Die Brühe fließt durch ein Rohr aus dem unteren Teil eines Diffuseurs in den oberen eines anderen über. Auf ihrem Weg wird ein Röhrenwärmer angebracht.

Abb. 69. Holzrohre für Gerbbrühen (Carley Heater Co., N. Y..)

Man kann die Diffuseure auch einfach mit direktem Dampf heizen, aber dies verdünnt die Brühen.

Die Entleerung der Diffuseure ist die beschwerlichste Operation im Betriebe. Erstens, weil die Rückstände heiß sind (sie vor dem Entleeren mit kaltem Wasser abzukühlen, ist nicht angängig, da die Rückstände dadurch zu feucht werden würden; sie mit Luft abzukühlen, ist zu teuer).

Zweitens enthalten sie im Falle von Holz (die Rinden, Wurzeln etc. enthalten mehr) 60% ihres Gewichtes an Feuchtigkeit und sind um 75% schwerer als das Ausgangsmaterial. Um daher den Rückstand möglichst leicht zu entfernen, muß man die Entleerungsöffnung am Boden des Diffuseurs anbringen und an ihn unter einem Winkel von 60° einen Kegelstumpf anschließen. Dann hat man im Bedarfsfalle nur den Verschlußdeckel zu öffnen und das im unteren Teil des Gefäßes dicht zusammengepreßte Material aufzulockern, damit dieses in vollem Strome abzufließen beginnt.

Um die gesamte Spanmenge aufzunehmen und fortzuschaffen, bedarf es einer sehr leistungsfähigen Transportschnecke oder Kratze, welche imstande ist, alle Späne innerhalb höchstens 15 Minuten fortzuschaffen. Reißt jedoch die Transportkette, so findet eine Verstopfung des ganzen Kratzers statt. Außerdem ist eine fortwährende schwere Arbeit erforderlich, um ihn von den anhaftenden Rückständen zu reinigen.

19. Die geschlossene Diffusion nach System Neubäcker. In der letzten Zeit wurde von der Firma Neubäcker in Danzig eine neue Konstruktion für geschlossene Diffuseure in Vorschlag gebracht, bei der ohne Druckerhöhung oder unter geringem Druck (1—5 m Wassersäule) gearbeitet wird (Abb. 70). Der Druck wird durch ein am oberen Teil des Diffuseurs angebrachtes, bis zu 5 Meter hohes Wasserrohr geregelt.

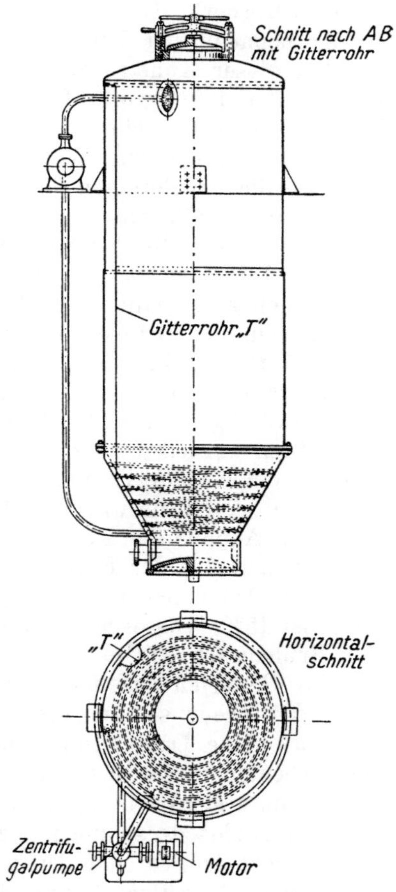

Abb. 70. Kupferner Diffuseur, System Neubäcker, Danzig

Das Wesen dieser Konstruktion besteht darin, daß statt der starken Erhitzung, wie sie gewöhnlich in den geschlossenen Diffuseuren bei $1\frac{1}{2}$—2 atm. abs. angewendet wird, die Verstärkung der Brühenzirkulation mittels einer Pumpe benützt wird. Dabei wird die Brühe durch die Pumpe von oben abgesaugt, unten in den Diffuseur gepreßt und zirkuliert von unten nach oben durch das Material. Infolge dieser Anordnung liegt das Material locker, ballt sich nicht zusammen, bildet keine Klumpen, wie dies bei den oben beschriebenen offenen Diffuseuren mit Zirkulation von oben nach unten und bei den geschlossenen Diffuseuren, wo der Druck von oben das Material zusammenpreßt, eintreten kann.

Die umgekehrte Brühenzirkulation von unten nach oben wurde in den achtziger Jahren des vorigen Jahrhunderts H a l l e t in Frankreich patentiert.

Für diese Zirkulation muß man die Diffuseure in ihrem oberen

Teil mit Sieben ausstatten, um die Mitnahme von kleinen Spänen und Staub durch die Brühe zu verhindern.

Zur Erwärmung dient nur eine Dampfschlange unter dem Zwischenboden, von dem aus eine mit Löchern versehene Rinne längs der Wand nach aufwärts steigt, zur leichteren Entnahme der Brühe in der Horizontalen. Überdies wird die Überführung der Brühen nicht durch Dampf-, Wasser-, oder Luftdruck bewirkt, wie dies bei den geschlossenen Diffuseuren üblich ist, sondern mit Hilfe einer Pumpe, welche die Brühen nach der Reihe von einem Diffuseur in den anderen befördert, damit zwischen den verschieden starken Brühen zweier benachbarter Diffuseure keine Vermischung eintrete.

Bei dieser Konstruktion kann man die Extraktion bei Temperaturen unter 100° C durchführen. Aus diesem Grund ist eine solche Diffusionsbatterie sehr wertvoll für die Extraktion wärmeempfindlicher Materialien, wie Weidenrinde, Sumach u. a.

Wie die Abbildungen 65 und 67 zeigen, befindet sich über jedem Diffuseur ein Silo von gleichem Rauminhalt wie der Diffuseur. Dadurch läßt sich die Füllung der Diffuseure nach Öffnung des im unteren Teile des Silo befindlichen Schiebers in wenigen Minuten bewerkstelligen. Dank der lockeren Beschaffenheit des Materials lassen sich die Diffuseure durch die geöffnete untere Luke mittels großer Gabeln sehr rasch entleeren. Bei einem 5 m^3 fassenden Diffuseur dauert der Entleerungsvorgang 15 Minuten.

Notwendig ist nur, daß langfaserige Materialien auf kurze Stücke geschnitten werden. Infolge der raschen Füllung und Entleerung kann man in einer Batterie aus 8 Diffuseuren von je 5 m^3 Inhalt in 8 Stunden 6—7 Diffuseure aufarbeiten.

Nach Angabe der Erzeugerfirma erhält man sehr starke Brühen: so kann man bei der Extraktion von Fichtenrinde Brühen von 6° Bé gewinnen, bei einem Gerbstoffgehalt der zurückbleibenden Lohe von 1.4% bei 15% Wassergehalt. Bei der Extraktion von Mimosa ergeben sich Brühen von 12° Bé.

Die Batterien arbeiten in folgender Art: der am meisten ausgelaugte Diffuseur sei der erste und der mit Gerbmaterial frisch gefüllte der achte. Dann pumpt man vor allem die Brühe aus dem sechsten und siebenten in den achten. Diese zwei Diffuseure liefern genügend Brühe, um erstens das trockene Material zu durchfeuchten und zweitens den Diffuseur so hoch anzufüllen, daß sein Inhalt mit Flüssigkeit bedeckt ist. Ob der Diffuseur genügend angefüllt ist, erkennt man mittels eines Probehahns. Sobald die Flüssigkeit aus diesem Probierhahn herausfließt, ist der Diffuseur hinreichend voll. Dann setzt man alle Zirkulationspumpen in Tätigkeit und erwärmt den achten Diffuseur auf 90—95°. Nun pumpt man gleichzeitig die Brühe aus dem fünften in den siebenten, aus dem vierten in den sechsten, aus dem dritten in den fünften, aus dem zweiten in den vierten, aus dem ersten in den dritten; in den ersten füllt man frisches Wasser von mindestens 70° C, das durch weiteres Erwärmen unter fortwährender Bewegung auf 95° C gebracht und dann in den zweiten Diffuseur gepumpt wird; der erste wird von neuem mit frischem Wasser gefüllt. Dieser Vorgang wiederholt sich ungefähr eine Stunde lang. Nun überführt man die fertige starke Brühe aus dem achten Diffuseur ins Reservoir. Sobald der achte Diffuseur entleert ist, was man an dem Zittern der Pumpe erkennt, pumpt man die Brühe aus dem siebenten Diffuseur in den achten, aus dem sechsten in den siebenten, aus dem fünften in den sechsten, aus dem vierten in den fünften, aus dem dritten in den vierten, aus dem zweiten in den dritten, aus dem ersten in den zweiten; der erste wird ausgeräumt, mit frischem Material gefüllt und der oben geschilderte Vorgang beginnt von neuem.

20. Zwischengeschaltetes Sammelgefäß für starke Brühen. Alle beschriebenen Systeme von Diffusionsbatterien haben einen kleinen Mangel. Beim Überpumpen der Brühen auf den Diffuseur mit frischem Material genügt es nicht, die ganze Brühe vom zweiten in den ersten, vom dritten in den zweiten usw. zu befördern. Die Sachlage ist die, daß man den ersten Diffuseur nicht nur so weit mit Brühe anfüllen muß wie die übrigen, sondern auch das in ihm enthaltene frische Material mit Brühe durchtränken muß. Die hiezu erforderliche Brühenmenge hängt von der Porosität und der ursprünglichen Feuchtigkeit des Materials ab und daher ist sie in jedem einzelnen Fall verschieden. Verarbeitet man z. B. lufttrockene Eichenholzspäne von 20% Wassergehalt, dann verbraucht man, um sie mit Wasser bis zum maximalen Feuchtigkeitsgehalt von 60% zu tränken, eine dem Gewicht der Späne gleiche Wassermenge. Wenn aber ein frisch gefälltes Holz von 40% Wassergehalt vorliegt, dann ist nur die Hälfte des Holzgewichts an Wasser zur Durchfeuchtung notwendig. Die zur Bedeckung der durchfeuchteten Späne erforderliche Brühenmenge ist von der Dicke der Späneschicht abhängig. Im Falle von 3 mm-Eichenspänen beträgt sie ungefähr das Anderthalbfache vom Gewicht der lufttrockenen Späne. Deshalb muß man beim Überführen der Brühe auf lufttrockene Späne die ganze Brühe aus dem vorangehenden Diffuseur überpumpen und außerdem durch teilweise Heranziehung der Brühen aus der ganzen Batterie noch $1 : 1\frac{1}{2} = \frac{2}{3}$ des Inhalts des nächsten Diffuseurs zusetzen, im Falle frisch geschnittenen Holzes $\frac{1}{2} : 1\frac{1}{2} = \frac{1}{3}$.

Bei dieser teilweisen Überführung der Brühen kommt es in allen Diffuseuren zu einer Vermischung der stärkeren mit den schwächeren Brühen, was mit Rücksicht auf den richtigen Verlauf der Extraktion unerwünscht ist.

Daher ist es zweckmäßig, die Diffusionsbatterien durch ein Zwischengefäß zu ergänzen, das die Brühen aus dem vorletzten Diffuseur vor dem ersten aufnimmt und aus welchem sie auf die frischen Späne geleitet werden. Nun muß die Batterie bei Füllung mit lufttrockenen Eichenspänen in folgender Weise arbeiten: der mit Gerbmaterial frisch gefüllte Kopfdiffuseur wird aus der Batterie ausgeschaltet und mit dem Zwischengefäß verbunden; infolgedessen erfolgt der Übergang der Brühe aus einem Diffuseur in den anderen vollständig.

Die Brühen gelangen in das Zwischengefäß, dessen Rauminhalt für die Aufnahme von $2^1/_3$ Brühen aus dem Diffuseur berechnet sein muß. Wenn man nämlich 2 Brühen in das Gefäß einläßt und $1^2/_3$ aus ihm in den Kopfdiffuseur befördert, dann bleibt $^1/_3$ übrig. Fügt man nun noch 2 Brühen hinzu, so daß das Gefäß also $2^1/_3$ Brühen enthält, und läßt man wieder $1^2/_3$ für den Kopfdiffuseur ab, so bleibt ein Rest von $^2/_3$ Brühen, der mit einem weiteren Zusatz von einer Brühe für den Kopfdiffuseur verbraucht wird. Das Gefäß ist nun leer und der Vorgang beginnt von Neuem.

Bei dieser Arbeitsweise erhält man stärkere Brühen und die Extraktion verläuft durchaus rationell.

21. Die kontinuierliche Diffusion. In der Betriebspraxis wird bei der Erzeugung von Eichenholzextrakt der Brühenumlauf mittels Zentrifugalpumpen erzielt, die unten neben jedem offenen Diffuseur angebracht sind. Diese Pumpen besorgen zuerst den Transport der Brühen von einem Diffuseur in den anderen und nachdem dies geschehen ist, erzeugen sie eine Brühenzirkulation „in sich“, und zwar von oben nach unten. In der Taganroger Fabrik wird die Wanderung der Brühe in der hölzernen Diffusionsbatterie durch einen 1 m betragenden Niveauunterschied — also durch hydraulischen Druck — in die Wege geleitet, während die Zirkulation in sich durch eine am Boden angebrachte Heizvorrichtung und darüber befindliche Zirkulationsröhre bewirkt wird. Einige Firmen (z. B. Neubäcker, s. o., Schmidt u. a.) schlagen vor, die Brühen durch Ausübung eines Drukkes auf den letzten Diffuseur mit Hilfe einer Pumpe oder eines Kompressors zu verteilen und für die innere Zirkulation Zentrifugalpumpen zu verwenden, die neben dem Oberteil der Diffuseure angebracht, die Brühen nicht von unten, wie auf Abb. 63 u. 64, ansaugen, sondern sie oben in Bewegung versetzen (Abb. 70), so daß die Späne in der Richtung von unten nach oben durchflossen und gewissermaßen gelockert werden. Dadurch wird Klumpenbildung verhindert und, was das Wichtigste ist, die richtige Extraktion und die leichte Entleerbarkeit durch die untere Öffnung gewährleistet.

Die praktische Arbeit mit einer nach dem letzten System konstruierten Batterie hat aber gezeigt, daß dieser Zirkulationsart ein großer Nachteil anhaftet: Das Feingut schwimmt nämlich nach oben und verlegt das obere Sieb, wodurch die Zirkulation aufhört. Die Zirkulation von unten nach oben, die zwei Pumpensysteme — für die Verteilung und für die innere Zirkulation — erfordert, kann daher, verglichen mit der Arbeitsweise nach Abb. 63 u. 64 nicht als zweckmäßig bezeichnet werden. Bei beiden Zirkulationssystemen besteht innerhalb der Batterie eine sprunghafte Abstufung der Brühendichten. Demgegenüber würde eine ideale Diffusion die Verwirklichung des Gegenstromprinzips voraussetzen. Der Prozeß würde umso idealer verlaufen, je kleiner die Abstufungen zwischen den Brühendichten wären. Bei der Konstruktion nach Abb. 64 wäre dies durchführbar bei unendlicher Anzahl der Diffuseure, was natürlich praktisch unmöglich ist. Dagegen läßt sich das Gegenstromprinzip in gewöhnlichen Batterien aus 6—8 Diffuseuren in die Praxis umsetzen, wenn man die Brühen in langsamem ununterbrochenen Strom von einem Diffu-

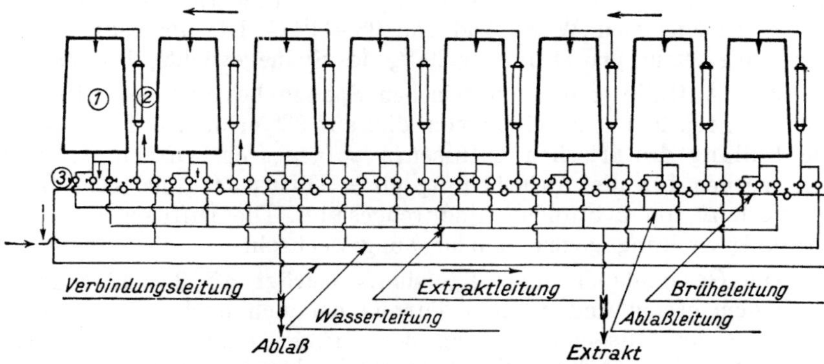

Abb. 71. Schema des kontinuierlichen Brühenumlaufs bei der Diffusion

seur in den anderen fließen läßt, d. h. wenn man statt der jetzigen diskontinuierlichen Bewegung eine kontinuierliche Gegenstrombewegung einleitet. Diesem Diffusionssystem ist nicht nur wegen seiner Annäherung an die idealen Extraktionsbedingungen der Vorzug zu geben, sondern auch aus konstruktiven und ökonomischen Gründen: man kann an Motoren und Pumpen sparen und die Bedienung vereinfachen (Abb. 71).

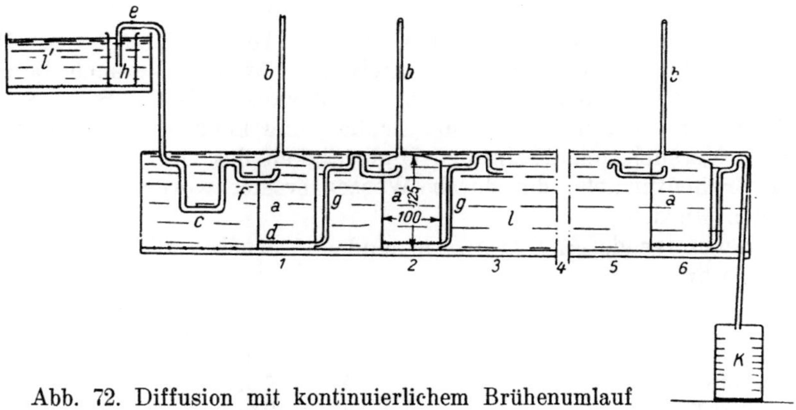

Abb. 72. Diffusion mit kontinuierlichem Brühenumlauf

Zur Überprüfung der Diffusion mit kontinuierlichem Brühenumlauf wurden im Laboratorium der Taganroger Großen Lederfabrik folgende Versuche angestellt:[1]

[1] Pawlowitsch, Westnik d. Lederind. u. d. Lederh. 1928, 207.

1. In einer aus 6 Diffuseuren bestehenden Batterie wurden Eichenholzspäne nach dem System des kontinuierlichen Brühenumlaufs extrahiert.

Das Fassungsvermögen eines Diffuseurs betrug 300 g, der Wasser- und Brüheneintritt erfolgte in seinen oberen Teil, der Auslaß unten durch ein Sieb (s. Abb. 72). Die Erwärmung geschah in einem gemeinsamen Wasserbad von 98—99° C. Die abgelassene Brühenmenge betrug pro Diffuseur 200% des Spänegewichts, d. i. 600 ccm.

Zur Auffüllung des mit frischen Spänen beschickten Diffuseurs wurden noch 900 ccm entnommen, die, auf 98° erhitzt, auf einmal auf die Füllung des frischen Diffuseurs aufgegossen wurden. Im Ganzen wurden für die Aufarbeitung eines Diffuseurs 1500 ccm Brühe im Verlauf von 2 Stunden hindurchgesaugt. Die Diffuseure wurden durch Umstellung gegeneinander ausgewechselt.

Die Gesamtdauer eines Kreislaufs beträgt $6 \times 2 = 12$ Stunden. Nach dem ersten und zweiten Turnus hat sich noch kein Gleichgewicht in der Zusammensetzung der Brühen eingestellt. Erst nach dem dritten Turnus fließt eine normale Brühe ab, deren Dichte, ebenso wie die Zusammensetzung der ausgelaugten Lohe, charakteristisch ist.

Die Dichte der Brühen wurde bei 15° C gemessen und betrug im ersten Turnus 2.4—2.1° Bé, im zweiten 1.8 und im dritten 1.8—2° Bé.

Die Analysen, umgerechnet auf absolute Trockensubstanz, ergaben in Prozenten:

		Ausgelaugte Lohe		
	Eiche	1. Turnus	2. Turnus	Norm. Turnus
Gerbstoffe	4.35	0.68	0.82	0.71
Nichtgerbstoffe	2.08	0.38	0.36	0.36

Die beim normalen Turnus erzielte Ausbeute an Gerbstoffen beträgt 84.61%. Ein ebenso ausgeführter zweiter Versuch lieferte Brühen von folgenden Dichten: 1. Turnus 3.2—2.5° Bé, zweiter 2.4—2.3 und dritter 2.3° Bé; die Brühen sind konzentrierter als beim ersten Versuch, da die infolge Undichtigkeit des Deckels stattgehabten Brühenverluste, die durch Wasser ersetzt worden waren, vermieden wurden.

Nachfolgende Analysenwerte sind auf absolute Trockensubstanz umgerechnet.

	Eichenspäne	Ausgelaugte Lohe		Brühen
		Turnus I und II	des normalen Turnus	des normalen Turnus g/l
Gerbstoffe	5.9	0.91	0.91	21.1
Nichtgerbstoffe	3.0	0.67	0.67	12.2
Anteilzahl	66.3	57.4	57.4	63.3
Gerbstoffausbeute, aus der normalen ausgelaugten Lohe bestimmt				85.81

Die Gesamtbilanz der in den Eichenspänen, den Brühen und der ausgelaugten Lohe vorhandenen Gerbstoffe ergab einen Abgang von

1.28%, wenn die Gesamtsumme der Gerbstoffe mit 100% angenommen wurde. Demgegenüber lieferte die 24stündige Extraktion in der Maikoper Fabrik 1926/27 eine Gerbstoffausbeute von 83.7%.

Die angeführten Zahlen sprechen für die Zweckmäßigkeit des vorgeschlagenen Diffusionssystems. Bei den Versuchen mit Eiche war die Gerbstoffausbeute nach 12 Stunden besser, als in der Betriebsbatterie nach 24 Stunden.

Dieses gute Resultat wurde trotz der kurzen Weglänge von insgesamt 750 mm (durch 6 Diffuseure von je 125 mm Höhe) erzielt. Im Großen wird bei 3—6 m hohen Diffuseuren der Weg 18—36 m lang sein, und bei einer größeren Anzahl von Diffuseuren noch länger. Es ist daher klar, daß der Erfolg bei der betriebsmäßigen Arbeit noch besser wäre, daß auf Brühen von größerer Dichte und auf geringere Verluste von Gerbstoffen in der ausgelaugten Lohe gerechnet werden könnte.

Auf unsere Bitte hat das Laboratorium der Lederfabrik von Radistschew in Leningrad unter Leitung von S. Ramm Versuche ununterbrochener Diffusion von Fichtenrinde unter verschiedenen Bedingungen ausgeführt und folgende Ergebnisse erhalten (Tabelle 31). Batterie aus 8 Diffuseuren von je 10.7 l Inhalt. Die Analyse der Fichtenrinde bei 13% Wasser ergab: T 11.1, NT 8.6, Anteilzahl 56.4. Die Zerkleinerung der Rinde in gleichförmige Späne von 2—4 mm Dicke erfolgte auf Rindenschneidern.

Tabelle 33

Einfluß der Temperatur bei einer Diffusionsdauer von 10.5 Std., Anzahl der Diffuseure 8, Auszug der Brühe 250% vom Gewicht der Rinde mit 16% Wassergehalt.

Temperatur in °C	Diffusionsbrühen			Lohe	
	T	NT	Anteilzahl	T	NT
	g in 100 ccm			in Prozenten bei 13% H_2O	
Von 50° auf frischem Diff. bis 75 auf Lohe	3.96	3.07	56.3	2.68	2.13
Vom 80° auf frischem Diff. bis 90—100 auf den übrigen	4.47	3.06	59.3	2.04	2.06

Einfluß der Diffusionsdauer bei t. 90—100° C, Zahl der Diffuseure 8, Auszug 250% (Abb. 73).

Diffusionsdauer in Stunden	Diffusionsbrühen			Lohe	
	T	NT	Anteilzahl	T	NT
	g in 100 ccm			in Prozenten bei 13% H_2O	
4.6	4.07	3.31	55.2	2.31	1.90
7	4.28	3.19	57.3	2.10	1.95
10.5	4.47	3.06	59.3	2.04	2.06

Einfluß der Zahl der Diffuseure bei t 90—100°, Diffusionsdauer 4.5—5 Stunden, Auszug 250% (Abb. 73).

Zahl der Diffuseure		Diffusionsbrühen			Lohe	
		T	NT	Anteil-zahl	T	NT
		g in 100 ccm			in Prozenten bei 13% H_2O	
4 in Batterie	3 in Arbeit	3.93	3.12	55.8	2.81	2.44
6 in Batterie	5 in Arbeit	4.16	3.18	56.2	2.50	2.11
8 in Batterie	7 in Arbeit	4.07	3.31	55.2	2.31	1.90

Einfluß des Auszugs bei t 90—100°, Diffusionsdauer 7 Stunden, Zahl der Diffuseure 8.

Auszug in Prozenten	Diffusionsbrühen			Lohe	
	T	NT	Anteil-zahl	T	NT
	g in 100 ccm			in Prozenten bei 13% H_2O	
200	5.29	3.44	60.6	2.17	2.13
250	4.28	3.19	57.3	2.10	1.95
300	3.48	2.91	54.5	1.96	1.93

Bei ununterbrochenem Diffusionssystem ist im allgemeinen nicht der Auszug, sondern die Wassermenge wichtig, welche man auf die Lohe im letzten Diffuseur gibt, aber bei konstanter Feuchtigkeit des Materials kann man die Untersuchung nach dem Auszug führen.

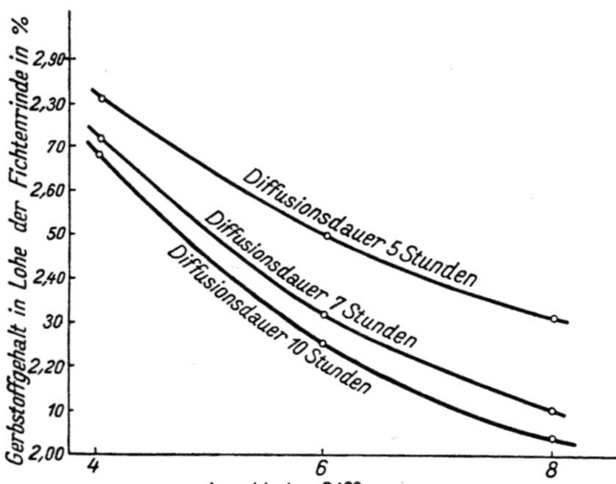

Abb. 73. Einfluß der Diffusionsdauer und der Anzahl der Diffuseure auf die Gerbstoff-Extraktion

Aus dieser Tabelle ersehen wir, daß die Temperaturerhöhung von ca. 62.5° auf ca. 95°, also um das 1.52fache, den Gerbstoffgehalt der Lohe auf das 1.31fache, Zunahme der Diffusionsdauer um das 2.28-, bezw. 1,5fache auf das 1.13-, bezw. 1.1fache, Zunahme der Zahl der Diffuseure um das 2.5-, bezw. 1.4fache auf das 1.21-, bezw. 1.08fache und Zunahme des Auszugs um das 1.5fache auf das 1.1fache herabsetzt, d. h. den wichtigsten Einfluß auf den Gerbstoffverlust hat, die Temperatur und weniger die Dauer, die Diffusionszahl und der Auszug, bei dem dieser Einfluß desto geringer ist, je näher die Auslaugungsgrenze.

Auf Grund dieser Verhältnisse gebe ich folgende empirische Formel für den ununterbrochenen Diffusionsprozeß in engen Grenzen: $T = K.\ t^{-0.65}.\ d^{-0.20}.\ Z^{-0.20}.\ A^{-0.23}$, wo T = Gerbstoffe in der Lohe in Prozenten, K = Konstante, t = Temperatur, d = Diffusionsdauer in Stunden, Z = Zahl der Diffuseure, A = Auszug in Prozenten vom Gewicht des Materials.

Diese Formel zeigt wie kompliziert der Diffusionsprozeß der kolloidalen Gerbstoffe ist. Vor Ansammlung einer genügenden Zahl experimenteller Daten ist es nicht möglich eine befriedigende Theorie der Diffusion derselben zu geben."[1]

Bei den Versuchen über den Einfluß der Temperatur auf das Extrahieren der Weidenrinde, die von Arbusow und Chadik unter meiner Leitung im Lederforschungs-Institut in Moskau ausgeführt wurden, sind folgende Ergebnisse erzielt worden (Tabelle 34). Die Batterie bestand aus 6 Diffuseuren von je 4 l Inhalt, die Diffusionsdauer betrug 6 Stunden, der Auszug 200%.

Analyse der Weidenrinde: T 12.83, NT 10.35, bei 13% H_2O.

Tabelle 34

Temperatur in ^{0} C	Diffusionsbrühen				Lohe T (in Prozenten bei 13 % H_2O)	Lohe NT (in Prozenten bei 13 % H_2O)
	T g in	NT in 100 ccm	Anteilzahl	NL		
Von 20 ^{0} im frischen Diff. bis 50 ^{0} auf Lohe . . .	2.71	2.88	48.0	0.95	4.83	2.14
Von 50^0 bis 90^0	3.33	3.26	50 5	2.66	2.22	1.05
90^0 in allen	2.70	2.91	48.0	4.36	1.46	1.72

D. h. das Optimum für die Auslaugung der Weidengerbstoffe liegt bei 50—90^0 C. NL sind bei Sulfitierung mit 2—3% $NaHSO_3$ (Prozente auf Trockenrückstand bezogen) gelöst worden (nach den Versuchen von Chaikin).

22. Geschlossene Vakuumdiffuseure. Geschlossene Diffuseure können nicht nur unter Druck, sondern auch unter Vakuum nach dem System von Nance arbeiten.

Diese Methode ist schwieriger auszuführen, da besondere Vakuumpumpen notwendig sind, aber für die Verarbeitung temperatur-

[1] Vergleiche folgende Ausführungen und mathematische Entwicklungen über den Vorgang der Diffusion bei Nichtelektrolyten, besonders bei Zucker: 1. Schwarzer, Österreichisch-Ungarische Zeitschrift für Zuckerindustrie, 1872, 561, 659. 2. Frank, Zeitschrift für Zuckerindustrie in Böhmen, 1890, 521. 3. E. Hausbrand, Enzyklopädie der technischen Chemie von Ullmann, 1917, Bd. 5, 143.

empfindlicher Materialien kann sie von großem Wert sein. Nach dem Patent Nance, D.R.P. 374.578, erfolgt die Extraktion in um ihre Horizontalachse drehbaren Autoklaven unter starker Luftverdünnung bei 27° C oder niedrigerer Temperatur. Infolge des Vakuums platzen die Zellwände und das warme Wasser dringt leicht ein und extrahiert die Gerbstoffe, ohne sie irgendwie zu zersetzen.

Nach dieser Methode arbeitet die Extraktionsanlage für Mimosarinde in einer südafrikanischen Fabrik. Ihre Diffusionsbatterie besteht aus 5 Autoklaven, in denen infolge der Luftverdünnung bei 21—22° gekocht wird. Die Diffusionsbrühe hat eine Dichte von 66° Bark. Nach dem Verdampfen erhält man einen Extrakt von hoher Anteilzahl mit einem Gerbstoffgehalt von 72% und einem Nichtgerbstoffgehalt von 12.8%, wogegen der normale Mimosaextrakt etwa 60% Gerbstoff und etwa 20% Nichtgerbstoff enthält.

23. Diffusion in Bewegung. In einigen Fabriken werden für die Extraktion rotierende Trommeln, ähnlich den Gerbfässern, verwendet.

Ich hege Zweifel bezüglich der Wirtschaftlichkeit dieser Methode. Möglicherweise eignet sie sich für hochprozentige Gerbmateriale, auf keinen Fall aber für niedrigprozentige.

24. Die Extraktion von Fichtenrinde. Für gewöhnlich werden Gerbmaterialien nur mit Wasser extrahiert. Für die Extraktion der an harzartigen Stoffen reichen Fichtenrinde gibt es außerdem ein Verfahren nach D.R.P. 306.529 von Brunel und Silberberger, nach welchem die Fichtenrinde vor der Extraktion mit Hilfe eines bei zirka 100° siedenden Lösungsmittels, am besten Benzin, entharzt wird, damit das in der Rinde enthaltene Wasser beim Entharzen verdampft. Wenn das Lösungsmittel niedrigere Temperatur hat und das Wasser nicht vor der Extraktion beim Entharzen verdampft wird, dann führt der zum Entfernen des Lösungsmittels eingeblasene Dampf zugleich mit dem restlichen Wasser auch Gerbstoffe fort.

Temperaturen von über 100° C wirken zersetzend auf die Gerbstoffe. Die entharzte Rinde wird durch Wasser leichter extrahiert und liefert um 1.5% mehr Gerbstoff.

25. Praktische Angaben über das Extrahieren von Eichenholz. Bezüglich der Raumverhältnisse der Diffuseure ist zu bemerken, daß 1 cbm imstande ist, etwa 310—330 kg Holzspäne von 3—5 mm, bei 20% Feuchtigkeit, aufzunehmen, wenn sie auf der Schneidemaschine mit geneigter Zuführungsrinne erhalten wurden. Bei der Zerkleinerung in Schneidemaschinen mit horizontaler Rinne erhält man die Späne in ganzen Stücken, wodurch um 15% weniger von diesen Spänen in einem Kubikmeter enthalten sind.

Von 1 kg Holz mit 20% Feuchtigkeit werden 2 Liter Gerbbrühe von 2° Bé erhalten.

Die Dauer der Auslaugung hängt sehr von der Temperatur ab: beim Erwärmen auf 70° (in den Gefäßen mit starken Brühen) bis 95° (in denjenigen mit dem letzten Waschwasser) braucht die Auslaugung 36 Stunden, im kochend heißen Zustande aller Diffuseure 16—24 Stunden, bei 120—125° nur 6—8 Stunden.

Im Verlaufe eines halben Jahres planmäßig ausgeführte Betriebsanalysen in einer Fabrik haben ergeben, daß im Mittel 75% des vorhandenen Gerbstoffs ausgelaugt werden (72—80%, je nach der Sorgfalt der Arbeit). Eichenholz enthielt im Mittel 5.7% Gerbstoff bei 13% Wasser. Die Arbeit fand statt bei 70—95° C, in einer Batterie von neun Gefäßen ohne Zusatz von Bisulfit, die Zeitdauer war 54 Stunden. Von den Nichtgerbstoffen wurden 69% entzogen, bei einem Gehalt von 4.2% derselben im Rohmaterial.

26. Die Auslaugung mit Bisulfit. Zur Kennzeichnung der Auslaugung mit und ohne Druck, mit und ohne Bisulfit, sei hier die nachfolgende Tabelle auf Grund meiner Untersuchungen angeführt.[1]

Eichenholzspäne		Ausgelaugtes Material bei 2 atm. Druck im Verlaufe von 8 Stunden		Ausgelaugt %	Ausgelaugtes Material aus offenen Geschirren, bei 100° C in 24 Stunden		Ausgelaugt %
		ohne Bisulfit	mit Bisulfit		ohne Bisulfit	mit Bisulfit	
Gerbstoffe	3.22	—	0.8	77.0	—	1.08	68.7
Gerbstoffe	3.7	—	0.93	76.5	—	0.96	75.8
Gerbstoffe	6.93	1.56	—	79.1	1.64	—	77.9
Gerbstoffe	6.93	—	1.19	84.0	—	1.46	80.4
Nichtgerbstoffe	4.82	2.03	—	60.8	2.87	—	44.6
Nichtgerbstoffe	4.82	—	1.56	69.8	—	1.92	62.8

Aus den angeführten Zahlen ist ersichtlich, daß der Prozentgehalt der Auslaugung in geschlossenen Diffuseuren höher ist als in offenen, desgleichen bei Auslaugung mit Bisulfit in offenen um 3% und in geschlossenen um 6% höher als ohne Bisulfit. Der Gehalt an Nichtgerbstoffen ist bei geschlossener Diffusion größer als bei offener, desgleichen wächst er mit der Zugabe von Bisulfit. Verwendet wurde eine Bisulfitlösung von 24° Bé, u. zw. bis zu 3% vom Gewicht des Auslaugematerials.

27. Vergleich der Gerbstoffauslaugung aus reichen und armen Materialien. Außerdem sehen wir, daß der Prozentgehalt des ausgelaugten Holzes bei gerbstoffreichem Material höher liegt als bei gerbstoffarmem. Dies erklärt sich daraus, daß umso weniger ausgelaugtes Material zurückbleibt, je gerbstoffreicher das Holz war. Obgleich der Prozentgehalt in diesem ausgelaugten Material größer sein wird, als in dem an Gerbstoff ärmeren, so wird doch der Gesamtverlust an Gerbstoff bei dem reichen Material weniger hervortreten, da er durch Multiplikation der Menge des ausgelaugten Materials mit dem Prozentgehalt desselben an Gerbstoff erhalten wird. Diese Erscheinung kann man besonders bei großen Gerbstoffgehaltsunterschieden beobachten. Dagegen verschwindet sie bei kleinen Unterschieden, da sie durch unvermeidliche Schwankungen im Betriebe verdeckt wird.

---

[1] P. Pawlowitsch, Collegium, 1923, 277.

28. Unbestimmte Gerbstoffverluste. Wie vorsichtig man bei der Bestimmung von Auslaugeverlusten sein muß, ist aus folgendem Beispiel ersichtlich: Bei Untersuchungen, die in der Kiewer Extraktfabrik in den Jahren 1918/19 zur Durchführung kamen,[1] wurde festgestellt, daß ungefähr 15% vom Gerbstoff im ausgelaugten Material verloren gegangen war und ungefähr ebensoviel anderwärts auf unerklärliche Weise. Anfangs konnte man annehmen, daß diese Verluste im Verlaufe der Extraktion oder der Klärung oder der Eindickung der Brühen entstehen. Zu diesem Zwecke unternommene Bestimmungen zeigten aber nur ganz unbedeutende Verluste an. In einer anderen Fabrik wurden derartige unerklärliche Verluste nicht gefunden. Schließlich erklärte sich diese Angelegenheit durch die verschiedene Probenahme. Im ersten Falle wurden die Proben des nicht ausgekochten Eichenholzes in Gestalt von Sägespänen genommen, während die ausgelaugten Späne auf einer Laboratoriumsmühle vermahlen wurden. Diese Arbeitsweise ergab in der Eiche, da durch die Säge die Zellen besser gelockert worden waren, bei der Analyse übertrieben gute Resultate und beim ausgelaugten Material ein zu geringes Ergebnis. Außerdem verlieren die Sägespäne durch das Erhitzen beim Sägen etwa 5—10% an Wasser. Der Wassergehalt war zu gering und beim Umrechnen des Gewichts der Eiche auf einen Feuchtigkeitsgehalt von 13% wurden viel zu hohe Ziffern erhalten. Damit die Analysen ein richtiges Resultat geben, muß man die Proben direkt von der Holzschneidemaschine nehmen, die Feuchtigkeit bestimmen und genau so zerkleinern wie die ausgelaugten Späne.

Auch Eitner[2] spricht von diesen unbestimmten Verlusten und rechnet sie zur Regel bei der Extraktion. Nach seinen Angaben gehen bis zu 36% im ausgelaugten Material und anderwärts verloren. Diese unbestimmten Verluste erklärt er durch Bildung von unlöslichen Stoffen im Fabriksbetriebe, die in der Laboratoriumspraxis als Gerbstoff bestimmt werden. Es mag dieses in manchen Fällen richtig sein, jedoch bei der Extraktion von Eichen- und Kastanienholz, die sich der im Laboratorium üblichen sehr nähert, trifft es wohl kaum zu.

29. Berechnung des Dampfverbrauchs bei der Diffusion. Die zur Extraktion erforderliche Dampfmenge unter Druck von 3 Manometeratmosphären ergibt sich aus folgender Berechnung: Angenommen, die Extraktion geschehe in einer Batterie von 10 offenen Holzbottichen, die einen Durchmesser von 300 cm und eine Höhe von 600 cm haben, bei 90° C, während die Temperatur der Umgebung 25° C betrage, und parallel dazu in 6 geschlossenen Kupferdiffuseuren von 185 cm Durchmesser, 350 cm Höhe und bei einer mittleren Temperatur von 120° in den Diffuseuren.

1. Der Wärmeverlust an die Wände des Diffuseurs wird durch die Wärmedurchgangszahl bestimmt, die auf Grund unserer experi-

[1] P. Pawlowitsch, Collegium, 1923, 277.
[2] Der Gerber, 1907, Nr. 787 u. 1908, Nr. 820.

mentell ermittelten Angaben für Diffuseurwände aus Fichtenholz von 100 mm Dicke rund 3 beträgt.[1]

$$\frac{1}{K} = \frac{1}{\alpha_1 + S_1} = \frac{\delta}{\lambda}$$

wo α_1 die Fließzahl für mäßig bewegte Luft $= 5$ ist, $S_1 =$ der Wärmeübergang durch Strahlung nach Peclet: $S_1 = s_1 + (0{\cdot}0075\, \alpha_1 + 0{\cdot}0056\,.\, s)\,(\triangle_1 - t_1)$, wo s_1 der Strahlungskoeffizient für Holz $= 3{\cdot}6$, $\triangle_1 - t_1 = 90 - 25 = 65$ ist; daraus $S_1 = 7{\cdot}35$; $\delta = 0{\cdot}1$ (Dicke in m), $\lambda = 0{\cdot}3$ (Leitungskoeffizient).

$$\frac{1}{K} = \frac{1}{7{,}35} + \frac{0{,}1}{0{,}3}$$

oder $K = 2{,}13$.

Die Oberfläche der Diffuseure beträgt 64 m², der Temperaturunterschied zwischen innen und außen 65°.

Wenn man die normale Ladung eines Diffuseurs zu 30 cbm $\times$ $\times$ 310 kg = 9300 kg rechnet, so erhält man auf je 1000 kg und eine Stunde einen Wärmeverlust von 2.5 kg Dampf (wobei der Wärmeinhalt des Dampfes mit rund 540 Kalorien angenommen ist).

Für Kupferdiffuseure von 7 mm Wandstärke ist die Wärmedurchgangszahl gleich 4, die Oberfläche 30 m², der Temperaturunterschied etwa 85°.

Die Ladung eines Diffuseurs zu 11 cbm gerechnet, $11 \times 310 =$ $= 3400$ kg, Wärmeverlust auf 1000 kg = 5.57 kg. Bei guter Isolierung beträgt dieser Verlust auf Grund unserer experimentellen Angaben ungefähr 2.5 kg Dampf.

2. Zum Erwärmen der Späne von 10 auf 95°, bei einer spez. Wärmekapazität derselben von 0. 6 sind für 1000 kg Späne in offenen Geschirren 94.5 kg, in geschlossenen zum Erwärmen auf 120° 122 kg Dampf nötig.

3. Zum Erwärmen des Wassers,[2] das im Auslaugematerial enthalten ist und beim Ausleeren der Diffuseure in einer Menge von 1500 kg je 1000 kg Späne (von 20% Wassergehalt) verloren geht, werden 157 kg Dampf bei der offenen und 204 kg bei der geschlossenen Diffusion verbraucht.

4. Zum Erwärmen der Brühen, 2 kg auf 1 kg Späne gerechnet, gehen auf 2000 kg Brühen 315 kg, bezw. 408 kg Dampf auf.

5. Auf 1 qm offener Wasseroberfläche verdampfen bei 90—95° C pro Stunde 10 kg Wasser, gemäß unseren Laboratoriumsuntersuchungen, bei 6.3 qm Oberfläche 63 kg, in 24 Stunden 1512 kg. Die Ladung des Diffuseurs mit Spänen von 20% Wassergehalt zu 9300 kg gerechnet, erhalten wir für je 1000 kg Späne 162,5 kg Abdampf mit einem entsprechenden Dampfverbrauch von 162,5 kg.[3]

---

[1] Bemerkung: Heranzuziehen ist die Gleichung für die Wärmedurchgangs zahl K

[2] Auf Grund der langjährigen Praxis der Kiewer Eichenextrakt-Fabrik.

[3] Da die Diffuseure, wenn auch nicht hermetisch verschlossen, so doch mit Deckeln versehen sind, kann dieser Verlust in der Praxis bedeutend kleiner sein.

Der Dampfverbrauch, auf 1000 kg Späne gerechnet, wird durch folgende Tabelle ausgedrückt, wobei zu berücksichtigen ist, daß die Späne in offenen Gefäßen 24 Stunden, in geschlossenen nur 8 Stunden bearbeitet werden.

Tabelle 35

Bezeichnung der Verbrauchsposten	Dampfverbrauch bei off. Diffus.	Dampfverbrauch bei geschlossener Diffusion
1. Wärmeverluste . . 2,5 × 24 =	60 kg	2.5×8 = 20 kg
2. Erwärmung der Späne	94.5	122
3. Erwärmung der Wassermenge im Auslaugmaterial und der beim Entleeren der Diffuseure verloren gehenden	157	204
4. Erwärmung der Brühen	315	408
5. Verdampfung	162.5	—
Summe	789	754

Die Heizfläche der Kalorisatoren wird für die Diffuseure auf Grund der Wärmemenge berechnet, die ihnen in Abhängigkeit von dem Temperaturunterschied zwischen Heizdampf und erwärmter Flüssigkeit und vom Wärmedurchgangskoeffizienten zugeführt werden muß, welch letzterer praktisch mit etwa 600 Kalorien in der Stunde pro Quadratmeter angenommen wird.

Der Rauminhalt der Meßgefäße muß wegen des Schäumens der Brühen um 25% größer sein als die Höchstmenge an Brühe.

Drittes Kapitel.

Die Verdampfung der Brühen

1. Die Rolle des Vakuums. Die modernen Gerbmethoden erfordern starke Brühen, sogar solche bis zu 24° Bé. Die aus den Diffuseuren kommende Brühe ist aber sehr schwach: bei der Extraktion gerbstoffarmer Materialien wie Eichenholz 2—3° Bé, bei der Extraktion reicher Materialien wie Mimose 4—6° Bé. Zur Erzielung größerer Dichte muß man die Brühen eindampfen. Geschieht dies an der offenen Luft, so findet ein großer Gerbstoffverlust statt. Deshalb muß man die Verdampfung in geschlossenen Apparaten unter Luftverdünnung, den sogenannten Vakuumapparaten durchführen. Zur Erhaltung der Gerbstoffe in unveränderter Form muß hiebei ein möglichst hohes Vakuum erreicht werden. Dies ergibt sich aus den folgenden, beim Arbeiten mit einem Dreikörper-Verdampfapparat System Klasson bei verschiedenen Luftverdünnungen erhaltenen Betriebsanalysen.[1]

[1] P. Pawlowitsch, Collegium, 1923, 277.

Tabelle 36

Nr.	Gerbstoff	Nichtgerbstoff	Verhältnis zwischen Gerbstoff u. Nichtgerbst.	Unlösliches	Temperatur ° C / Vakuum in cm der Quecksilbersäule 1. Körp.	2. Körp.	3. Körp.	Verhältnis zwischen Gerbstoff und Nichtgerbstoff im Holz
1.	59.66	38.20	100/64	2.14	93° C / 2 cm	84° C / 32 cm	59° C / 62 cm	100/67
2.	57.46	39.94	/69	2.60				/63
3.	59.29	39.37	/66	1.34				/68
4.	59.76	39.16	/65.5	1.08				/65
5.	51.50	42.50	/82.5	2.94	99° C / 3 cm	94° C / 10 cm	87° C / 27 cm	/65
6.	52.10	43.07	/83	4.84	96° C / 10 cm	86° C / 25 cm	81° C / 40 cm	/67
7.	52.53	41.85	/80	5.62				/69
8.	58.14	40.61	/70	1.25	93° C / 2 cm	84° C / 32 cm	59° C / 62 cm	/65
9.	57.97	40.45	/70	1.58				/67

Geringe Schwankungen in den Analysenresultaten sind aus der Mannigfaltigkeit des verarbeiteten Eichenholzes und aus Analysenfehlern zu erklären. Im allgemeinen ist jedoch klar ersichtlich, daß mit Abnahme des Vakuums auf 40 cm die Gerbstoffe zersetzt werden, bis zu 6% vom Gesamtgehalt, und in Unlösliches und Nichtgerbstoffe übergehen. Aus derselben Tabelle folgt, daß das Verhältnis zwischen Gerbstoffen und Nichtgerbstoffen im Holz im Mittel 100 : 65 beträgt, im Extrakt bei Vakuum von 62 cm 100 : 67. Der Unterschied liegt innerhalb der Grenzen der Versuchsfehler. Bei Vakuum von 40 cm sind diese Verhältniszahlen 100 : 64, bezw. 100 : 78.

2. Systeme von Verdampfapparaten. Ohne bei den gewöhnlichen, in den Spezialwerken gut beschriebenen Systemen zu verweilen, will ich auf einige besonders für die Extraktfabrikation in Betracht kommende Konstruktionen genauer eingehen. Es ist zu berücksichtigen, daß Gerbbrühen gegen Überhitzung sehr empfindlich sind, beim Kochen stark schäumen, einen schwer zu entfernenden Belag auf den Rohrwänden bilden und ihre sauren Dämpfe Eisen rasch und Kupfer langsam zerfressen.

Hinsichtlich der Verhinderung des Schäumens ist der Apparat von Neubäcker (Abb. 74) interessant, der mit besonderen Platten zur Zerstörung der Schaumblasen ausgestattet ist. Die von diesen Platten zurückgeschleuderte Flüssigkeit verstärkt die Zirkulation, wodurch wieder die Ausbildung eines Belags auf den Wänden verhindert wird.

Infolge des stürmischen Siedens innerhalb der Röhren, reißt der ausströmende Dampf bedeutende Flüssigkeitsmengen mit und hebt sie bis zum oberen Ende der Röhren, von wo sie durch ein Zentralzirkulationsrohr großen Durchmessers nach unten zurückfließen.

Durch diese Zirkulation wird die Verdampfung gesteigert. Damit der Apparat rationell arbeitet, muß das Flüssigkeitsniveau in den Röhren durch ununterbrochenes Zupumpen von Brühe und Ablassen des fertigen Extrakts ständig auf einer Höhe von etwa $^1/_3$ der Röhrenlänge gehalten werden.

Zur möglichst weitgehenden Ausnützung des Dampfes werden solche Apparate zu 2, 3 oder 4 Körper-Batterien vereinigt.

Wie die Abbildung eines Zweikörper-Verdampfers (Abb. 75) zeigt, treten Brühe und Frischdampf in den ersten Körper ein, die bei der Verdampfung im 1. Körper entstandenen Brüden treten durch ein

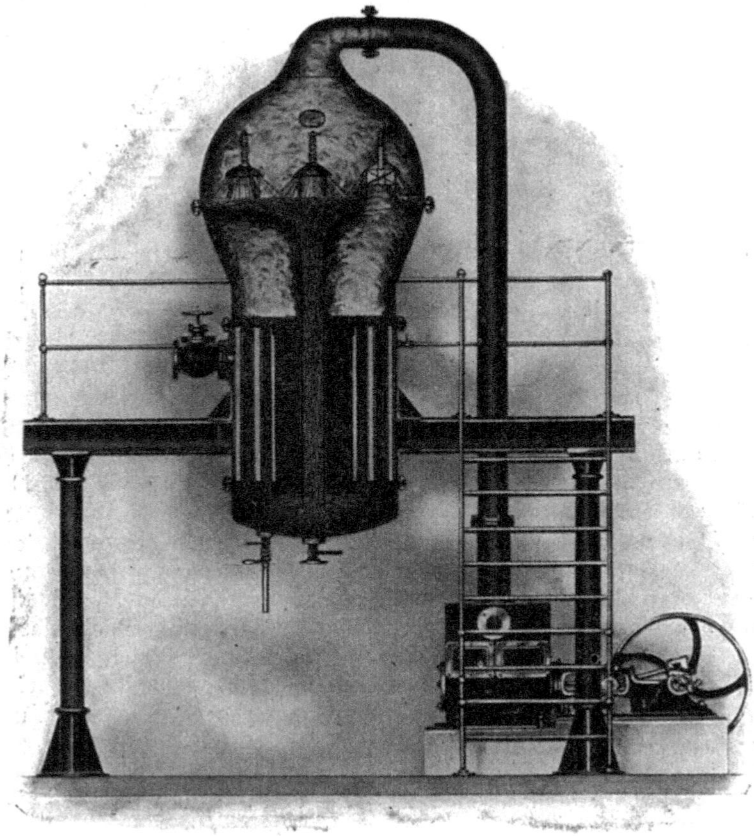

Abb. 74. Brühen-Eindampfapparat (Neubäcker, Danzig)

weites Rohr in den zweiten Körper, wohin auch die im 1. Körper vorgekochte Brühe gelangt. Aus dem 2. Körper werden die Brüden durch eine Naßluftpumpe entfernt und der fertige Extrakt in ein Reservoir abgesaugt. Die Dämpfe aus dem letzten Körper werden gewöhnlich mittels Rieselkondensatoren mit barometrischem Fallrohr und Trocken-Vakuumpumpe kondensiert; für Verdampfleistungen bis zu 2000 kg pro Stunde verwendet man zweckmäßig auch unmittelbar mit der Naß-Luftpumpe verbundene Rieselkondensatoren, wie auf Abb. 75.

Am häufigsten werden Rieselkondensatoren benützt. Das Kühlwasser kommt von oben, verteilt sich über die kegelförmige Oberfläche und fließt auf den Verteilungsteller, von wo es, in einzelnen Strahlen abwärtsfallend, an einem ganzen System von Oberflächen versprüht wird. Der Dampf tritt von unten ein, mischt sich mit dem fein verstäubten Wasser, kondensiert sich und fließt mit dem Kühlwasser durch ein 10 m hohes barometrisches Fallrohr in einen mit Wasser

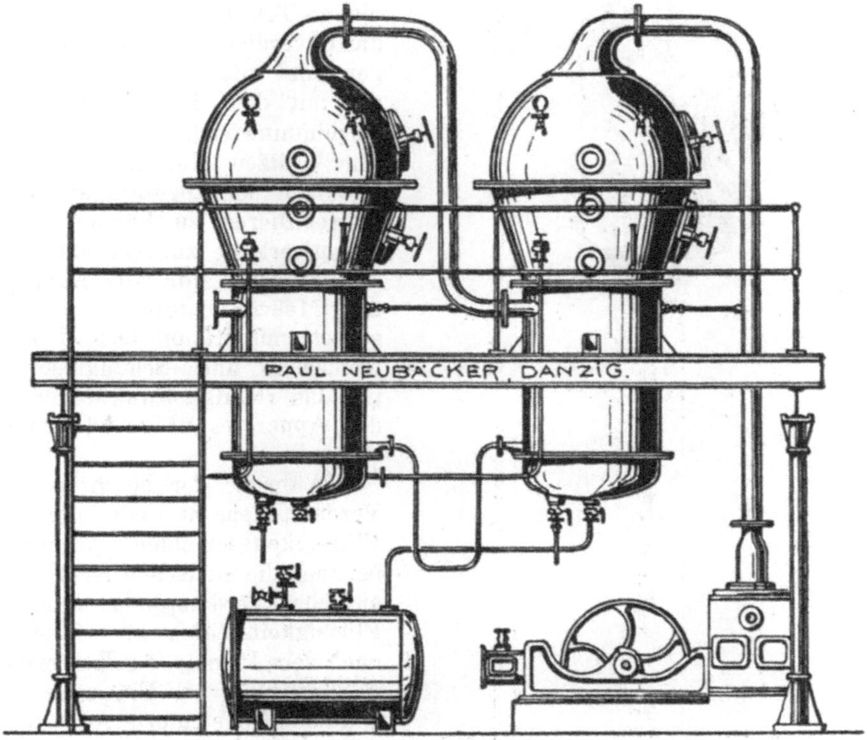

Abb. 75. Zweikörper-Verdampfer (Neubäcker, Danzig)

gefüllten barometrischen Behälter. Die Luft wird von oben durch den Deckel abgesaugt; auf ihrem Wege wird ein Wasserabscheider für die mit dem Dampf weggeführten Wassertropfen eingeschaltet, die gleichfalls in den barometrischen Behälter geleitet werden.

Die Anordnung des Kondensators mit dem Wasserabscheider und dem barometrischen Behälter ist in Abb. 76 gezeigt.

Durch Regelung des Kühlwasserzustroms in den Kondensator und der Arbeit der Vakuumpumpe kann man im letzten Körper die gewünschte Luftleere herstellen. In Abhängigkeit von diesem Vakuum stellen sich in den übrigen Körpern bestimmte Abstufungen der Luftverdünnung und der Temperatur ein.

Für den normalen Betrieb einer Verdampfstation ist es uner-

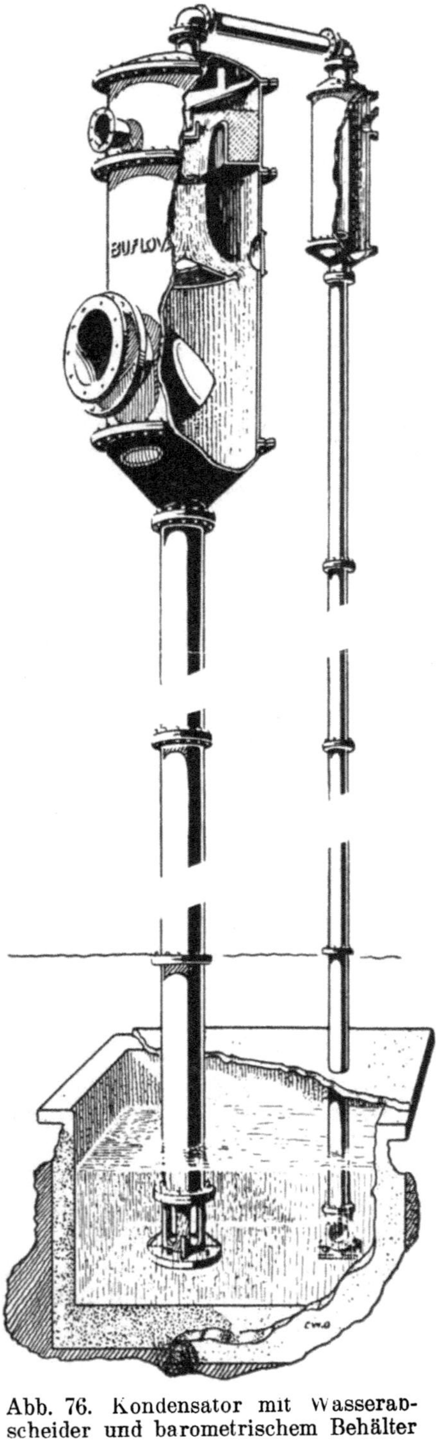

Abb. 76. Kondensator mit Wasserabscheider und barometrischem Behälter

läßlich, das in den Dampfkammern der Körper gebildete Kondenswasser rechtzeitig durch Wasserpumpen oder durch ein entsprechendes barometrisches Fallrohr mit Behälter zu entfernen; auch muß man aus dem oberen Teil der Dampfkammern die unverdichteten Gase absaugen, und zwar mittels Röhren, die mit dem Kondensator in Verbindung stehen. Diese Röhren besitzen Hähne, um das Volumen der abgesaugten Gase regulieren zu können und Dampfverluste zu vermeiden.

Überdies sind alle Körper mit Meßvorrichtungen ausgestattet: mit Manometern, Thermometern und Schaugläsern, um das richtige Funktionieren des Apparates überwachen zu können.

Während der beschriebene Verdampfapparat mit dicken Flüssigkeitsschichten arbeitet, beruhen die modernen Apparate auf der Verdampfung dünner Flüssigkeitsschichten. Solche nach dem Prinzip des Kletterns (Grimpage) von Flüssigkeitshäutchen konstruierte Apparate (Abb. 77) werden von der Firma Kestner gebaut.

In diesen Apparaten sind die vertikalen Heizröhren so lang, daß die Flüssigkeit infolge der energischen Verdampfung durch die ganze Höhe der Röhren zerstäubt wird und an den Rohrwänden dünne, aufwärts kriechende Häutchen bildet. Das Gemisch aus Dampf und Flüssigkeit prallt oben gegen einen Zentrifugalverteiler von der Form eines Turbinenrades mit parabolischen Schaufeln, die dem

Dampfstrom eine Drehbewegung erteilen. Dadurch werden die Tröpfchen aus dem Dampfstrom herausgeschleudert wie in den Zyklonen, sammeln sich auf dem Boden der oberen Dampfkammer und fließen in den folgenden Verdampfer oder in ein Aufnahmegefäß, während der Dampf durch einen weiten Stutzen entweder in den nächsten Körper oder in den Kondensator strömt.

Abb. 77 zeigt einen solchen Apparat, dessen 7 m lange Röhren an ihren Enden in eine gelochte Platte eingewalzt sind, die mit dem Zylinder zusammen den Dampfraum bildet. Der obere Teil des Apparats wirkt durch eine in seinem Innern befindliche Scheidewand als Separator für Dampf und Flüssigkeit. Die Flüssigkeit wird in ununterbrochenem Strom durch den unteren Stutzen abwärts geleitet und verteilt sich gleichmäßig auf alle Röhren.

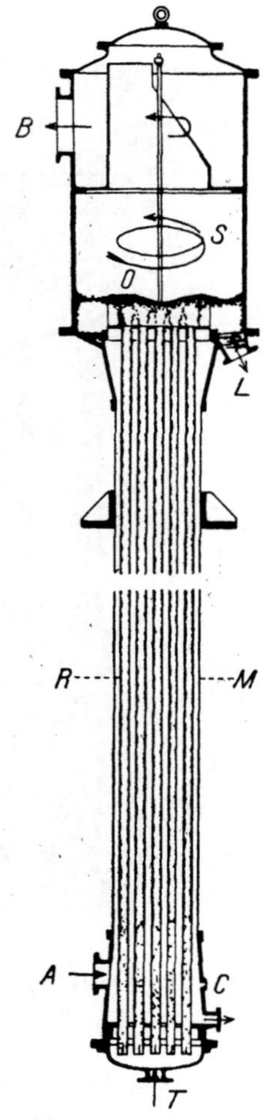

Abb. 77. Verdampfapparat (Kestner, Lille)

Das Volumen des beim Sieden gebildeten Dampfes vergrößert sich schnell, was eine Vergrößerung seiner Strömungsgeschwindigkeit und das Mitreißen der Flüssigkeit längs der Wände zur Folge hat. Dadurch kommt es zu der Erscheinung des Kletterns in dünner Schicht. Einige Sekunden nach ihrem Eintritt in den Apparat verläßt ihn die Flüssigkeit in konzentriertem Zustand durch den im oberen Teil angebrachten Stutzen, während der Dampf nach seiner Trennung von der Flüssigkeit durch den Stutzen B abströmt. Das Kondensat fließt durch den Stutzen E weg und die Luft wird aus dem Dampfraum durch den Stutzen C abgesaugt.

Derartige Apparate können nach Wunsch zu 2-, 3- und 4-Körper-Batterien vereinigt werden. Abb. 78 stellt einen 3-Körper-Verdampfer dar, der in der Taganroger Fabrik zur vollsten Zufriedenheit arbeitet.

Die Kestner-Apparate zeichnen sich durch große Leistungsfähigkeit und Schnelligkeit der Verdampfung aus, d. h. durch die Kürze der Zeit, die bis zum Vorhandensein eingedampfter Flüssigkeit im Apparat vergeht, wodurch die ursprünglichen Eigenschaften der eingedampften Lösungen erhalten bleiben, und durch die, infolge der starken Zirkulation, ganz geringfügige Niederschlagsbildung.

Auf demselben Prinzip wie die Kestner-Apparate beruhen die amerikanischen Yaryan-Apparate, in denen die Röhren horizontal liegen. Diese Anordnung ist weniger vorteilhaft als die vertikale der Kestner-Apparate, da es praktisch unmöglich ist, in horizontalen

Röhren Häutchen von ringsherum gleicher Dicke längs der ganzen Länge der Röhre zu erzielen. Infolge der Schwerkraft muß die Schicht unten dicker sein.

In Deutschland werden unter der Bezeichnung „Multiplex“ Apparate von bemerkenswert gedrängter Bauart erzeugt, bei denen der Saftraum sehr klein und die Brühenzirkulation durch die Röhren sehr intensiv ist.

Abb. 78. Dreikörpe -Verdampfer (Kestner, Lille)

Die Flüssigkeit verweilt nur einige Minuten im Apparat, während sie in den gewöhnlichen Apparaten einige Stunden bleibt. Daher sind die erhaltenen Extrakte, ebenso wie die mittels der Kestner- und Yaryan-Apparate hergestellten, sehr hochwertig. Abb. 79 stellt einen Dreikörper-Multiplex mit Dampfstrahlpumpe, System Wiegand, für die Brühenzirkulation vor.

Für die Verdampfung von 10.000 kg Wasser innerhalb von 8 Stunden erfordert er 2 PS, 65 m^3 Kühlwasser und 3000 kg Dampf.

Abb. 80 zeigt die gedrängte Anordnung einer Diffusorenbatterie mit 3-Körper-Verdampfern von Schmidt, die sich durch verstärkte Zirkulation und hohe Leistung auszeichnet.

Die Verdampfapparate sollen aus Kupfer sein, mit Ausnahme des zylindrischen Teils des Dampfraumes, der im ersten Körper aus Eisen bestehen darf, in den übrigen aber aus Kupfer sein muß, da die Brühendämpfe sauer sind und das Eisen rasch zerfressen. Auch die Rohrleitung im Kondensator wird besser aus Kupfer hergestellt. Der Kondensator soll am besten aus Gußeisen bestehen, da eiserne Kondensatoren sehr rasch durchfressen werden.

3. Die vorteilhafteste Verdampfung. Die Dreikörperverdampfung ist die vorteilhafteste. Bei dieser wird der erste Körper durch Abdampf aus der Dampfmaschine von 105—115° C erwärmt. Der zweite Körper wird durch Dampf aus der kochenden Brühe des ersten Körpers erwärmt. Das Vakuum ist hier 30 cm Quecksilbersäule bei 86° C.

Der dritte Körper wird durch Dampf aus den Brühen des zweiten Körpers bei einem Vakuum von 60 cm erwärmt bei 55° C. Die Luftverdünnung wird hervorgerufen durch Verdichtung der Dämpfe des

Abb. 79. Dreikörper-Multiplex mit Dampfstrahlpumpe, System Wiegand

dritten Körpers im Kondensator und durch die Luftpumpe. Die Verdampfungswärme wird dreimal ausgenutzt und der Dampfverbrauch wäre ohne die unvermeidlichen Verluste dreimal so gering wie im Einkörpersystem. Tatsächlich ist er es 2.7mal.

Im Vierkörperapparat müßte die Ökonomie noch größer sein, aber in Anbetracht der höheren Auslagen für die kupferne Apparatur lohnt diese sich wahrscheinlich nicht mehr.

Es ist sogar möglich, daß es bei der gegenwärtigen Teuerung, den großen Erschwerungen bei der Erwerbung von Kupferapparaten und im Hinblick auf die billigen Lohenrückstände, die neben großen Extraktausbeuten (von 15.000 kg und mehr Extrakt von 24° Bé in 24 Stunden) erhalten werden, vorteilhafter sein wird, mit zwei Körpern, oder vielleicht mit einem zu arbeiten. Die Körper sind in allen drei Fällen die gleichen. Die Ersparnis bei der Arbeit in den Körpern ergibt sich aus einer entsprechenden Vergrößerung der Temperaturdifferenz zwischen dem Heizdampf und der siedenden Brühe. Sie beträgt im Einkörperverdampfer 105°—60° = 45° und spaltet sich im Zweikörper-Verdampfer in zwei Teile, im Dreikörper-Verdampfer in drei. Die Leistung des Verdampfers ist aber annähernd proportional der Temperaturdifferenz.

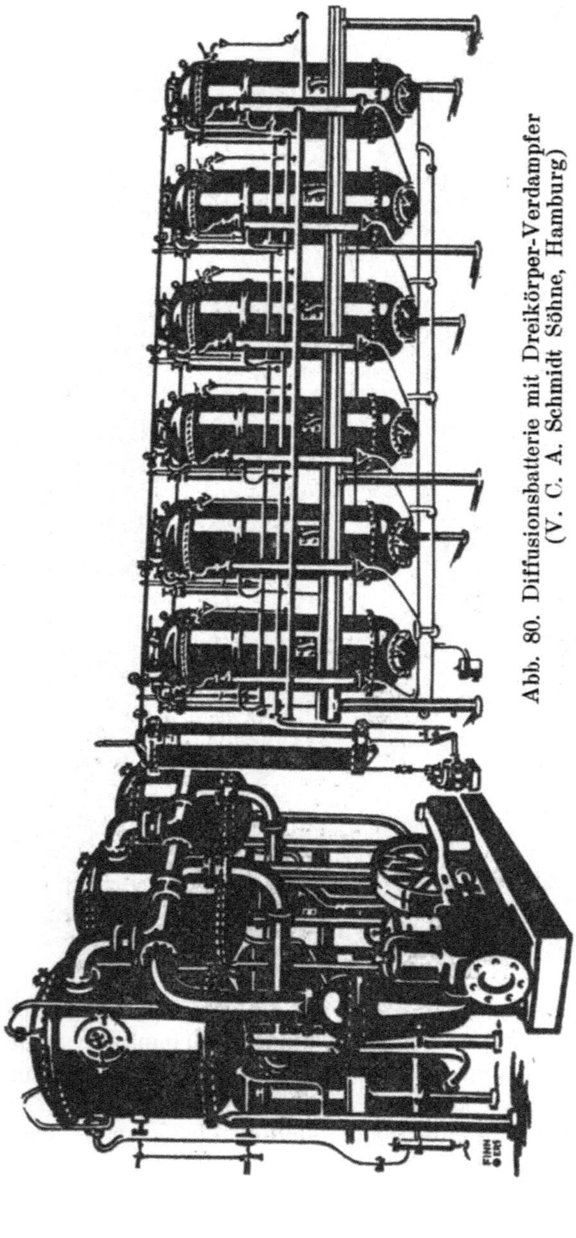

Abb. 80. Diffusionsbatterie mit Dreikörper-Verdampfer (V. C. A. Schmidt Söhne, Hamburg)

Auf Grund von aus Zuckerfabriken stammenden Angaben beträgt die Verdampfleistung eines Einkörperapparates 40—50 kg Wasser je m² Heizfläche, die eines Zweikörperapparates 30—33 kg, eines Dreikörperapparates 20—22 kg.

Nach Angaben von E. Hausbrand[1] wird bei der Verdampfung ohne besondere Schwierigkeiten verdampfender Flüssigkeiten in gewöhnlichen vertikalen Apparaten mit Kupferröhren von 1000 und mehr Millimeter Länge je Quadratmeter Oberfläche folgende Flüssigkeitsmenge in Dampf umgewandelt:

In Einkörperapparaten	70—80 l	Wasser / Stunden
In Zweikörperapparaten	30—36	„
In Dreikörperapparaten	20—25	„
In Vierkörperapparaten	18—20	„

In unserer Praxis in den Extraktfabriken von Kiew und Maikop gelang es, in einem Dreikörperverdampfer aus gewöhnlichen vertikalen Apparaten mit 1000 mm langen Dampfröhren eine Verdampfleistung von 20—25 kg zu erzielen, bei Abdampf von ca. 105° und Vakuum 60 cm. Auch in Kestner-Apparaten konnten 35—40 kg Dampf je Quadratmeter gewonnen werden. Bei der Extraktion von 1000 kg Eichenholz erhält man 2000 l Brühe von 2° Bé, aus denen man, um Extrakt von 24° Bé herzustellen

$$2000 \times \frac{(1.200-1.0145)}{1.200-1} = 1855 \text{ l}$$ verdampfen muß. 1.200 ist das sp. Gewicht des Extraktes von 24° Bé, 1.0145 das sp. Gewicht der Brühe.

Zur Gewinnung von Extrakt von 45° Bé muß man

$$2000 \times \frac{(1.450-1.0145)}{1{\cdot}450-1} = 1935 \text{ l verdampfen.}$$

Ich gebe die Angaben von Hausbrand über die erforderliche Leistungsfähigkeit der Vakuumpumpe in m³ Luft je Minute wieder (L), über ihren Energiebedarf in Pferdestärken (PS), über den Kühlwasserverbrauch des Kondensators in Kubikmetern (W) bei Erwärmung des Wassers von 10° auf 30° (Tabelle 37).

Tabelle 37

Art des Verdampfapparats	Menge des pro Stunde verdampften Wassers in Litern																	
	1000			2000			3000			4000			5000			6000		
	L	PS	W	L	PS	W	L	PS	W	L	PS	W	L	PS	W	L	PS	W
Einkörper-Verd.	4	8	25	8	16	50	12	25	75	16	30	100	20	40	125	24	50	150
Zweikörper-Verd.	2	4.2	12.5	4	8	25	6	12	38	8	16	50	10	20	63	12	25	75
Dreikörper-Verd.	—	—	—	—	—	—	4	8	25	5.3	10.5	34	6.7	15	43	8	16	50

Außerdem führe ich zahlenmäßige Daten an über den Bedarf an Dampf von 0.5 atm. Druck und 110° Temperatur und über die Kondensatmengen beim Verdampfen des Wassers von 1000 kg verarbeiteten Eichenholzspänen in Verdampfern verschiedener Typen (Tab. 38).

[1] Verdampfen, Kondensieren und Kühlen, von E. Hausbrand, Berlin 1918, S. 223.

Tabelle 38

	Einkörper-Verdampfer	Zweikörper-Verdampfer			Dreikörper Verdampfer			
Dampf	1950		1000			690		Für die Herstellung v. Extrakt von 24° Bé
Kondensat	1855	925	und	925	617	617	617	
Temperatur	60°	100°		60°	100°	75°	60°	
Dampf	2040		1050			720		Für die Herstellung v. Extrakt von 45° Bé
Kondensat	1935	967	und	967	645	645	645	
Temperatur	60°	100°		60°	100°	75°	60°	

4. Das Kondensat. Das Kondensat aus dem ersten Körper kann als Speisewasser für Dampfkessel verwendet werden, dasjenige aus dem 2. und 3. Körper dagegen reagiert sauer und enthält Säuren (hauptsächlich Essigsäure und wenig Ameisensäure), deren Menge in Umrechnung auf Essigsäure bis 1.5 g je Liter ausmacht. Deshalb können diese Kondensate nur für die Extraktion benützt werden. Das Wasser in der barometrischen Zisterne enthält infolge der 25fachen Verdünnung mit dem Wasser der kondensierten sauren Dämpfe 0.085 g Essigsäure im Liter. Durch Umrechnung der vorhandenen Säure auf die Menge des verarbeiteten Eichenholzes findet man, daß im Kondensat und dem Wasser der barometrischen Zisterne 0.2% vom Holzgewicht enthalten sind. Im Extrakt von 24° Bé finden sich außerdem noch 0.2—0.3% Essigsäure.

Die angeführten Säuren werden bei der Extraktion von Eichenholz in einer Menge von 20—25 kg Essigsäure auf 10.000 kg Holz von 25% Feuchtigkeit erhalten; außerdem gehen 3—4 kg Oxalsäure als oxalsaure Salze in Lösung.

5. Der Belag. Die letzteren verursachen die Bildung eines sehr harten Belags in den Verdampfapparaten, den man von Zeit zu Zeit auf mechanischem Weg mittels Schabern und Bohrern entfernen muß. Dieser Belag besteht fast ganz aus oxalsaurem Kalzium. Dieses entsteht durch die Verbindung der bei der Extraktion von Eiche und Kastanie ausgelaugten Oxalsäure mit Kalziumverbindungen, die teilweise gleichfalls bei der Extraktion von Eiche und Kastanie in Lösung gegangen sind, teilweise in dem zum Extrahieren verwendeten Fabrikswasser enthalten waren.

Ein Versuch zeigte, daß Eichenholz 0.91% Ca O enthält und daß bei der Extraktion mit destilliertem Wasser 0.075% Ca O, bezogen auf das Gewicht des Holzes, in Lösung gingen.

Zur Entfernung dieses Belags empfehlen die Amerikaner Waschen mit Pottaschelösungen.

6. Gefäße für den Extrakt. Der flüssige Extrakt wird in Fässer zu 250—400 kg gegossen und in Europa auf den gewöhnlichen Waggons befördert, während er in Amerika in besondere Kupferzisternen gefüllt und in ihnen auch verschickt wird.

Der flüssige Eichenextrakt von 25° Bé enthält 41% Trockensubstanz und 59% Wasser, der trockene 85% Trockensubstanz und 15% Wasser, d. h. gewichtsmäßig mehr als zweimal so wenig.

Daher werden beim Übergang vom flüssigen zum festen Extrakt sowohl an Verpackung als auch an Transportspesen große Ersparnisse gemacht.

Statt der teuren Fässer für den flüssigen Extrakt werden für die Verpackung des festen Gras- und Jutesäcke oder hölzerne Kistchen verwendet, wodurch eine Ersparnis von 10% der Extrakt-Gestehungskosten erzielt wird.

Unsere Ersparnis bei den Transportkosten beträgt bei Versendung auf 500 Kilometer etwa 4% der Gestehungskosten. Überdies muß man beim flüssigen Extrakt mit einem Verlust von 1—3% durch Ausrinnen rechnen.

Die Kosten der Erzeugung von Trockenextrakt und für seine später erfolgende Auflösung sind sehr unbedeutend und stellen etwa 0.5% der genannten Gestehungskosten dar.

Alles das hat viele Fabriken, besonders während der Kriegszeit, veranlaßt, auf die Herstellung von trockenen Extrakten überzugehen.

7. Trockener Extrakt. Das Eindampfen des Extrakts bis zum trockenen Zustand ist eine sehr heikle Arbeit, da andauerndes Erwärmen zur Zersetzung der Gerbstoffe führt.

Doch verursacht vorsichtiges Trocknen keine merklichen Gerbstoffverluste, wie die in Tabelle 39 angeführten Versuchsresultate aus der Maikoper Fabrik zeigen.[1] (Tabelle 39.)

Tabelle 39

Bezeichnung d. Extr.	Flüssiger Kastanienextr. 25° Bé		Trockenextrakt, erhalten durch Trocknen an der Luft bei Zimmertemperatur			Trockenextrakt, erhalten durch Trocknen im Exsikkator über Chlorcalcium unter Luftverdünnung bei Zimmertemper.			Trockenextrakt, erhalten durch Trocknen im Trockenschrank bei 50—60°		
Zusammensetzung	Natürlicher Wassergehalt	Umgerechnet auf absolute Trockensubst.	Natürlicher Wassergehalt	Umgerechnet auf absolute Trockensubst.	Unterschied gegenüber dem flüssigen Extr.	Natürlicher Wassergehalt	Umgerechnet auf absolute Trockensubst.	Unterschied gegenüber dem flüssigen Extr.	Natürlicher Wassergehalt	Umgerechnet auf absolute Trockensubst.	Unterschied gegenüber dem flüssigen Extr.
Gerbstoffe	32.07	75.64	68.76	77.09	+1.45	70.14	74.67	—0.97	70.04	76.41	+0.77
Nichtgerbstoffe	9.15	21.58	19.45	21.8	+0.22	21.27	22.64	+1.06	20.32	22.17	+0.59
Unlösliche Stoffe	0.98	2.78	0.99	1.11	—1.67	2.52	2.68	—0.1	1.3	1.42	—1.36
Wasser	57.6	—	10.8	—	—	6.07	—	—	8.34	—	—
bei 28° Bé											
Gerbstoffe	36.06	79.85	69.57	80.83	+0.98	69.17	78.02	—1.83	74.85	78.35	+1.59
Nichtgerbstoffe	8.79	19.86	15.52	18.03	—1.83	18.19	20.52	+0.66	18.97	19.86	+0.06
Unlösliche Stoffe	0.12	0.28	0.98	1.14	+0.86	1.3	1.46	+1.18	1.71	1.79	—1.51
Wasser	54.85	—	13.93	—	—	11.34	—	—	4.47	—	—

Wie aus dieser Tabelle hervorgeht, wird die Gerbstoffmenge durch das Trocknen des Extrakts nicht merklich vermindert. Die Differenzen liegen innerhalb der Versuchs- und Analysenfehlergrenzen

[1] P. Pawlowitsch, Collegium, 1923, 277.

(man nimmt an, daß die Unterschiede nicht größer als 1½% sein sollen, bei uns dürfen sie etwas größer sein).

8. Herstellungsmethoden für trockenen Extrakt. Das Trocknen von Extrakten kann nach vielen Systemen erfolgen.

Das einfachste ist ein Vakuumapparat mit Dampfmantel und drehbaren Dampfschlangen (Abb. 81 zeigt das Gesamtbild eines solchen Apparats). In ihm wird der Extrakt auf 45° Bé eingedickt; dann gießt man diesen Extrakt in heißem Zustand direkt in Säcke, in denen er auch erhärtet, oder in mit Papier ausgelegte Kisten, aus denen er nach dem Erkalten herausgenommen und in Säcke gepackt wird. Es

Abb. 81. Vakuumapparat zum Trocknen von Gerbertrakten (C. A. Schmidt Söhne, Hamburg)

werden 120% Retourdampf, bezogen auf das Gewicht des Trockenextrakts, verbraucht.

Das zweite, in Italien und Frankreich sehr verbreitete System ist der Kestner-Apparat (Abb. 82).

Dieses System beruht darauf, daß der auf 25—30° Bé eingedickte Extrakt mittels einer Pumpe in lange dünne Röhren befördert wird, an deren Wänden er Häutchen bildet. Diese Häutchen werden von den unten in den Röhren sich bildenden Dampfblasen aufwärts gehoben. Dann fließt der Extrakt durch andere Röhren hinab und tritt in einen Separator ein, aus welchen er in dickem heißen Zustand mit

22—25% Wassergehalt in Säcke abgelassen wird, während der Dampf ins Freie strömt.

Der in Abb. 82 abgebildete Apparat, der als Verdampfer mit „fallendem Häutchen“ bezeichnet wird, vermag in 24stündiger Betriebsdauer etwa 20 t Eichen-Extrakt von 25—30° Bé zu festem Extrakt von 22—25% Wassergehalt zu konzentrieren.

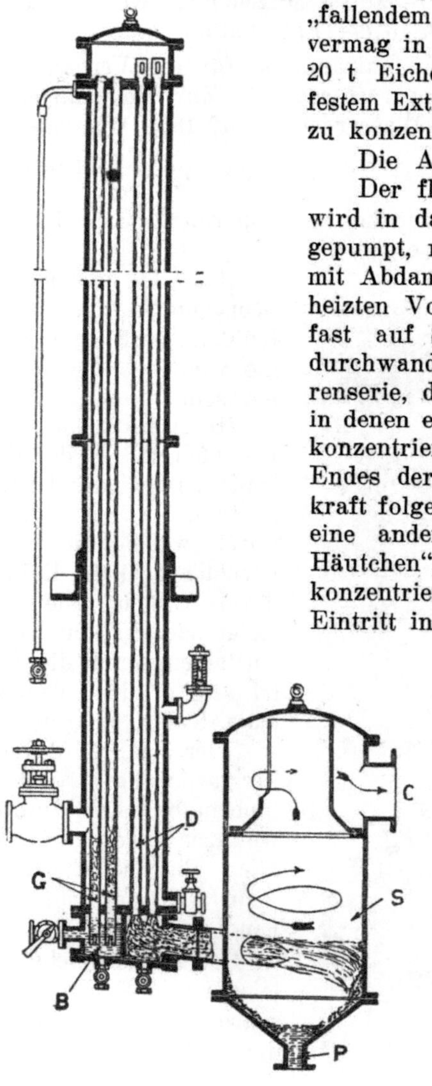

Abb. 82. Verdampfer zum Trocknen mit „fallendem Häutchen“ (Kestner, Lille)

Die Arbeitsweise ist folgende:

Der flüssige Extrakt von 25—30° Bé wird in das Röhrenbündel des Apparates gepumpt, nachdem er zuvor durch einen mit Abdampf von der Verdampfung geheizten Vorwärmer gegangen ist, der ihn fast auf Siedetemperatur bringt. Zuerst durchwandert der Extrakt die erste Röhrenserie, die sogenannten „Kletterröhren“, in denen er zirkuliert und sich sehr rasch konzentriert. Nach Erreichung des oberen Endes der Röhren fließt er der Schwerkraft folgend nach unten, und zwar durch eine andere Röhrenserie, mit „fallenden Häutchen“, wobei er sich immer weiter konzentriert. Einige Sekunden nach seinem Eintritt in den Apparat besitzt er die gewünschte Konzentration und fließt in den unteren Teil des Separators, der seitlich vom Apparat angebracht ist.

Der Dampf verläßt den Separator durch den oberen Teil und strömt teilweise in den Vorwärmer, teilweise wird er anderen Zwecken zugeführt.

Der eingedickte Extrakt tritt in einen Kühler, aus welchem er in Teigform herauskommt, um sodann in Säcke gefüllt zu werden (Abb. 83).

Die Verdampfung erfolgt bei 113—114° C (nach Versuchen von Nikischin in Maikop.[1])

Der Heizdampf muß eine Temperatur von mindestens 135° C ha-

[1] Westnik d. Lederindustrie u. d. Lederh., 1928, 591.

ben; der den Apparat verlassende Dampf hat 100° C und kann mit Ausnahme jenes Teils, der dem Vorwärmer zugeführt wird, sofort wieder benützt werden, sei es für die Erwärmung der Apparate, in denen schwache Brühen auf 25—30° Bé eingedampft werden, sei es für irgend einen anderen Zweck in der Fabrikation.

Bei der Konzentrierung des Extrakts ist für die Verdampfung von 1 kg Wasser 1.25 kg Dampf erforderlich. Zur Konzentrierung von 16.000 l Extrakt von 60% Wassergehalt auf 18% Wassergehalt muß man also: $16.000 \times 1.2 \times 0.60 - 16.000 \times 1.2 \times 0.40 \times \frac{18}{82} = 9835$ kg Wasser verdampfen, wozu in isolierten Apparaten $9835 \times 1.25 =$ $= 12.300$ kg Dampf gebraucht werden.

Abb. 83. Kühler und Abfüllvorrichtung des Kestner-Apparats

Für den Betrieb der Speisepumpe und des Kühlers muß eine Energie von 5—6 PS verfügbar sein.

In Abb. 82 ist A der Dampfeintritt, B der Brüheneintritt, C der Dampfaustritt, D die Röhren, durch welche die Brühe herabfließt, G die Röhren, durch welche sie aufsteigt oder kriecht, H die Luftableitung, P die Austrittsstelle des Konzentrats, S der Separator.

Der ganze Eindikkungsvorgang verläuft innerhalb 7—10 Minuten, wodurch der Extrakt alle Eigenschaften bewahrt, die er vor dem Eindicken hatte.

Das arithmetische Mittel aus zahlreichen Analysen von Eichenholzextrakt, die im Verlaufe des zweiten Halbjahrs 1927 in Maikop ausgeführt wurden, mit Umrechnung auf 18% Wassergehalt ist folgendes:

	T	NT	NL	Anteilzahl
Vor dem Troknen	48.63	32.43	0.94	59.3
Nach „ „	48.90	31.97	1.13	59.6

d. h es findet kein Verlust beim Trocknen im Apparat Kestner statt.

In den Vakuumapparaten nach Abb. 81 dauert die Konzentrierung 10—12 Stunden, aber dank der niedrigen Temperatur bleiben die Eigenschaften des Extraktes gleichfalls erhalten.

Ein drittes System, das von Prof. Smaič und Prof. Wladika (Collegium, 1921, 153) für Eichenextrakt empfohlen wird, ist das von Toepfer-Müller, das für die Trocknung solcher Stoffe Verwendung findet, die, wie Milch, Blut, Eier usw. bei anhaltendem Erwärmen und bei hohen Temperaturen sehr zur Zersetzung neigen. Dieses System beruht darauf, daß eine Flüssigkeit unter Druck in einer geschlossenen Trockenkammer zerstäubt wird, in welch letztere von oben und unten warme trockene Luft eingeblasen wird. Dabei bildet sich bei verhältnismäßig niedriger Temperatur ein trockenes Pulver, das auf den geneigten Boden der Kammer fällt und von dort leicht zu entfernen ist; der Staub wird durch einen Staubsammler zurückgehalten.

Nach dieser Methode kann man eine 8—10° Bé starke Brühe in einen pulverförmigen Extrakt von 5—8% Feuchtigkeitsgehalt umwandeln, ohne daß er irgend eine ungünstige Veränderung seiner chemischen und physikalischen Eigenschaften erleidet. Dieses System ist sehr kompliziert und erfordert eine große Fläche.

Das vierte System ist ein Vakuumapparat mit innen rotierender Trommel, die von der zu konzentrierenden Flüssigkeit in dünner Schicht benetzt und mit Dampf geheizt wird. Die Flüssigkeit trocknet in Form eines dünnen Häutchens, das durch Schaber abgeschabt wird und zu Boden fällt, von wo es periodisch entfernt wird.

Die Flüssigkeit wird in einen Trog gesaugt und dort auf gleichbleibendem Niveau gehalten. In den Trog taucht der untere Teil der von innen mit Dampf geheizten Trommel ein. Ihre Oberfläche bedeckt sich bei der Drehung mit einer dünnen Flüssigkeitschicht, die, in dem Maße als die Trommel sich dreht, in dem luftverdünnten Raum rasch zu einem dünnen Häutchen trocknet, das von Schabern abgeschabt wird und in einen Behälter fällt, von wo es nach Abstellung des Apparates entweder mechanisch oder von Hand entfernt wird. Die Dämpfe werden von einer Vakuumpumpe durch einen Röhrenkondensator abgesaugt, aus welchem das Kondensat in ein Reservoir zur weiteren Benützung entleert wird.

Die Trocknungstemperatur beträgt etwa 50° C, diejenige des Heizdampfes ca. 90°. Der Trocknungsvorgang dauert 5—15 Sekunden.

Die Trommel macht 4—10 Umdrehungen je Minute.

Viertes Kapitel

Reinigung der Brühen

Außer den beschriebenen drei Grundoperationen können die Brühen entweder gleich nach der Diffusion, oder nach einer vorläufigen Einengung auf 8° Bé der Klärung und Reinigung unterworfen werden.

Die Reinigung der Brühen hat den Zweck, die unlöslichen Stoffe aus ihnen zu entfernen, die sich beim Abkühlen schwacher Brühen auf 15° C abscheiden. In der Praxis hat es sich gezeigt, daß die Menge der unlöslichen Stoffe bei der Extraktion von Eichenholz ohne Splint und Rinde äußerst gering ist. Genaue Berechnungen aus den Angaben der Kiewer Extraktfabrik haben gezeigt, daß dieser Anteil an Unlöslichem nur 0.3% vom Gewicht des Extrakts von 24° Bé ausmacht. Beim Auslaugen des Holzes mit Borke und Splint, was wegen Mangel an Rohmaterial geschah, stieg der Gehalt an Unlöslichem je nach der Beschaffenheit des Ausgangsmaterials bis 1% und mehr.

1. Die Abkühlung. Die Abkühlung der Brühen wird am besten in einer Batterie vertikaler Röhrenkühler durchgeführt, die sich leicht reinigen lassen (s. Abb. 84). Jeder Kühler besteht aus einem eisernen Zylinder mit Bronzekapseln an den Enden, deren durchlochte Böden mit Kupferrohren verbunden sind, die durch den Zylinder in seiner ganzen Höhe durchgehen. In den Kapseln sind Stutzen für die Brühe, am Zylinder Stutzen für das Wasser angebracht.

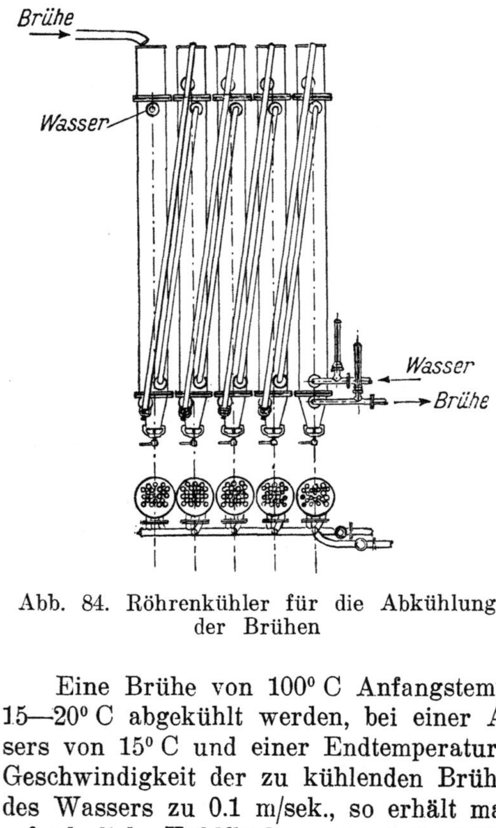

Abb. 84. Röhrenkühler für die Abkühlung der Brühen

Die Brühe tritt in die obere Kapsel ein, fließt durch die Röhre hinab in die untere Kapsel, aus der sie, abgekühlt auf die Temperatur des im Zylinder von unten nach oben strömenden Wassers, austritt.

Eine Brühe von 100° C Anfangstemperatur muß auf mindestens 15—20° C abgekühlt werden, bei einer Anfangstemperatur des Wassers von 15° C und einer Endtemperatur von 60° C. Nimmt man die Geschwindigkeit der zu kühlenden Brühe zu 0.2 m/sek. an, und die des Wassers zu 0.1 m/sek., so erhält man nach Hausbrand[1] die erforderliche Kühlfläche zu 1 m² für 1000 Liter Brühe in 24 Stunden. Dumesny und Noyer[2] empfehlen 1.2—1.5 m².

2. Das Absetzen und Filtrieren. Nach erfolgter Abkühlung werden die Brühen in gewöhnlichen Mischgefäßen mit einem koagulie-

[1] Verdampfen, Kondensieren u. Kühlen, Berlin 1918, S. 435.
[2] L'industrie Chimique des Bois, Paris, 1926, S. 263.

rend wirkenden Stoff vermischt. Dann gelangen die trüben Brühen in Klärbottiche, wo sie in der Kälte absetzen gelassen werden, worauf die klare Brühe dekantiert und verdampft wird, während der Niederschlag (Satz), der $^1/_5$—$^1/_3$ der dekantierten Brühenmenge ausmacht, sulfitiert mit 30—40% $NaHSO_3$ vom Gewicht des Niederschlages, in eine Filterpresse mit Holzplatten und -Rahmen, die mit Leinentüchern bedeckt sind, gepreßt wird, um die festen Stoffe von der Brühe zu trennen.

Die Absetzdauer hängt ab vom Dispersitätsgrad der unlöslichen Stoffe und von der Viskosität der Brühe.

Um das Absetzen zu beschleunigen, muß man die Teilchengröße der unlöslichen Stoffe erhöhen, sie in größere Aggregate überführen, d. h. sie koagulieren.

Die Geschwindigkeit des Absetzens wird, je nach der Koagulationsmethode, für verschiedene Extrakte verschieden sein. Daher kann man erst nach laboratoriumsmäßiger Bestimmung dieser Absetzgeschwindigkeit die zum Absetzen erforderliche Zeit berechnen und weiter, unter Berücksichtigung der Erzeugung, den notwendigen Rauminhalt der Klärgefäße.

Dumesny und Noyer nehmen an, daß zum Absetzenlassen der aus 1 t verarbeitetem Kastanienholz stammenden Diffusionsbrühe normal 4—5 m^3 fassende Klärgefäße notwendig sind.

Sehr gut bewähren sich Klärgefäße mit kontinuierlicher Brühenbewegung, nach der Art der bei städtischen Wasserleitungen verwendeten Klärgefäße für Wasser mit geneigten Scheidewänden.

Diese Klärgefäße sind mit einer ganzen Reihe von geneigten Scheidewänden ausgestattet, die den Strom einigemal hintereinander abwechselnd von oben nach unten und von unten nach oben leiten.

Zum Filtrieren des Satzes werden gewöhnliche Rahmenfilterpressen verwendet (Abb. 85). Sie bestehen aus miteinander abwechselnden Platten und Rahmen, zwischen deren Rändern ein Leinengewebe eingespannt ist. Die Platten und Rahmen werden mittels einer Schraube aneinander gepreßt. Die trübe Brühe wird mittels einer Pumpe unter einem Druck von mehreren Atmosphären in den Raum innerhalb der Rahmen befördert; sie tritt durch das Ventil B in den Kanal b und von dort durch die Öffnung c in das Rahmeninnere. Der Niederschlag wird auf dem Filtertuch zurückgehalten, während die klare Flüssigkeit hindurch dringt, durch die Kanäle der Platten abrinnt und aus den Hähnen 1, 2, 3, 4 . . . ausfließt. Die Platten werden mit Bronzenetzen S, und darüber mit Tüchern bedeckt.

Wenn die Rahmen mit Niederschlag angefüllt sind, und keine Flüssigkeit mehr durchgeht, wird das Auswaschen vorgenommen.

Ventil B wird geschlossen und das Wasserventil F geöffnet. Das Wasser tritt in den Kanal f und erreicht durch die Öffnungen g die unpaaren Platten von beiden Seiten, dringt zwischen Platten und Filtertuch ein, geht durch den Niederschlag auf dem Filtertuch und fließt durch die Hähne 1, 3, 5 ab, die beim Auswaschen geöffnet wer-

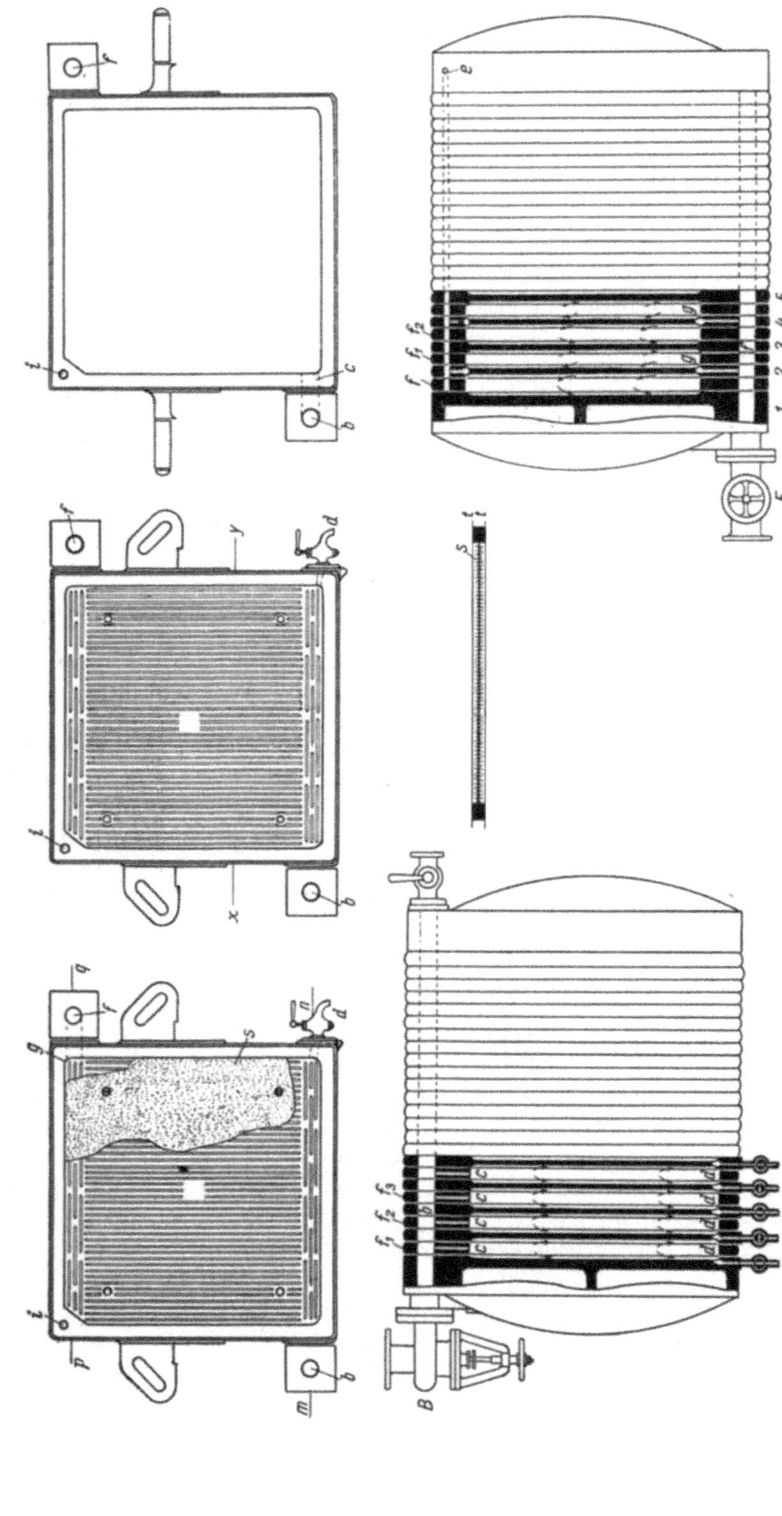

Abb. 85. Rahmenfilterpresse

den; während 2, 4, 6 dabei geschlossen sind; i ist ein Kanal für den Luftaustritt.

Nach dem Auswaschen wird die Schraube gelockert, die Platten werden auseinandergeschoben und der Rückstand wird entfernt.

Die Leistung einer Filterpresse beträgt stündlich etwa 25 Liter Satz je Quadratmeter Filteroberfläche. Die Filtration der Brühen ohne vorhergehendes Absetzenlassen gibt keine guten Resultate, da der Dispersitätsgrad der unlöslichen Stoffe beim Absetzen kleiner wird und deren Trennung von der Brühe dann leichter erfolgt.

Sehr einfach und billig ist die Filtration durch eine 20 cm dicke

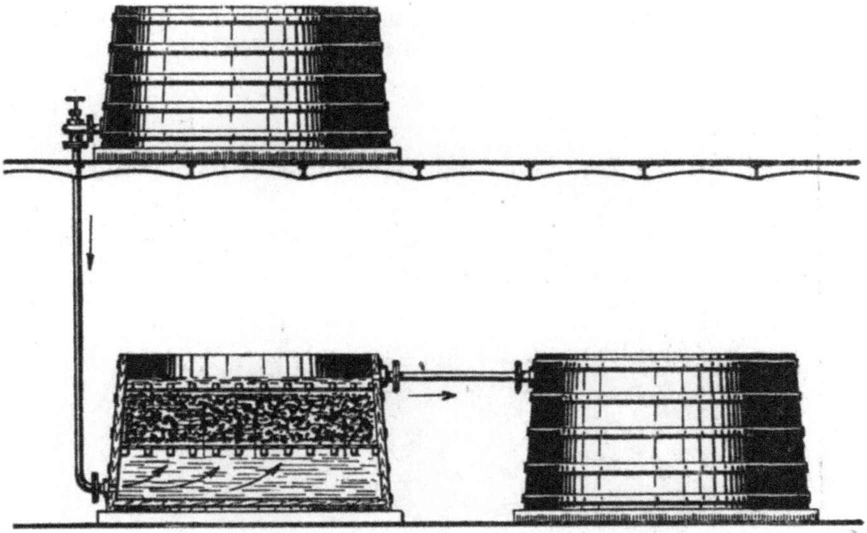

Abb. 86. Filtrieren der Brühe durch eine Lohenschicht (Neubäcker, Danzig)

Lohenschicht von unten nach oben, wie Abb. 86 zeigt.

Die beschriebenen Filterpressen sind diskontinuierlich arbeitende Vorrichtungen, die zum Ausräumen des Niederschlags und zum Waschen der Filtertücher schwere Handarbeit beanspruchen. In der letzten Zeit werden im Ausland, besonders in den Vereinigten Staaten, von Nord-Amerika und in Deutschland diese Filter durch kontinuierlich arbeitende verdrängt.

Als Beispiel eines solchen führe ich das Trommel-Kammerfilter von R. Wolf in Magdeburg-Buckau an (Abb. 87).

Dieses Filter besteht aus einer um eine horizontale Achse drehbaren Trommel, die mit Leinwand oder einem anderen Filtermaterial bespannt ist. Der untere Teil der Trommel taucht in die zu filtrierende Flüssigkeit, die sich in einem halbrunden Trog befindet. Unter der Wirkung der Luftverdünnung in der Trommelkammer, die in die Flüssigkeit eintaucht, dringt die letztere durch das Filtertuch in das

Innere der Trommel, unter Zurücklassung des Niederschlages **auf** deren äußerer Oberfläche.

Nachdem bei weiterer Drehung der Niederschlag die nötige Dicke erreicht hat, taucht er aus der Flüssigkeit auf, wird durch Bespritzen mit Wasser gewaschen und, nach Absaugung des Waschwassers in etwas getrocknetem Zustand durch Schaber entfernt, worauf die gereinigte Filterfläche von neuem in die Flüssigkeit eintaucht und der Arbeitszyklus wieder beginnt.

Die Trommel ist durch Radialwände in Kammern eingeteilt, die von beiden Seiten durch Kanäle und Verteilungsschieber abwechselnd mit der Vakuumpumpe und dem Kompressor in Verbindung stehen.

3. Die Methode von Gondolo. Im Ausland ist für die Reinigung von Eichen- und Kastanienbrühen die Methode von G o n d o l o sehr

Abb. 87. Trommel-Kammerfilter (R. Wolf, Magdeburg-Buckau)

verbreitet, bei der Rinderblut oder technisches Bluteiweiß zur Anwendung kommt.

Das zur Reinigung benützte Blut ist eigentlich das vom Fibrin getrennte Serum — man kann es als dunkles Albumin bezeichnen — und wird in flüssiger oder kristallisierter Form verkauft.

Zuerst wird die Brühe auf 40° C, nach anderen Angaben auf 20—25° C abgekühlt, dann kommt sie in Mischgefäße, wo sie mit einer verdünnten Blut- oder Bluteiweißlösung vermischt wird (auf 35 hl Brühe von 2—3° Bé nimmt man 10 l flüssiges Blut von annähernd 15% Trockenrückstand).

Hierauf wird auf 60—70° erwärmt, um das Eiweiß vollständig auszufällen; dabei reißt es beim Absetzen die unlöslichen, harzigen und färbenden Stoffe mit. Nach sechsstündigem Absetzen geht die klare Brühe in die Verdampfanlage und der Niederschlag in die Filterpresse.

Außer von dieser Methode macht man Gebrauch von der Fällung mit Bleisalzen, mit Aluminiumsulfat und Bisulfit, die beim Erhitzen einerseits schwefelige Säure, andererseits Tonerde liefern, mit Aluminiumsulfat und Bariumhydroxyd, mit Kasein, Soda usw.

Die Reinigung der Brühen mittels Blut oder anderen Stoffen, Trebern, Kasein, Blei- und Aluminiumsalzen verursacht einen Gerbstoffverlust von 10—12% der gesamten Gerbstoffmenge.

Dies geht aus folgender Tabelle hervor:

Tabelle 40

	Kastanienbrühe		Eichenholzbrühe	
	Vor der Reinig.	Nach d. Reinig.	Vor der Reinig.	Nach d. Reinig.
Gerbstoffe	3.5%	3.2%	2.5%	2.2%
Nichtgerbstoffe	1.1%	1.0%	1.2%	1.1%
Unlösliche Stoffe	1.14%	0.06%	0.2%	0.04%
Gelbe Farbe	10.7°	10.4°	23°	19°
Rote Farbe	4°	3°	7°	5°

Die Methode Gondolo erfordert viel Dampf für die Erwärmung der Brühen von 40° auf 70° und dann nach dem Absetzen vor der Verdampfung für ihre neuerliche Erwärmung von etwa 50° auf 105°. Im ganzen werden also für 2000 Liter Diffusionsbrühe aus 1000 kg Eichenholz

$$\frac{2000 \times 85}{54} = 340 \text{ kg Dampf verbraucht.}$$

Ein abgeändertes Verfahren von Gondolo ist folgendes:[1]

Die Brühe aus der Extraktionsbatterie gibt man, ohne sie abzukühlen, mittels einer Pumpe in einen kupfernen Sammelbottich. Das Rohr, durch welches die Brühe in den Sammelbottich geleitet wird, hat beim Eingang in den letzteren einen kupfernen Netzkorb, wo man in die heiße Brühe unter großem Druck die Blutlösung einspritzt.

Beide Flüssigkeiten mischen sich gut durch, bevor das Albumin koaguliert. Dann tritt die Koagulation infolge hoher Temperatur der Brühe und Reinigung der letzteren ein. Die Flüssigkeit aus dem Bottich wird zentrifugiert und geht dann frei vom Niederschlag in einen anderen Bottich und von dort in die Verdampfapparate.

Vorzüge dieser Methode vor der früher beschriebenen bestehen im Wegfallen der vielen großen Bottiche; auch entfällt die zweimalige Abkühlung der Brühen mit der dazu erforderlichen Apparatur und dem größeren Raumbedarf. Außerdem spart man auch etwas an der Dauer der Extraktherstellung.

Eine italienische Fabrik[2] umgeht die Reinigung mit Blut indem sie erstens das Holz vor dem Betriebe sortiert und zweitens ein etwas

[1] W. Perelzweig, Westnik d. Lederindustrie u. d. Lederh., 1928, 97.

[2] W. Perelzweig, ibid.

anderes System des Absetzenlassens des fertigen Extraktes anwendet. Diese Fabrik hat einen sehr großen Holzvorrat, den die Fabriksleitung für den Jahresbedarf bestimmt. Das ganze Holz ist in S t a p e l n bedeckt aufbewahrt. Nachdem das Holz von der Rinde befreit worden ist, sortiert man es in drei Sorten. Als erste Sorte nimmt man helles, gesundes Holz ohne Defekte. Aus diesem wird heller Extrakt höherer Qualität fabriziert, der fast ausschließlich nach England geht und mit höheren Preisen bezahlt wird. Das Holz der zweiten Sorte, das dunkler ist und zum Teil unter Krankheiten gelitten hat, gibt einen dunkleren Extrakt. Deutschland, das keinen großen Wert auf die Farbe legt, bevorzugt solchen Extrakt zu etwas billigeren Preisen.

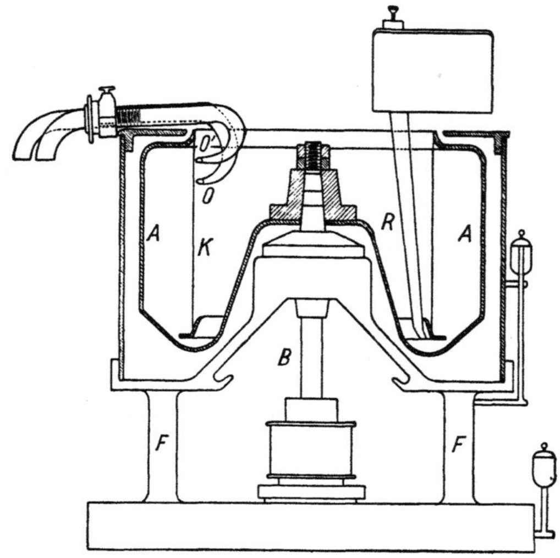

Abb. 88. Zentrifuge für die Reinigung von Gerb-Brühen

Außer diesen zwei Sorten gibt es noch einen unbedeutenden Prozentsatz von „defektivem Holz", das aus Versehen von den Lieferanten angenommen wurde.

Dieses Holz ist sehr dunkel und krank. Nachdem man genügende Mengen dieses Holzes gesammelt hat, macht man daraus sehr dunklen Extrakt, der noch billiger verkauft wird.

Die Brühen verdampft man in Dreikörper-Verdampfapparaten und gibt den fertigen Extrakt zum Absetzenlassen in sehr hohe Betonreservoire.

Nachdem der Extrakt längere Zeit gestanden hat, die zweite Sorte länger als die erste, füllt man ihn in Fässer.

Wirtschaftlicher und bequemer ist die Reinigung mittels Hydrozellulose (s. oben S. 78).

4. Das Zentrifugieren. Von den neuesten Reinigungsmethoden muß die mittels Zentrifugierens Erwähnung finden. Die für diesen Zweck verwendeten Zentrifugen (Abb. 88) unterscheiden sich dadurch von den gewöhnlichen, wie sie für die Abtrennung krystallisierter Stoffe in Gebrauch stehen, daß die Wand der rotierenden Trommel nicht durchlocht, sondern voll ist (A) und die von den suspendierten Beimengungen befreite Flüssigkeit durch ein besonderes gekrümmtes Rohr (00′), das am oberen Teil des Gehäuses befestigt ist, entfernt wird.

Die unlöslichen Stoffe sammeln sich an den Trommelwänden an, von wo sie nach Ausbildung einer dicken Schicht durch einen Strahl Preßwasser abgewaschen werden; hiezu wird die Zentrifuge stillgelegt.

Zur Vermeidung von Wirbelbewegungen sind an den Trommelwänden radiale Platten (K) befestigt. Die Flüssigkeit tritt durch den Trichter R in die Zentrifuge ein.

Eine Fabrik, die täglich 50—60 t Holz, entsprechend 100.000 bis 120.000 l Brühe verarbeitet, braucht 2 solche Zentrifugen von 630 mm Durchmesser und 2600 Tourenzahl je Minute.

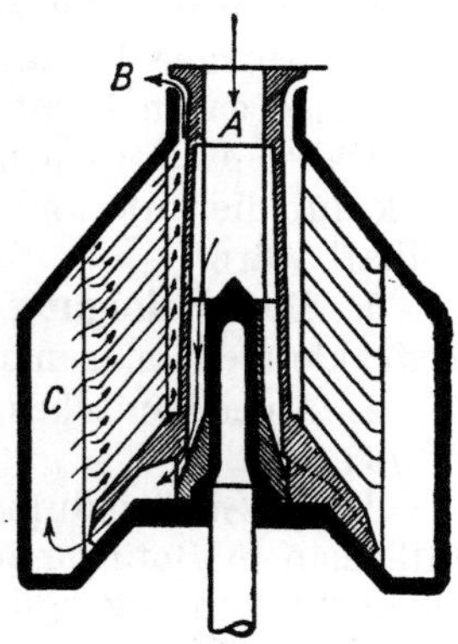

Abb. 89. Superzentrifuge „Hignette"

Die Leistung einer Zentrifuge beträgt 1500—2000 l je Stunde. Mit Hilfe derartiger Zentrifugen lassen sich schwache Diffusionsbrühen reinigen. Hiezu müssen sie abgekühlt sein; zur besseren Abscheidung der unlöslichen Stoffe versetzt man sie vorher mit Salzen dreiwertiger Metalle (z. B. Aluminiumsulfat oder Chlorid) in einer Menge von 20—50 g je Hektoliter Brühe.

Die geschilderten Zentrifugen entfernen ungefähr 95% der Gesamtmenge unlöslicher Stoffe.

Für die vollständige Reinigung der Brühen werden die sogenannten Superzentrifugen verwendet (Abb. 89), deren Trommeln innen mit sehr nahe aneinander befindlichen konischen Lamellen versehen sind. Diese Lamellen zerteilen die Flüssigkeit sozusagen in kapillare Strahlen, was die Abscheidung der unlöslichen Stoffe durch die Fliehkraft sehr erleichtert.

Eine mit diesen Blättern ausgestattete Superzentrifuge ergibt bei 6000 Umdrehungen dieselbe Wirkung, wie sie ohne diese Lamellen bei 20.000 Umdrehungen eintreten würde.

Die Flüssigkeit wird durch den Kanal A in die Trommel geleitet, gelangt nach unten in den ringförmigen Zwischenraum zwischen den Trommelwänden und den konischen Lamellen, steigt dann zwischen diesen zur Achse des Apparats und trennt sich dabei unter der Wirkung der Fliehkraft in ihre Bestandteile. Das Unlösliche lagert sich an den Wänden ab und sammelt sich infolge der Kegelform der Trommel in deren unterem Teil, von wo es durch besondere, von der Achse weiter als die Austrittsöffnung B entfernte Kanäle durch die Fliehkraft nach außen befördert wird, während die geklärte Flüssigkeit durch die Öffnung B entfernt wird.

Die geklärte Flüssigkeit gelangt zur Verdampfung, die trübe, die in einer Menge von 10% der Gesamtflüssigkeit anfällt, wird durch Filterpressen filtriert.

Die Superzentrifugen haben den Vorzug, daß sie kontinuierlich arbeiten und zur Reinigung nicht abgestellt werden müssen.

Die beschriebenen Zentrifugen sind in der Praxis nicht sehr verbreitet. Nach Mitteilung der Firma Kestner verwendete nur eine italienische Fabrik die Superzentrifuge zur Reinigung von 2.5° Bé starken Kastanienbrühen. Stärkere Brühen sind nach Angabe der Firma nicht sehr geeignet. Die Reinigung sehr großer Mengen von Diffusionsbrühen erfordert viele Zentrifugen, deren Anschaffung sehr teuer kommt und die wenig leisten. Deshalb hat die Firma Kestner unsere Anfrage bezüglich Anschaffung von Zentrifugen in bestimmter Weise dahin beantwortet, daß sie diese Apparate nicht empfiehlt. Dabei hätte es den Anschein, als ob diese Arbeitsweise im Hinblick auf die gute und billige Konstruktion der Zentrifugen sehr vorteilhaft wäre.

5. Die Reinigung der Sulfitzellulose-Ablaugen. Sulfitzellulose-Extrakte stellt man nach zwei üblichen Verfahren her.

1. Amerikanisches Verfahren (The Leather Manufacturer, 1926, S. 73).

Rohe Sulfitzellulose-Ablauge, die gewöhnlich ung. 6.5° Bé hat, füllt man in Bottiche ein und heizt mittels Dampf. Sobald die Ablauge zu kochen anfängt, gibt man eine abgemessene Menge von Kalkmilch zu, die 1.5% CaO von dem Gewichte der angewandten Ablauge enthält.

Ist alle Kalkmilch zugegeben, so kocht man das Gemisch noch eine Stunde.

Die sich bildenden Gase werden mittels einer Leitung durch den Bottichdeckel abgeführt. Nachdem man mit dem Kochen zu Ende ist, gibt man das Gemisch auf die Filterpresse, von wo das Filtrat in die Vakuum-Verdampfapparate geht und bis auf 30° Bé eingedampft wird.

Die dicke Flüssigkeit kommt in einen Bottich, wo man sie mit Schwefelsäure von 45° Bé unter stetigem Rühren bearbeitet. Nachdem Gips ausgefallen ist, was ungefähr 15 Minuten nach der Schwefelsäurebehandlung geschieht, rührt man noch eine Stunde und filtriert. Das Filtrat geht auf Lager als fertiger Extrakt.

Die Bearbeitung mit Schwefelsäure darf man beim Eintreten der Reaktion auf Kongorot nicht als beendigt betrachten. Es ist unbedingt notwendig, die Säuerung so weit zu führen, bis der Extrakt auf 6—7° Bé verdünnt, ein pH von 2—3 hat. Bei der Bearbeitung mit Schwefelsäure findet Zersetzung von Ca-Salzen der Ligninsulfosäuren zu freien Säuren statt und alles Calcium scheidet sich in Form von Gips aus.

2. Deutsches Verfahren (DRP. 389.459). Am Anfang ist die Bearbeitung dieselbe wie nach dem amerikanischen Verfahren.

Nach der CaO-Bearbeitung erhitzt man das Filtrat zum Kochen und gibt in die kochende Flüssigkeit konzentrierte Sodalösung.

Dabei werden die Ca-Salze der Ligninsulfonsäuren zerlegt und alles Calcium scheidet sich als Calciumkarbonat aus.

Sodalösung gibt man so lange zu, bis eine abfiltrierte Probe des

Gemisches keinen Niederschlag mehr, weder mit Sodalösung, noch mit Bariumchloridlösung gibt.

Nachdem die erforderliche Menge Sodalösung zugegeben ist, kocht man das Gemisch weitere zwei Stunden und filtriert ab. Das Filtrat dampft man im Vakuum-Apparat bis 30° Bé ein, kühlt ab und gibt Salzsäure bis zu deutlich saurer Reaktion auf Kongo-Papier hinzu und weiter, bis eine Probe des Extrakts auf 6° Bé verdünnt, ein pH gleich 2—3 zeigt. Dabei zersetzen sich die Natrium-Salze der Ligninsulfosäuren und es bilden sich freie Säuren. Nach der Säuerung geht der Extrakt in die Bottiche, wo er einige Tage stehen bleibt und wird endlich als fertiges Produkt auf Lager gegeben. Ausbeute — 10 Volumprozente.

Fünftes Kapitel

Transportvorrichtungen

Wie in jeder Fabrikation, die die Beförderung von Materialien erfordert, werden auch in der Extraktfabrikation die allgemein gebräuchlichen, in den einschlägigen Spezialwerken[1] beschriebenen Transportsysteme angewendet.

Daher halte ich eine Wiederholung für überflüssig. Ich erwähne nur kurz jene Transportmittel, die in der Extraktfabrikation Anwendung finden.

Die Beförderung der Rohware aus den Lagern in die Schneideabteilung erfolgt gewöhnlich in kleinen auf einem schmalspurigen Geleise laufenden Wagen.

In weitgehender mechanisierten Fabriken dienen demselben Zweck Hängebahnen (s. Abb. 90). Die Einschlichtung des Holzes in die Lager und seine Beförderung auf die Wagen wird durch Krane bewerkstelligt.

1. Der Elevator. Die Heranbringung des zerkleinerten Materials an die Diffuseure erfolgt in vertikaler oder geneigter Richtung mittels Schöpf-Elevatoren, in horizontaler Richtung mittels Band- oder Kratz-Transporteuren. Der Elevator besteht aus endlosen gußeisernen Ketten oder aus endlosen Hanf- oder Ledergurten, mit auf ihnen befestigten Ketten aus stärkerem Eisenblech, die sich auf entsprechenden Kettenrädern oder Scheiben nach aufwärts und abwärts bewegen. Im unteren Teil befindet sich ein Trog, aus dem der Elevator mit Kellen das Material schöpft, um es im oberen Teil bestimmungsgemäß auszuschütten.

Die Ketten oder Gurten werden durch Verstellung der Schrauben an den unteren Lagern angespannt.

[1] Michenfelder, Materialbewegung, Leipzig, 1915; Hanffstengel, Die Förderung von Massengütern, Berlin, 1913 u. 1915; Nahtransport von Schultze-Manitius, Wittenberg, 1927.

Um Staub aus den Räumlichkeiten fern zu halten, werden die Elevatoren mit einem eisernen oder hölzernen Gehäuse umgeben.

2. Das Förderband. Die Förderbänder (s. Abb. 91) sind endlose Hanf-, Baumwoll-, Gummi-, Balata-, Stahldraht- oder Lederbänder,

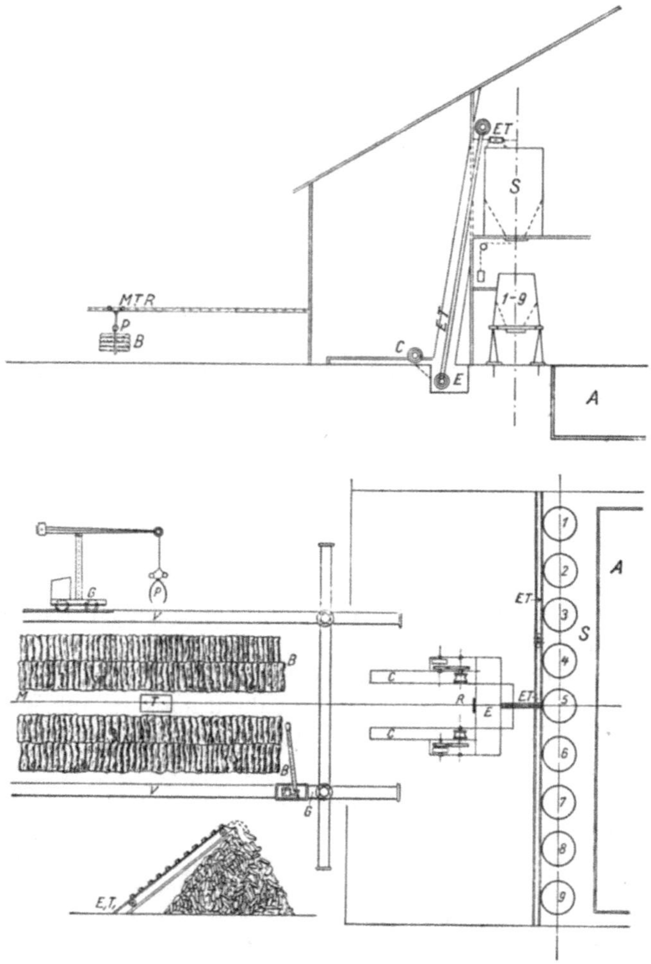

Abb. 90. Schema des Holz- und Späne-Transportes

Zeichenerklärung.

1, 2, 3, 4, 5, 6, 7, 8, 9, = Diffuseure
A A = Kesselhaus
B B = Holz oder Rinde
C C = Schneidemaschine
E = Grube für den Elevator
G = elektrischer beweglicher Kran
M T R = eingeleistge Spur für elektrisch betriebene Rollwagen
E, T, = beweglicher Elevator zum Schlichten des Holzes in Stapel
P = Zange zum Ergreifen des Holzes
V V = normale Schmalspurbahn
S = Silo für die Späne

die über zwei Trommeln gespannt sind und längs ihrer ganzen Ausdehnung durch schiefgestellte oder gerade Walzen unterstützt werden, damit sie nicht einsinken. Durch eine besondere Spannvorrichtung wird das beladene Band mit einigem Kraftaufwand an die Trommel gepreßt; infolge der hiedurch entstandenen Reibung zwischen Band und Trommel bewegt sich das erstere, wenn letztere sich dreht.

Abb. 91. Förderband (Stöhr, Offenbach a. M.)

Das Material wird an einem Ende des Bandes darauf geschüttet, bewegt sich mit ihm und wird mittels eines beweglichen, aus zwei vom Bande bedeckten Führungswalzen bestehenden Wagen an einer beliebigen Stelle ausgeschüttet.

Infolge der scharfen Richtungsänderung des Bandes gleitet das Material durch seine Trägheit vom Bande und fällt in eine untergestellte Rinne, die es in den Diffuseur befördert.

3. Die Schnecke. Für die Beförderung in horizontaler und in nicht stärker als unter 35⁰ zum Horizont geneigter Reichtung werden auch Transportschnecken verwendet, die sich als eine endlose, in einem eisernen oder hölzernen Gehäuse sich drehende Schraube darstellen. Das Material wird mittels der Schraubenflächen fortbewegt

Abb. 92. Schlepper-Förderer (Stöhr, Offenbach a. M.)

4. Der Schlepperförderer. Für den Transport der Lohe eignet sich am besten der Kratzenförderer, bestehend aus endlosen Ketten, die mittels der hölzernen an ihnen in bestimmten Abständen befestigten Mitnehmer (Kratzer) das Material durch eine horizontale Rinne in bestimmter Richtung bewegen (siehe Abb. 92).

Der Vertikaltransport von Lohe wird durch Elevatoren oder Schnecken bewirkt.

5. Der pneumatische Förderer beruht auf dem Prinzip des Einsaugens von Material in ein Netz von Rohrleitungen oder auf dem Prinzip der Materialbeförderung mittels Preßluft.

Für den Transport von zerkleinerten Gerbmaterialien ist das zweite Prinzip wegen seiner Einfachheit besser geeignet.

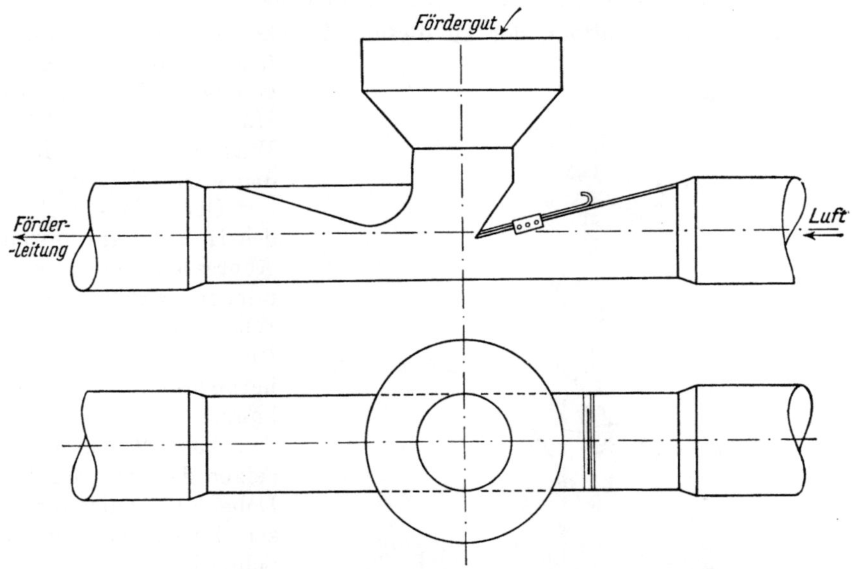

Abb. 93. Aufgabedüse, Konstruktion P. Pawlowitsch

Der nach diesem Prinzip konstruierte Transporteur besteht aus einem Exhaustor, der die Luft zuführt und einer eisernen Rohrleitung (aus starkem Eisenblech).

Einige Firmen (Seck in Dresden und Ewuco in Leipzig) bauen Transporteure, bei denen das Material durch den Exhaustor gesaugt wird. Dies erscheint unrationell, da es starken Verschleiß des Exhaustors und Verstaubung des Materials mit sich bringt.

In Maikop wird das Material hinter dem Exhaustor in die Röhrenleitung mittels der Aufgabedüse nach meiner Konstruktion (Abb.

93) eingeblasen.[1] Eine solche Aufgabedüse wurde im Jahre 1920 in der Maikoper Extraktfabrik aufgestellt.

Sechstes Kapitel

Die Verwertung der Lohe

Eines der interessantesten Beispiele der Verwertung von feuchtem Brennmaterial sehen wir in der Ausnutzung der mit Wasser ausgelaugten Gerbmittel der Leder- und Extraktfabriken zu Heizzwecken.

Das auszulaugende Material besteht teils aus verschiedenen gerbstoffreichen Holzarten, wie Quebracho, Eiche, Kastanie, teils aus Rinden, z. B. Eichen-, Fichten-, Weidenrinde usw.

Nach der Extraktion der zu diesem Zwecke zerkleinerten Holzfasern enthält das ausgelaugte Material des Holzes ungefähr 60% Wasser und die Rinden etwa 70—90%.

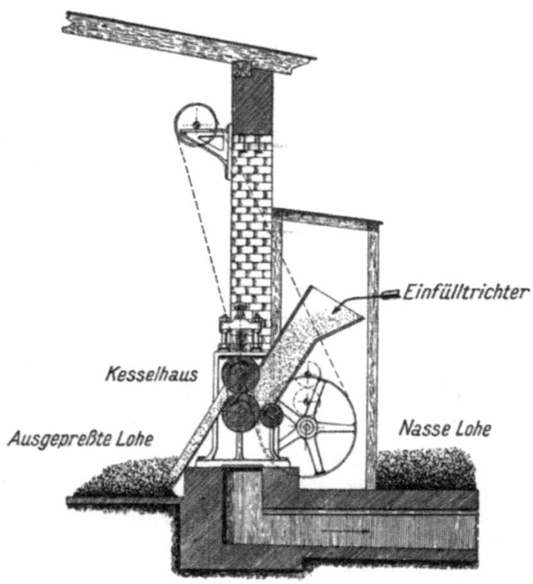

Abb. 94. Schema für Walzenpresse für Lohe

Der Wassergehalt des Holzes kann durch Abpressen nicht vermindert werden, während derjenige der Rinden auf 50—55% herabgesetzt werden kann.

Abb. 94 und 95 zeigen das Pressen der Lohe auf Walzenpressen. Letzterzeit werden Schneckenpressen in Vorschlag gebracht, auf denen man angeblich bis auf zirka 40 bis 45% des Wassergehaltes abpressen kann.

Durch Trocknen kann die Feuchtigkeit weiter erniedrigt werden, doch ist das umständlich und kostspielig.

Bedeutend vorteilhafter erscheint es, das ausgelaugte Material mit der erwähnten Feuchtigkeit von 50—60% in geeigneten Feuerungen der Dampfkessel direkt zu verbrennen. Es muß jedoch dem

[1] Vergl. d. Artikel von P. Pawlowitsch „Pneumatische Förderung" im „Westnik der Ingenieure" 1927, Nr. 10.

eigentlichen Verbrennen ein Vortrocknen in der Feuerung selbst in entsprechender Anordnung unmittelbar vorausgehen.[1]

Um diese Behauptungen zu begründen, mögen hier einige Angaben über die wärmebildenden Eigenschaften des ausgelaugten Eichenholzes folgen.

Die mittlere Zusammensetzung des Eichenholzes in vollständig

Abb. 95. Walzenpresse für Lohe (Badische Maschinenfabrik Durlach)

wasserfreiem Zustande kann mit einiger Abrundung folgendermaßen angenommen werden:

$$C = 50\%,\ O = 42\%,\ N = 1\%,\ H = 6\%,\ \text{Asche} = 1\%.$$ [2]

Angenommen, daß ungefähr 3% der gesamten Kohlenstoffmenge zu CO verbrennt, so erhalten wir

$$CO_2 = 178\%,\ CO = 3.5\%,\ H_2O = 54\%.$$

Um diese Verbrennungsprodukte zu bilden, sind auf

48.5% C	zur Bildung von	CO_2	erforderlich	$O_2 = 129.5\%$
auf 1.5% C	„ „	CO	„	$O_2 = 2.0\%$
auf $\left[6 - \frac{42}{8}\right] H_2$	„ „	H_2O	„	$O_2 = 6.0\%$
				Im ganzen 137.5%

[1] P. Pawlowitsch, Feuerungstechnik, 1926, 165 u. 180, XIV und Iswestia des Wärmetechnischen Instituts in Moskau, 1925, 67, Nr. 11 (13).

[2] Nach der neuesten im Don'schen Polytechnikum ausgeführten Analyse ist die Zusammensetzung der bei 110° getrockneten Eichenholzlohe folgende: C = 49,87%; H = 6,03%; O u. N = 42,10%; S = 0,06%; Asche = 1,94%.

Die theoretisch erforderliche Luftmenge beträgt $\frac{137.5}{0.23} = 598\%$ und es werden aus 1 kg Holz 1 + 5.98 = 6.98 kg Verbrennungsprodukte erhalten, nämlich CO_2 = 1.78 kg, CO = 0.035 kg, H_2O = 0.54 kg, N_2 = 4.605 kg, Asche = 0.01 kg.

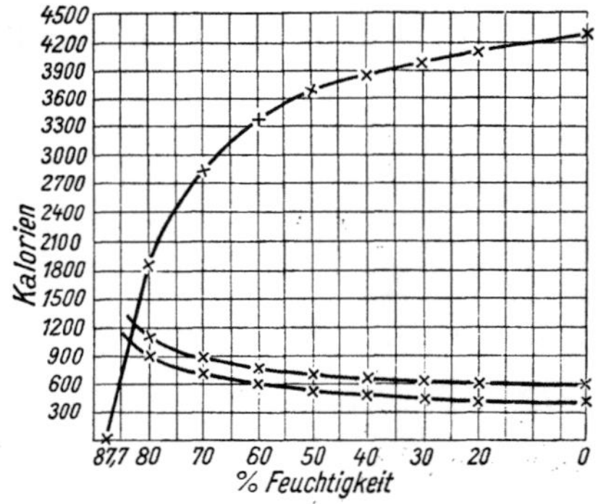

Abb. 96. Abhängigkeit des Heizwerts von Holz von seinem Wassergehalt, bezogen auf 1 kg absolut trockenes Holz.... obere Kurve Wärmeverlust in den Rauchgasen von 250° Temperatur bei 1½—1fachem Luftüberschuß.... mittlere und untere Kurven

Bei 1.5maligem Luftüberschuß steigt die Menge der Verbrennungsprodukte um 2.99 kg, bei 1.75maligem um 4.48 kg und bei doppeltem um 5.98 kg an. Der Heizwert ist gemäß der Verbandsformel des VDI

$$8100 \times 0.5 + 29.000\left(0.06 - \frac{0.42}{8}\right) = 4267.5 \text{ Cal.}$$

In dieser Formel ist der Wärmeverlust durch Dampfbildung aus hygroskopischem Wasser mit 0.54 kg berücksichtigt.

Auf Grund dieser Formel berechnen wir den Heizwert bezogen auf 1 kg absolutes trockenes Holz (1. Zeile in Tabelle 41) und bezogen auf 1 kg feuchtes Holz (2. Zeile).

Tabelle 41 (Abb. 96)

% Feuchtigkeit	0	20	30	40	50	60	70	80	87.7	90
I	4267	4119	4012	3851	3669	3377	2873	1875	0	—116.6
II	—	3300	2800	2300	1830	1350	860	375	0	—116.6

Nachdem wir den Heizwert des Brennmaterials festgestellt haben, muß der zweite Faktor der Verbrennung, die Temperatur, bezw. der pyrometrische Effekt, bestimmt werden.

Die von uns berechneten[1] Verbrennungstemperaturen sind in Tabelle 42 dargestellt.

Tabelle 42 (Abb. 97)

Luft	Feuchtigkeit in Prozenten 0	20	30	40	50	60	70	80	87.7
1	1900	1730	1630	1490	1340	1145	874	470	0
1.5	1430	1320	1260	1170	1060	920	710	423	0
2	1140	1070	1015	955	880	770	600	330	0

Es mag erwähnt werden, daß die Entzündungstemperatur des Holzes, d. h. die niedrigste Temperatur, bei welcher Holz brennt, 300° C ist; für Torf beträgt sie 225° C.

In der Fabrikpraxis wurde konstatiert, daß die Verbrennungstemperatur 760° C beträgt, bei 2.6maligem Luftüberschuß und 57% Feuchtigkeit.

[1] Feuerungstechnik, 1926, 165.

Der Wärmeverlust in den Rauchgasen bei einer Temperatur derselben von 250° C wird in folgenden Zahlen ausgedrückt:

Tabelle 43 (Abb. 98)

Luft	Feuchtigkeit in Prozenten 0	20	30	40	50	60	70	80
1	440	470	490	516	556	612	707	895
1.5	610	650	670	697	735	791	887	1073
2	801	829	850	876	914	970	1050	1254

In Abb. 98 ist der Schnittpunkt der Kurve des Wärmeverlustes mit derjenigen des Heizwertes bemerkenswert. Bei 82.5% Feuchtigkeit und 1.5maligem Luftüberschuß ist der Wärmeverlust gleich dem Heizwert, d. h. die Verbrennung findet nicht statt in dem Falle, wenn der Luftzug durch den Rauchfang hervorgerufen wird. Die Verbrennung könnte nur dann vor sich gehen, wenn es möglich wäre, einen ökonomischen mechanischen Luftzug zustande zu bringen mit möglichst geringem Luftüberschuß, und wenn es gelänge, die mit den Rauchgasen davongetragene latente Wärme ökonomisch zu verwerten.

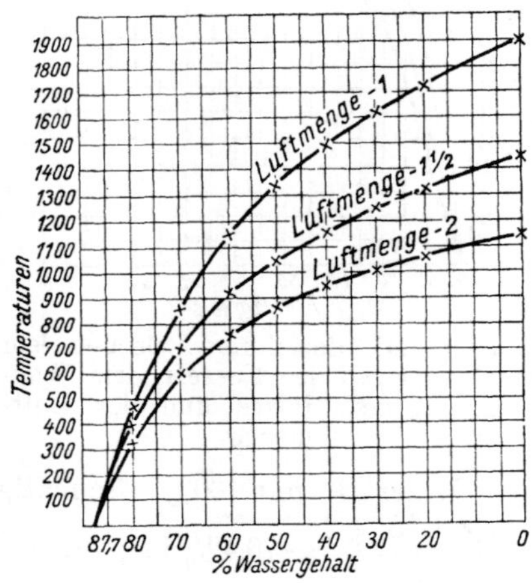

Abb. 97. Einfluß der Luftmenge und des Wassergehaltes von Holz auf dessen Verbrennungstemperatur

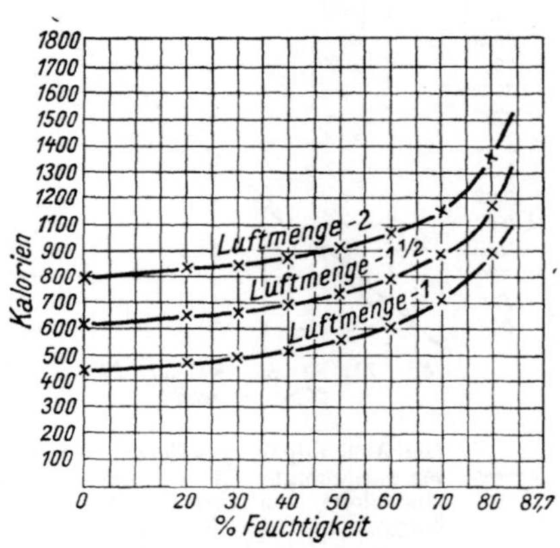

Abb. 98. Einfluß der Holzfeuchtigkeit und der Luftmenge auf den Wärmeverlust in den Rauchgasen bei einer Temperatur derselben von 250°

Die von den Rauchgasen fortgetragene latente Wärme der Verdampfung ist bei 20, 30, 40, 50, 60, 70, 80% Wasser entsprechend 0.25 × 600[1] = 150, 258, 400, 600, 900, 1398, 2400 Cal. Zusammen mit der latenten Wärme von 0.54 kg Dampf, welcher sich bildet beim Verbrennen absolut trockenen Brennmaterials, macht das 474, 582, 724, 924, 1224, 1662 und 2724 Cal. aus.

Nimmt man den Wärmeverlust im Feuerherd zu 2 + 5 = = 7%, den Strahlungsverlust in den Rauchfängen zu 5%, durch Einsaugen von Luft zu 3% und

[1] Die Wassermenge, welche auf 1 kg absolut trockenen Materials kommt, wird mit der latenten Verdampfungswärme multipliziert.

die in der Tabelle 43 angeführten Wärmeverluste an, so ist der entsprechende Koeffizient des Nutzeffektes (Wirkungsgrad) des Kessels in folgender Tabelle angeführt.

Tabelle 44 (Abb. 99)

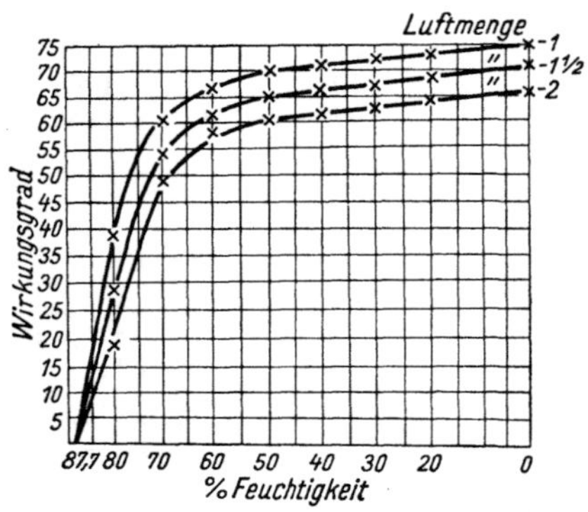

Abb. 99. Die Beziehung zwischen dem Wirkungsgrad des Kessels, dem Wassergehalt des Holzes und der Luftmenge

Luft	Feuchtigkeit in Prozenten 0	20	30	40	50	60	70	80
1	75	74	73	72	70	67	61	38
1.5	71	69	68	67	65	62	54	28
2	66	65	64	62	60	56	49	20

Die Dampferzeugung von feuchtem Holz bei doppeltem Luftüberschuß ist folgende:

	kg Dampf v. 100° C
bei 20%	3.35
bei 30%	2.80
bei 40%	2.23
bei 50%	1.7
bei 60%	1.18[1]
bei 70%	0.66
bei 80%	0.105

Beim Verarbeiten von Holz mit 20% Wassergehalt auf ausgelaugtes Material mit 60% Feuchtigkeit erhalten wir aus letzterem $\frac{100 \times 1.18 \times 2}{3.35} = 70.4\%$ derjenigen Dampfmenge, welche das ursprüngliche Material gegeben hätte.

Aus Holz mit 30% Wassergehalt erhält man ebenso ausgelaugtes Holz mit 60% Feuchtigkeit, welches

$$\frac{100 \times 1.18 \times 1.75}{2.80} = 73.8\%$$

derjenigen Dampfmenge gibt, die das ursprüngliche Holz mit 30% Wassergehalt liefert. Genau so argumentieren wir für Holz mit 40% Wasser und erhalten

$$\frac{100 \times 1.18 \times 1.5}{2.23} = 79.4\%.$$

Das Ausgelaugte ist hiebei nicht berücksichtigt. Für ausgelaugte Eichen- oder Fichtenrinde werden folgende Angaben gemacht über den möglichen Heiz-

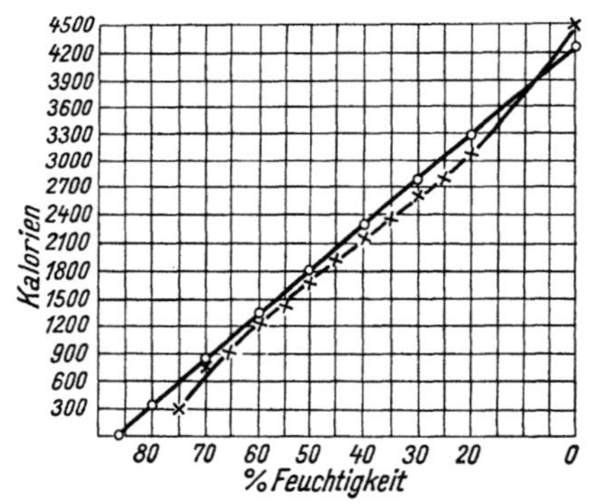

o——o Die Abhängigkeit des Heizwertes feuchter ausgelaugter Eichen- und Fichten rindenlohe von ihrem Wassergehalt, bezogen auf 1 kg feuchtes Holz nach E. Hausbrand

x——x Die Abhängigkeit des Heizwertes feuchter ausgelaugter Eichenholzlohe von ihrem Wassergehalt nach P. Pawlowitsch

Abb. 100

[1] Wenn man mit Hilfe dieser Angaben ein Diagramm konstruiert, so erhält man für die beobachtete Feuchtigkeit des ausgelaugten Materials von 57% als Dampferzeugung 1.30 kg bei einem Wärmeeffekt von 1500 Kalorien, was mit den in der Praxis vorgenommenen Prüfungen sehr gut übereinstimmt.

wert von 1 kg ausgelaugtem Material bei der angeführten Feuchtigkeit (Abb. 100, untere Kurve für Eichen- und Fichtenrindenlohe nach Hausbrand, obere für Eichenholz nach Pawlowitsch).

Bei absolut trockenem Material	Nach Hausbrand[1]	Nach Meunier	Nach Aufhäuser
	4500	—	—
Bei 20% Feuchtigkeit	3116	—	—
„ 25% „	2843	2550	2900
„ 30% „	2649	—	—
„ 35% „	2376	—	—
„ 40% „	2182	—	—
„ 45% „	1909	1677	1750
„ 50% „	1715	—	—
„ 55% „	1441	—	—
„ 60% „	1248	—	—
„ 65% „	944	—	—
„ 70% „	781	—	—
„ 75% „	308	—	—

Tabelle 45. Vergleichende Angaben über verschiedene Brennmaterialien in feuchtem Zustande[2]

	A	B	C	D	E	F	G	H	I	K
Feuchtigkeit in %	68	52	62	40	55	60	14	12	29	65
Wärmeeffekt in Cal.	800	1400	1200	2000	1500	1100	3200	3300	2600	2600
Gewicht 1 cbm in kg	500	330	500	300	150	200	260	140	260	600
Wieviel kg sind äquivalent 1 t Kohle von 8000 Cal.	10000	5700	6600	4000	5300	7300	2500	2400	3200	4500
Wieviel cbm sind äquivalent 1 t Kohle von 8000 Cal.	20	17	13	14	35	36	10	17	12	10

A bedeutet feuchte ausgelaugte Eichenrinde
B bedeutet dieselbe, abgepreßt
C bedeutet ausgelaugtes Kastanienholz
D bedeutet feuchte Sägespäne
E bedeutet feuchtes, ausgepreßtes Zuckerrohr (ausgelaugte Schnitzel)
F bedeutet feuchtes, zerkleinertes Zuckerrohr aus der Diffusion
G bedeutet trockene Eichenholzspäne
H bedeutet Reisschalen
I bedeutet Baumwollrückstände
K bedeutet Torf

Wie aus Tabelle 42 ersichtlich, sinkt die Verbrennungstemperatur stark mit dem Anwachsen der Feuchtigkeit und des Luftüberschusses. Es ist bekannt, daß die Wärmeübergabe von den Gasen in den Feuerzügen des Kessels zum Wasser direkt proportional der Temperaturdifferenz der heißen Gase und des Wassers ist. Bezeichnen wir mit T_1 die Temperatur des Feuerherdes, mit T_2 die Temperatur der Gase beim Verlassen des Kessels und mit t die Temperatur des Wassers im Kessel, ferner mit g die Menge der Verbrennungsgase, mit C ihre spezifische Wärmekapazität, mit K den Koeffi-

[1] Nach Abzug von 10% Asche.
[2] Wood Products by P. Dumesny and J. Noyer, London, 1921, S. 193

zienten der Wärmeübergabe, dann wird die Oberfläche des Kessels F durch folgende Formel ausgedrückt:

$$F = 2.3\ \frac{gC}{K} \log \frac{T_1 - t}{T_2 - t}$$

wo 2.3 den Übergang der Neperschen Logarithmen zu den Briggschen bezeichnet. Nehmen wir an,[1] daß der Koeffizient der Wärmeübergabe durch Berührung ungefähr proportional der Geschwindigkeit der Gase ist und durch die Formel $K = CAE\overline{w}^{\frac{g}{}}$ ausgedrückt wird, wo A der Korrekturkoeffizient für die Wärmeübergabe durch die äußere Schicht, E = konstant, w der Querschnitt der Feuerzüge ist. Wenn wir diese Bezeichnung in die Formel F einsetzen, so erhalten wir

$$F = 2.3\ \frac{w}{AE} \log \frac{T_1 - t}{T_2 - t}$$

In dieser Formel sind die Wärmeverluste nicht berücksichtigt. Nehmen wir $\frac{2.3}{AE}$ als eine Konstante M an, so erhalten wir

$$F = Mw \log \frac{T_1 - t}{T_2 - t}$$

Berechnen wir, wie sich $\log \frac{T_1 - t}{T_2 - t}$ ändert für Holz mit 0, 20, 60, 70 und 80% Wassergehalt, bei der theoretisch erforderlichen Luftmenge und bei doppeltem Luftüberschuß, wenn man $T_2 = 250^0$ C und t = 160 bei 6 atm. Druck im Kessel annimmt:

Koeffizient des Luftüberschusses	Feuchtigkeitsgrad 0	20	60	70	80
1	1.28631	1.24166	1.03920	0.89946	0.53712
2	1.03699	1.00945	0.83123	0.68923	0.27621

Daraus folgt, daß ausgelaugtes Material im Vergleich zu lufttrockenem Holz (20% H_2O) bei doppeltem Luftüberschuß eine entsprechend größere Heizfläche verlangt, bei sonst gleichen Bedingungen um

$$\frac{(1.00945 - 0.83123) \times 100}{1.00945} = 17.6\%$$ [2]

größer, und der Nutzeffekt-Koeffizient des Kessels erniedrigt sich von 65 auf 56%. Infolge der erwähnten Erniedrigung des Nutzeffekt-

[1] Perry-Meuth, Die Dampfmaschine, 1919, Kap. XXX, Elektrican, 1921, Bd. 87, S. 11.

[2] Auf diese Weise erhalten wir für ausgelaugtes Holz mit 80% Feuchtigkeit die Heizfläche des Kessels um 66.2% größer, bei der theoretisch erforderlichen Luftmenge um 42.6% größer. Wenn man in Betracht zieht die starke Erniedrigung des Nutzeffektkoeffizienten des Kessels gemäß der Tabelle 44, so kann mit Bestimmtheit ausgesagt werden, daß es bei 80% Feuchtigkeit unvorteilhaft ist, das Heizmaterial direkt zu verbrennen.

Koeffizienten des Kessels verlieren wir $\frac{65-56}{65} \times 100 = 13.8\%$.

Aus dieser Berechnung ist ersichtlich, daß es unvorteilhaft ist, das Auslaugematerial von 60% auf 20% Wasser und weniger zu trocknen, denn der Koeffizient des Nutzeffekts jeglicher Trocknung wird nicht mehr als 75% ausmachen, d. h. wir verlieren durch das Trocknen verhältnismäßig viel mehr als durch die Herabsetzung des Nutzeffekts des Kessels, und die Ausgaben für den Bau der Trockenanlagen werden diejenigen zur Vergrößerung der Heizflächen bedeutend übersteigen.

Demgegenüber beträgt bei Ausnutzung der Wärme der Rauchgase zum Trocknen des feuchten Brennmaterials, z. B. Auslaugematerial, Torf u. a., in Trockentrommeln der Wirkungsgrad nicht mehr als 85%, da Verluste lediglich durch Strahlung und Undichtigkeiten möglich sind (siehe Wirtschaftliche Verwertung der Brennstoffe von G. de Grahl, München, 1921, S. 99). Außerdem macht der Energieverbrauch für künstlichen Luftzug, für das Inbewegungsetzen der Mechanismen usw. ungefähr 10% im Verhältnis zum auszutrocknenden Material aus (loc. cit.), d. h. der Verlust ist im Allgemeinen größer als bei der erwähnten Erniedrigung des Nutzungskoeffizienten des Kessels. Es ist deshalb vorteilhafter, die Wärme der Rauchgase in Vorwärmern zum Erwärmen des Speisewassers oder der Verbrennungsluft der Dampfkessel zu verwerten, wobei die angeführten Verlustmöglichkeiten wegfallen.

Im „Gerber“ vom 25. Januar 1923, S. 11, ist ein Patent angeführt auf das Trocknen des Auslaugematerials in den Fabrikschornsteinen durch die Fallbewegung entgegen den aufsteigenden Rauchgasen. Wie dieses Unternehmen zu verwirklichen ist, durch Heben der ganzen Masse des Auslaugematerials auf eine Höhe von 40 m, ist vom Verfasser des patentierten Verfahrens nicht erwähnt, in der Voraussetzung, daß dieses billiger zu stehen kommen soll als die Bewegung der rotierenden Öfen und anderer Trockenanlagen.

Eine italienische Extraktfabrik[1] heizt ihre Kessel ausschließlich mit der Kastanienlohe, die aus den Diffuseuren herauskommt. Man preßt das Wasser nicht aus der Lohe, sondern man hat ziemlich komplizierte Trockenanlagen zum Trocknen mittels abgehender Heizgase, konstruiert. Ein seinerzeit gebauter hoher Schornstein steht außer Gebrauch, statt dessen hat man einen Saugzug errichtet, welchen die Abgase im Gegenstrom zu der fallenden Lohe durchstreichen. Die Lohe geht dabei durch ein System von Kegeln und Tellern.

Die ganze Anlage ist den Pyritröstöfen in der Schwefelsäurefabrikation ähnlich.

So getrocknete Lohe enthält weniger Feuchtigkeit, als die auf den stärksten Pressen abgepreßte.

Man ist in der Fabrik mit dieser Anlage sehr zufrieden.

Der Trockenapparat „Houillard“ (Basel) zeichnet sich durch die besondere Art aus, in welcher die Heizgase auf das Trockengut

[1] W. Perelzweig, Westnik d. Lederind. u. d. Lederh. 1928, 92.

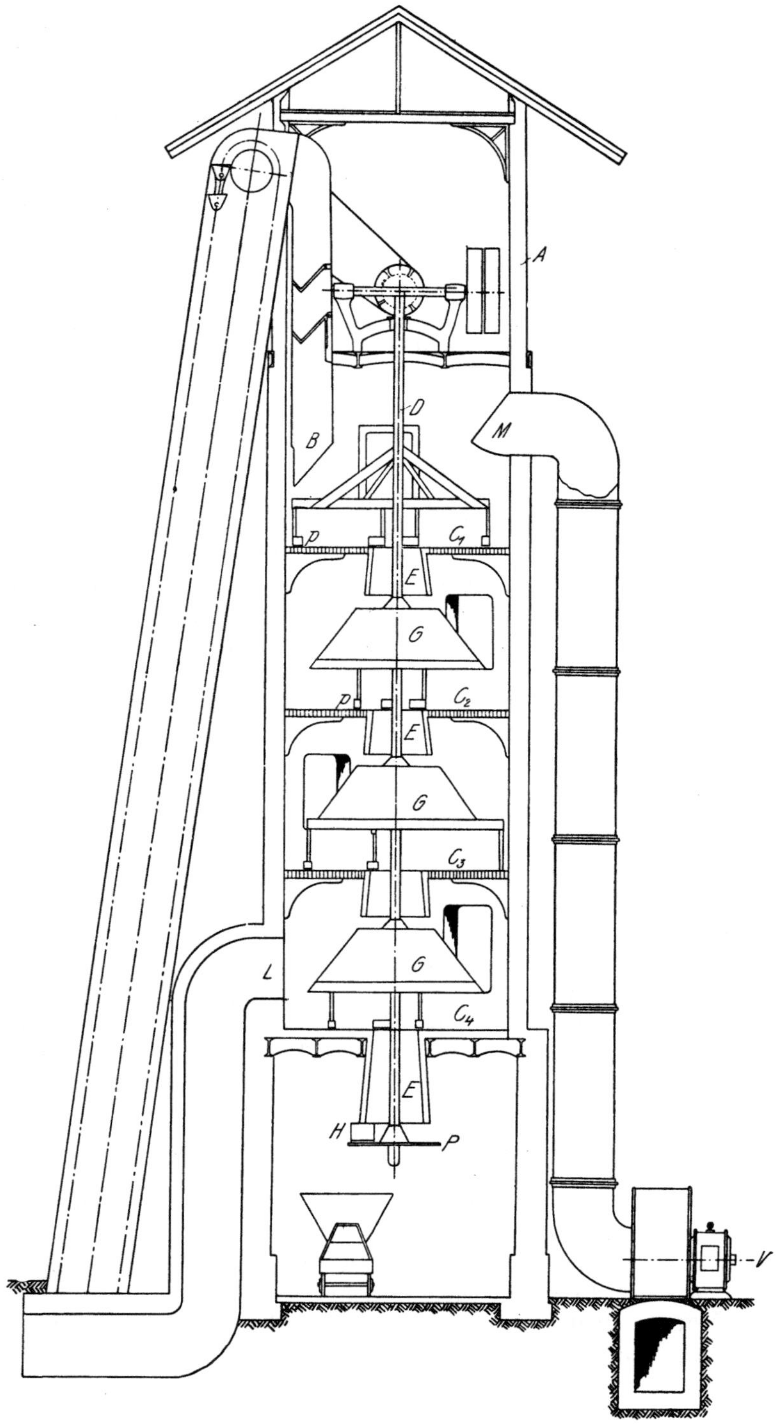

Abb. 101. Trockenapparat „Houillard“ (Basel)
Zeichenerklärung siehe im Text S. 209.

zur Einwirkung gelangen. Das der Konstruktion des Apparates zugrundeliegende Prinzip beruht auf der Erkenntnis, daß die Wärme der Heizgase ausgenützt wird, wenn dieselben durch dünne Lagen des Trockengutes quer hindurchgeführt werden.

Zu diesem Zweck wird das zu trocknende Gut im Trockenapparat „Houillard" selbsttätig in leichten Schichten auf perforierten Plattformen ausgebreitet, während die Heizgase, welche durch einen Exhaustor abgesaugt werden, durch die Sieböffnungen der Plattformen und das Material treten und somit dasselbe von unten nach oben durchziehen. Da die Exhaustorwirkung eine sehr kräftige ist, wird das Trockengut auf den Siebböden etwas gehoben und gelockert, so daß bei der Durchdringung eine vorzügliche Berührung der warmen Gase mit jedem Teilchen des Trockengutes stattfindet.

Abb. 101 stellt einen schematischen Vertikalschnitt des Apparates vor, dessen Arbeitsweise ungefähr die folgende ist:

Der ganze Apparat ist in einem gemauerten Turm „A" kreisrunden Querschnittes eingebaut. Das durch eine entsprechende Vorrichtung (Schnecke, Becherelevator, Kratzertransporteur o. dgl.) hochgenommene Gut tritt durch eine geeignete automatische Speisevorrichtung „B" unter Luftabschluß oben in den Apparat ein und gelangt zunächst an die äußere Peripherie des obersten Siebbodens „C_1", von wo es durch Schaufeln „p", die sich mit der einzigen vertikalen Welle des Apparates „D" drehen, allmählich dem Zentrum der Platte zugeführt wird. Von hier gelangt es durch eine nach unten sich erweiternde Röhre „E" auf die Kopfplatte des Kegelstumpfes „G", der sich mit der Welle dreht, sodaß das Gut durch denselben in gleichmäßiger Verteilung wieder auf die äußere Peripherie des 2. Siebbodens herabgleitet, wo sich der gleiche Vorgang wiederholt. Dabei lagert das Gut derart auf der Kopfplatte des Kegelstumpfes „G", daß es die Röhre „E" anfüllt und eine Art Pfropfen bildet, welcher den Durchtritt der Gase verhindert. Das Gut gelangt hiedurch nacheinander über die Siebböden C_1, C_2, C_3 schließlich zur vollen Plattform C_4, von welcher es durch die zentrale Büchse „E" unter Vermittlung der festen Schaufel „H" und der rotierenden Platte „P" aus dem Apparat abgezogen wird.

Die Gase werden bei „L" durch Einwirkung eines Ventilators „V" unten in den Apparat eingeführt, ziehen hintereinander durch die perforierten Plattformen C_1, C_2, C_3, sowie durch die darüber gelagerten Materialschichten, um schließlich durch den Abzug „M" den Apparat zu verlassen.

Durch den Umstand, daß die Gase wiederholt durch dünne Materialschichten hindurchgeführt werden, ist die Ausnützung der Wärme derselben eine vorzügliche, nahezu vollständige, so daß sie den Apparat mit einer Temperatur von 50° C und weniger verlassen.

Die Temperatur der eintretenden Gase kann in einfacher Weise durch Mischen mit kalter Luft beliebig geregelt werden, um besonderen Eigenschaften des zu trocknenden Gutes Rechnung zu tragen, wenn es sich um die Trocknung gewisser Produkte handelt, die durch hohe Temperatur leiden würden.

Die beste Verwertung des Auslaugematerials besteht darin, daß man dasselbe ohne vorheriges Trocknen, wie ich dies theoretisch begründet zu haben glaube, in besonders konstruierten Feuerherden verbrennt. Als Beispiel solcher Feuerungen seien folgende erwähnt:

Auf der Abb. 102 sehen wir einen eingemauerten offenen Behälter A, in welchen das feuchte Material in großen Haufen geschüttet wird. Am Boden des Behälters A befinden sich Öffnungen BBB, unterhalb welcher sich die unter rechtem oder spitzem Winkel geneigten Flächen C befinden. Der Raum zwischen den unteren Rändern der Flächen C ist mit Roststäben gewöhnlicher Konstruktion versehen. Unterhalb der Roststäbe befindet sich der Ascheraum H. Im Vorderteil des Herdes ist eine Tür angebracht, welche dazu dient, den Zugang zum Anzünden des Materials zu ermöglichen, worauf sie fest verschlossen wird.

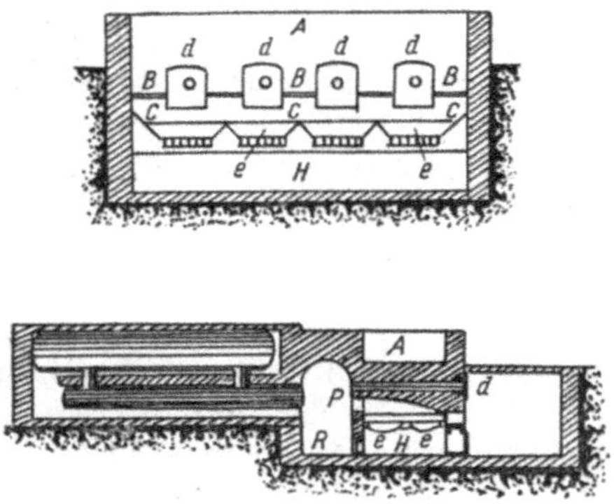

Abb. 102. Feuerherd, Konstruktion Niederberger, für die Verbrennung von Lohe

Während des Brennens des feuchten Materials auf dem Roste e wird das aus dem Reservoir A herabfallende Material zuerst vorgetrocknet, ehe es den Rost erreicht. Beim Verbrennen des Materials bilden sich Gase, welche zur vollen Verbrennung in die Kammer R durch die Öffnung P gelangen. In die Kammer R wird frische Luft durch die Röhren d hinzugeführt, welche am Boden des Behälters A angebracht sind und am vorderen Ende durch Schieber verschlossen werden können, wodurch es möglich ist, die Luftzufuhr zu regulieren.

Eine ähnliche, aber vervollkommnete Feuerung mit größerem Verbrennungsraum wurde in der Taganroger Großen Lederfabrik erbaut (Abb. 103).

Außerdem empfiehlt Ing. Silnitzky eine nach demselben Prinzip konstruierte, aber mit einem großen Verbrennungsraum, einem kleinen geneigten Gitterrost und einer vorderen Wand versehene Feuerung (s. Arbeiten d. 2. Allrussischen Wärmetechniker-Kongresses, B. II, 2. Heft, S. 82).

Ein Feuerherd französischer Konstruktion von Alexis G o d i l l o t ist in der Abb. 104 gezeigt. Der Feuerherd G o d i l l o t ist mit einem Rost in Gestalt eines halben Kegels versehen, welcher aus horizontalen, halbkreisförmigen Rostflächen besteht, deren Durchmesser von unten nach oben immer kleiner wird. Diese Rostflächen überdecken sich in der Art wie Schuppen oder Blättchen an Jalousievorhängen. Das Brennmaterial wird durch eine gußeiserne, spiral-

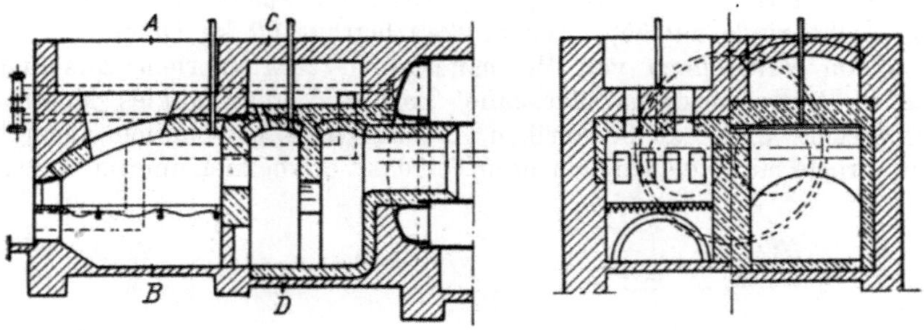

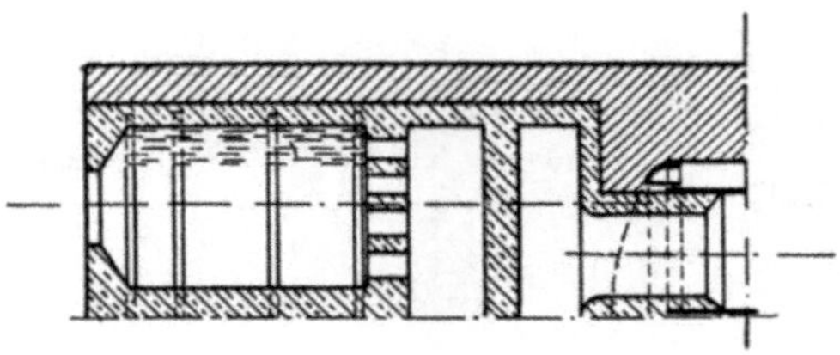

Abb. 103. Feuerung für die Verbrennung von Lohe (Taganrog)

förmige Schraube, deren Körper eine kegelförmige Gestalt hat, hinzugeführt.

In der älteren Konstruktion des Feuerherdes von Godillot befindet sich der Rostkegel an der Vorderwand des Feuerherdes und findet die Zuführung des Brennmaterials von vorn statt; in der neuen Konstruktion (Abb. 104) ist der Kegel der hinteren Wand zugekehrt und auch die Materialzufuhr geht von hinten vor sich. Das Heizmaterial wird oben auf die Spitze des Kegels gegeben, von wo es gleichmäßig in dünner Schicht auf allen Seiten der halbkreisförmigen Roste herabgleitet. Nach Angaben der Firma beträgt der

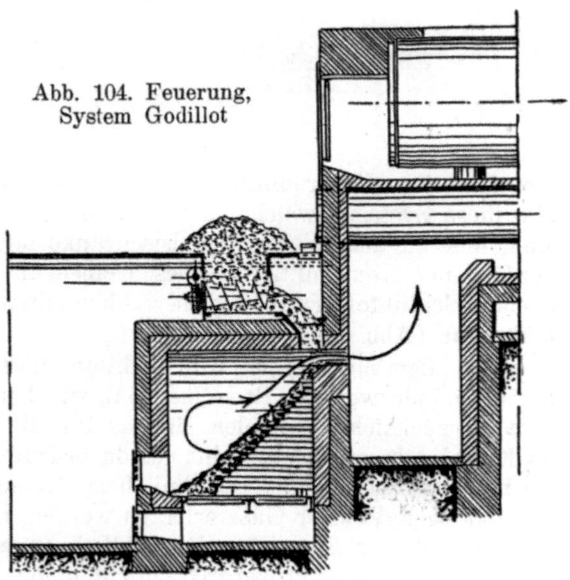

Abb. 104. Feuerung, System Godillot

Verdampfungseffekt von ausgelaugtem Kastanienholz mit 66% Feuchtigkeit in diesem Herde 1.3 kg Dampf (was nach meiner Meinung übertrieben ist). Der Verdampfungseffekt von ausgelaugtem Material aus Eichenrinde mit 55% Feuchtigkeit beträgt 1.7 kg Dampf.

Zum Verbrennen von Heizmaterial in zerkleinertem Zustande, wie z. B. Kohlenklein, Sägespäne, Torf und ausgelaugtes Material der Leder- und Extraktfabriken, benutzt man gewöhnlich geneigte Stufenroste, auf welchen im oberen Teil das Vertrocknen und im unteren

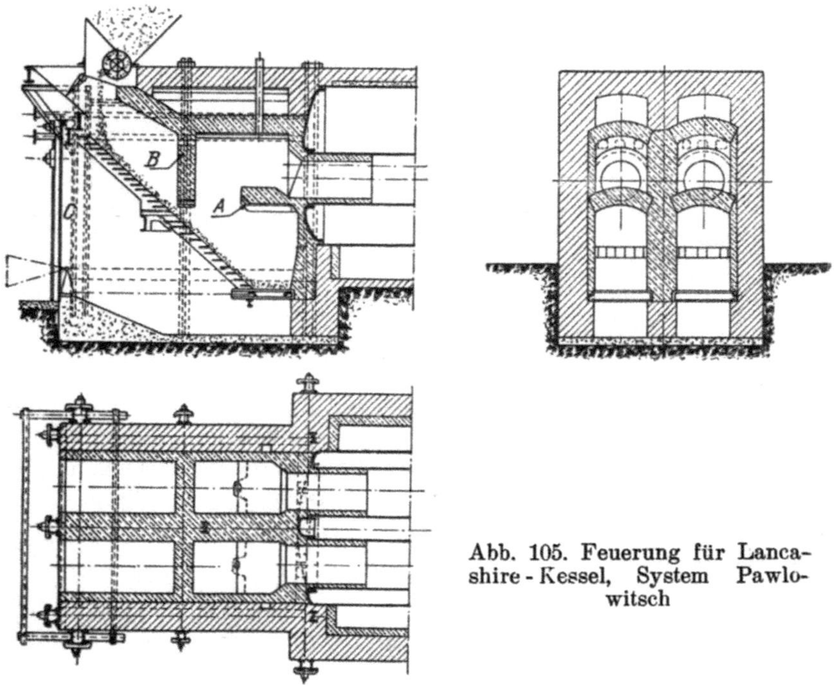

Abb. 105. Feuerung für Lancashire-Kessel, System Pawlowitsch

die eigentliche Verbrennung vor sich geht. Es würde zu weit führen, alle diese Systeme, welche in verschiedenen Handbüchern geschildert sind, hier zu analysieren. Ich beschränke mich darauf, einen Feuerherd meiner Konstruktion zu beschreiben, in welchem ich die theoretischen Schlußfolgerungen dieser Abhandlung zu verwirklichen bemüht war (Abb. 105 u. 106).

Vor allem muß bei der Konstruktion eines Feuerherdes für feuchtes und minderwertiges Brennmaterial, wie Torf und ausgelaugtes Material, berücksichtigt werden, daß es für die normale Dampfbildung im Kessel notwendig erscheint, davon bedeutend mehr zu verbrennen als bei Verwendung von gewöhnlichem Brennmaterial (Holz, Kohle), und daß deshalb mehr Gase erhalten werden. Es muß also entweder der Durchschnitt der Feuerzüge beträchtlich erweitert werden, oder man muß eine bedeutend größere Geschwindigkeit der Gase in den Feuerzügen zulassen. Neueste Untersuchungen haben ergeben, daß die frühere Annahme, wonach die Geschwindigkeit der Verbrennungsgase in den Flammrohren nicht 5 bis 6 m/sec. überschreiten soll, aufgegeben werden muß und viel größere Geschwindigkeiten zulässig sind, da der Koeffizient der Wärmeübertragung von den Gasen zum Wasser durch die Rohrwände des Kessels ungefähr proportional der Geschwindigkeit der Gase ist.

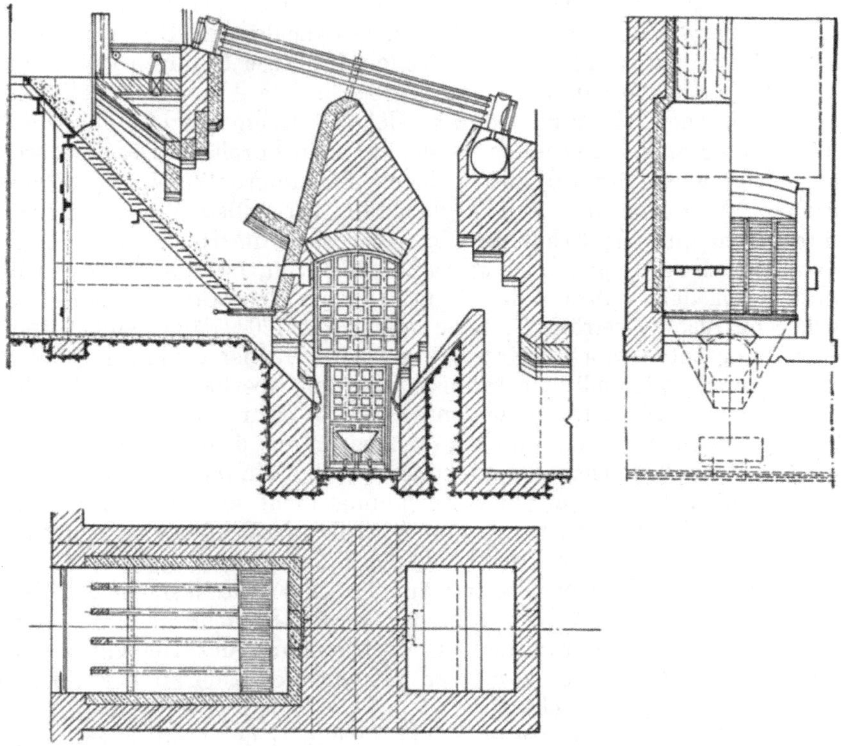

Abb. 106. Feuerung für Wasserrohrkessel, System Pawlowitsch

Folglich können wir, ohne die größere Geschwindigkeit der Gase zu befürchten, eine möglichst große Rostfläche anwenden, um die normale Dampfbildung im Kessel zu erlangen. Deshalb wende ich zum Verbrennen von ausgelaugtem Material eine Rostfläche von $^1/_{16}$ der ganzen Heizfläche eines Kessels an (wobei die Projektion des Rostgitters $^1/_{21}$ der Heizfläche ausmacht) statt des üblichen Verhältnisses von $^1/_{28}$ bis $^1/_{33}$ (nach Grahl $^1/_{20}$ bis $^1/_{25}$ **für Holz mit 25% Feuchtigkeit**). Außerdem ist es nötig, den Feuerherd mit einem möglichst großen Verbrennungsvolumen zu bauen, um eine vollständige Verbrennung zu erzielen (das Verhältnis von Verbrennungsvolum: Heizfläche muß ca. 1 : 6 betragen).

Im Verbrennungsraum dient der Vorsprung A dem Zwecke, eine bessere Vermischung der Heizgase zustande zu bringen, außerdem gerät derselbe in heftiges Glühen, befördert dadurch die Verbrennung und hindert das Davontragen von Asche und Funken durch den Luftzug. Da im oberen Drittel des Stufenrostes das Vortrocknen des Heizgutes unter starker Entwicklung von Dampf vor sich geht, welcher die Temperatur des Heizraumes stark herabsetzen würde, so ist es nötig, die obere Trockenzone von der Verbrennungsphäre durch eine von der Decke herabgehende Scheidewand B abzutrennen. Diese Wand hat in ihrem oberen Teile Öffnungen E, durch welche die Dämpfe am Verbrennungsraume vorbei in die Flammrohre geleitet werden können. Dadurch wird in der Verbrennungszone eine hohe Temperatur aufrecht erhalten, indem sie nicht durch die Dampfmassen erniedrigt wird. Der Luftzutritt durch die hintere Wand D gibt eine ergänzende Luftmenge, welche gleichfalls der vollständigen Verbrennung dient und zur Erhöhung der Temperatur im Heizraum beiträgt. Wie sehr der Dampf die Temperatur erniedrigt, ist aus der Tatsache ersichtlich, daß, während die Temperatur im Heizraume unseres Feuerherdes 1025° C beträgt, dieselbe sofort auf 720—770° C sinkt, wenn der Dampfzutritt dorthin freigegeben wird. Es ist demnach geboten, den Dampf vollständig abzuführen und ihn überhaupt nicht in den Heizbereich gelangen zu lassen. Dies ist sehr gut durchführbar, indem man den Dampf aus der Vortrocknung direkt in den Fuchs ableitet. Das Entfernen des Dampfes durch Öffnungen in der Decke des Trockenraumes (auf der Zeichnung nicht angegeben), in welchem Falle E geschlossen wird, steigert den Nutzeffekt der Feuerung ganz bedeutend, da der Dampf mit einer Temperatur von 100° C entfernt wird und nicht erst vorher auf die im Fuchs herrschende Temperatur von 250—300° C erwärmt zu werden braucht.

Durch diese Anordnung der Vortrocknung des Heizgutes wird die Aufgabe der Ausnutzung von nassem Holzmaterial der Lösung wesentlich näher gebracht.

Nachfolgend führe ich noch eine Tabelle 47 der Prüfungsresultate von Feuerherden zweier Lancashire-Dampfkessel bei direkter Verfeuerung von ausgelaugten Eichenholzspänen mit einem Wassergehalt von 57% an.

Zum Vergleich ist ein Feuerherd gewöhnlichen Systems, ähnlich Abb. 103, hinzugefügt. Abb. 106.

Im Feuerherd meiner Konstruktion ist es mir gelungen, folgende Verbesserungen zu verwirklichen:

1. Die Verbrennung ist ununterbrochen. Während der Reinigung des Rostes wird der Verdampfungseffekt nicht vermindert.

2. Es ist möglich, den Verdampfungseffekt des Kessels zu erhöhen durch Regulierung der Dicke der Brennmaterialschicht und durch häufiges Reinigen des Rostgitters.

3. Es wird eine stärkere Dampfbildung des Brennmaterials im

Vergleich zum Feuerherd nach Abb. 103, gemäß den Prüfungsresultaten, erreicht.

4. Vollständiges Fehlen unverbrannter Rückstände während des Reinigens, was bei Abb. 103 nicht der Fall ist. In den Feuerungen der anderen Systeme, nach Abb. 102 und 103 ist es im Gegenteil

1. unmöglich den Heizeffekt zu erhöhen, und

2. während des Reinigens fällt die Dampfbildung. Prüfungen ergaben, daß die Dampfbildung von 19.63 kg auf 10 kg Dampf pro 1 qm Heizfläche sinkt bei zweistündigem Reinigen der Feuerung in 24 Stunden.

3. Beim Reinigen werden gleichzeitig mit der Asche unverbrannte Anteile entfernt. Bei zweimaligem Reinigen in 24 Stunden wurden 22×1532 kg $=$ 33704 kg Material verbrannt.

Tabelle 46

Kessel Nr.	1.		2.		3.	
	System Pawlowitsch				System gemäß Abb. 103 (ähnl. Abb.102)	
1. Gesamtverdampfung auf 1 qm Heizfläche in kg/Std.	26.55	25.60	26.68	26.00	21.62	19.63
2. Dampfbildungseffekt von ausgelaugtem Material auf normalen Dampf von 100° C, bei $t = 0°$ des Materials und Speisewassers bezogen	1.65	1.40	1.55	1.50	1.32	1.28
3. An feuchtem Material auf 1 qm Stufenrost verbrannt in kg/Std.	300	343	333	335	303.5	285.8
4. Dampfdruck in Manometer Atmosphären	4	4	4.3	4.3	6	5
5. Koeffizient des Luftüberschusses	1.88	2.0	1.5	1.4	1.51	1.45
6. Geschwindigkeit der Rauchgase a) im Anfang der Flammrohre b) am Ende der Flammrohre . .			20 m/sek 17 m/sek			
7. Zug im Feuerherd und am Register in mm Wassersäule	10/20	10/20	—	—	9/18.5	10/18.5
8. Temperatur im Feuerungsraum .	1025°	1025°	1025°	1025°	640°	635°
9. Rostfläche in horizontaler Projektion	5.15	5.15	5.0	5.0	5.2	5.2

Bei 1% Aschegehalt macht das 337 kg Asche aus. Tatsächlich wurden 1640 kg Rückstand erhalten.

Außerdem muß die Feuerung vor dem Reinigen durchgebrannt werden, wobei viele Funken in die Flammrohre und Feuerzüge getragen werden.

Zum Schlusse möchte ich noch bemerken, daß zum Verbrennen von feuchtem Heizmaterial in Europa viele Konstruktionen von Feuerherden gebaut worden sind, da hier die Frage bezüglich des Heizmaterials sehr schwierig ist. Dagegen werden in den Vereinigten

Staaten von Nordamerika das ausgelaugte Holzmaterial und andere minderwertige Brennstoffe gar nicht ausgenutzt, da dort die Steinkohlen so billig sind, daß die kostspieligen Einrichtungen der Kesselanlagen und die großen Ausgaben für Arbeitskräfte bei Handhabung so großer Massen im Vergleich zu gehaltvolleren Brennstoffen es unvorteilhaft erscheinen lassen, diese Materialien zu verfeuern.

Aus dem Privatbriefe eines amerikanischen Ingenieurs der Wärmetechnik vom 12. Mai 1924 entnehme ich beispielsweise folgendes:

Die Kohle für Dampfkesselfeuerung kostet in Amerika 1.25 bis 1.75 Dollar pro Tonne am Orte der Aufbereitung oder franko Feuerherd 3.25—3.75 Dollar pro Tonne. Der Wärmeeffekt einer solchen Kohle beträgt 7200—7500 Cal., und beim Verbrennen dieser Kohle wird ein Nutzeffekt von 72 bis 80% erreicht, d. h. sogar bei niedrigsten Werten liefert die Kohle immerhin noch 5200 Cal.

Dagegen erhält man aus ausgelaugtem Gerbrindenmaterial mit 66% Feuchtigkeit und einem Wärmeeffekt von 1500 Cal. nach amerikanischen Angaben nur einen Nutzeffekt von 50%, d. h. 750 Cal. Auf diese Weise ist 1 kg Steinkohle gleichwertig $\frac{5200}{750} = 6.92$ kg ausgelaugtem Gerbmaterial.

Das Verbrennen einer so gewaltigen Masse von Brennmaterial verursacht, wie der erwähnte Ingenieur behauptet, so große Ausgaben für den Bau der dazu erforderlichen Anlagen und die nötigen Arbeitskräfte zur Handhabung, daß diese Arbeitsweise unvorteilhaft erscheint, besonders infolge der neuen Konstruktionen für Dampfkesselbetrieb, welche eine 2—4mal so starke Dampfbildung im Vergleich zu früher gestatten. Die Amerikaner erachten es aus den erwähnten Gründen sogar für unvorteilhaft, Kohlen von 5000 Cal. abzubauen.

Ganz anders liegen die Verhältnisse in Europa, wo eher Kohlenarmut herrscht. Hier können wir uns nicht den Luxus erlauben, minderwertige Brennstoffe, wie Braunkohle, Torf usw. zu vernachlässigen. Die Amerikaner ziehen es vor, besondere Ausgaben zu tragen, um das ausgelaugte Material der Leder- und Extraktfabriken zu entfernen, statt dasselbe zu verbrennen, selbst wenn die Menge desselben vollständig genügend ist, um den ganzen Betrieb aufrecht zu erhalten, falls man entsprechende Feuerungen baut.

Außerdem kann man die ausgelaugte Lohe der trockenen Destillation unterwerfen. Nach Laboratoriumsversuchen in der Maikoper Fabrik liefert 1 kg lufttrockene Lohe ca. 32 g Teer, etwa 28 g 100%ige Essigsäure, 8 g Holzgeist und ungefähr 250 g Kohle.

In vielen Kastanienholz-Extraktfabriken des Südens der Vereinigten Staaten verarbeitet man einen Teil der ausgelaugten Kastanienholzrückstände auf Papier.

Wie man aus den Versuchen von A. Chiappero und B. Oglietti[1] sieht, ist die Verwertung der ausgelaugten Kastanien-

[1] Il Notiziario Chimico Industriale, 1926, 19 u. 247.

holzrückstände für die Gewinnung von Zellulose eine aussichtsreiche und gewinnbringende Industrie. Die ausgeführten Versuche gestatten, zu folgenden Schlüssen zu gelangen:

1. Das Material kann der chemischen Behandlung in dem Zustande der Zerkleinerung, wie es aus den Autoklaven kommt, unterworfen werden.

2. Die Zelluloseausbeute beträgt ca. 35%, bezogen auf das feuchte Material, wie es aus der Fabrik kommt.

3. Der Verbrauch an Chlor und Ätznatron beträgt je 175 kg pro t behandelten Materials.

4. Die erhaltene Zellulose ist sehr weiß und von guter Qualität.

Endlich haben auch die Untersuchungen von Prof. Chintschin in Moskau und Prof. Orlow und Nerechtsky in Kiew bewiesen, daß die ausgelaugten Eichenholzrückstände ganz befriedigendes Papier liefern.

Siebentes Kapitel

Allgemeine Angaben für die Berechnung von Extraktfabriken

1. Die normale Leistungsfähigkeit einer Fabrik. Extraktfabriken für die Verarbeitung von Quebracho-, Eichen- oder Kastanienholz müssen so berechnet werden, daß das extrahierte Material, nachdem es den Extrakt geliefert hat, auch alle zu dessen Herstellung erforderliche Energie und Wärme liefert. Nur in diesem Fall ist die Produktion wirtschaftlich, ohne Ausgaben für besonderes Heizmaterial und in großen Extraktfabriken mit bedeutenden Überschüssen an billigem Heizmaterial verbunden.

Zur Veranschaulichung der Beziehungen zwischen den Mengen verarbeiteten Rohmaterials und dem Heizmaterialverbrauch führe ich in Tabelle 48 die Betriebsdaten der Maikoper Fabrik von Eichenextrakten an, aus denen für die charakteristischen Monate der Jahre 1922—1925 die mittlere tägliche Ausbeute an ausgelaugter Lohe ersichtlich ist, die aus Eichenspänen erhalten wurde, aus welchen 6—7% Gerbstoffe und Nichtgerbstoffe extrahiert worden waren.

Aus Tabelle 47 sehen wir den Loheüberschuß bei Verarbeitung von mehr als 50 t Rohmaterial in 24 Stunden, eine Leistung, die für Eiche, Kastanie oder Quebracho verarbeitende Extraktfabriken als Mindestmenge des Normalen anzusehen ist.

Von den im Jahre 1914 in Frankreich in Betrieb gewesenen 31 Extraktfabriken haben

4 Fabriken	. . . . 30 t	Kastanienholz	in 24	Stunden	verarbeitet
7 „	. . . . 40 t	„	„ 24	„	„
5 „	. . . . 50 t	„	„ 24	„	„
11 „	. . . . 60 t	„	„ 24	„	„
2 „	. . . . 90 t	„	„ 24	„	„
1 „	. . . . 100 t	„	„ 24	„	„
1 „	. . . . 120 t	„	„ 24	„	„

Die 50—60 t verarbeitenden Fabriken sind also am zahlreichsten.

Tabelle 47

Der Verbrauch an Rohstoff und Brennmaterial in Form von Lohe und Holz in kg bei der Erzeugung von Eichenholzextrakt in den Betriebsmonaten der Jahre 1922—1925 der Fabrik in Maikop.

	Jahr 1922						Jahr 1923	Jahr 1924	Jahr 1925		
Monat:	Jan.	März	Mai	Juli	Aug.	Nov.	Jan.	Okt.	Jan.	Febr.	Juni
Verbrauch an Eichenholz v. 30–40% Feuchtigkeit	40.650	45.160	52.900	47.190	52.600	54.500	62.100	102.270	136.850	140.740	149.430
Lohenausbeute, umgerechnet auf ursprüngl. Holz unter Abzug von 7% f. extrahierte St. u. 18.5% Heizwertverringerung infolge 60%igen Wassergehalts	30.950	34.220	40.170	35.790	39.850	41.300	47.110	76.200	101.900	105.000	111.400
Verfügbarer Lohenrest umgerechnet wie oben	—	—	4.670	—	5.870	5.370	13.000	21.020	28.330	36.030	37.500
Holzverbrauch z. Verbrennen	9.020	4.720	5.720	4.410	4.510	3.650	4.150	4.930	4.330	5.250	1.170
Gesamtverbr. an Brennmaterial in Form von Lohe und Holz	39.970	38.940	41.220	40.200	38.490	39.580	38.260	60.110	77.900	74.220	75.700

Dieser Tabelle zufolge wird außer der Lohe noch das für die Extrakterzeugung ungeeignete Holz verheizt. In dem Maß als die Loheausbeute steigt, bis sie 40 t erreicht hat, verringert sich der Holzverbrauch bis auf 4 t in 24 Stunden im Mittel. Diese Holzmenge wurde verbraucht, einerseits um die Reinigung der Feuerung zu erleichtern (um das Durchfallen der Lohe zwischen den Roststäben zu verhindern, macht man zuerst auf dem horizontalen Teil des Treppenrostes ein Sieb aus Scheiten, unter denen man die Roststäbe reinigen kann, ohne Lohe zu verlieren und das Feuer zu verlöschen. Bei guter Wartung kann man in unseren Feuerungen die Roststäbe auch ohne Zuhilfenahme von Holz reinigen). Andererseits wird an den auf Feiertage folgenden Tagen etwas Holz zum Anheizen der Kessel verbraucht.

2. Der Energieverbrauch. Der Höchstverbrauch an Energie auf der Welle der Betriebsmaschinen bei Verarbeitung von 50, bezw. 100 t Eichenholz je 24 Stunden in einer gut eingerichteten Fabrik wird nach praktischen Gesichtspunkten annähernd durch folgende Zahlen bestimmt:

Tabelle 48

Bezeichnung des Verbrauchspostens	Für 50 t Eiche	Für 100 t Eiche
1. Schneidemaschine	60 PS	60 PS
2. Elevator und Transporteur für die Späne	8	10
3. Ventilator im Kesselhaus	7	15
4. Wasserversorgung	25	40
5. Vakuumpumpe	10	20
6. Pumpen für die Brühen und Rückflußwässer	10	15
7. Rührwerke	5	10
8. Beleuchtung	20	30
Summe der PS auf der Welle der Betriebsmaschinen	145	200
„ „ indizierten PS auf der Welle der Antriebsmaschinen	175	250

3. Der Dampfverbrauch. Die wirtschaftlichste Antriebsmaschine für eine Extraktfabrik ist eine Dampfmaschine oder eine Dampfturbine mit Gegendruck von 3 man. atm., die von dem ganzen für den Betrieb notwendigen Dampf durchströmt wird und auf diese Weise billige Energie mit einem Dampfverbrauch von etwa 2 kg je PS-Stunde liefert. Der auf die Krafterzeugung aufgehende Dampf wird also im ersten Fall durch 175 PS $\times$ 2 kg = 350 kg, im zweiten durch 250 $\times$ 2 = 500 kg/Stunde ausgedrückt; bezogen auf 1000 kg Späne ergibt sich 170 und 120 kg.

Außer den in den vorhergehenden Kapiteln gemachten Angaben über den Dampfverbrauch bei der Diffusion, Verdampfung und Reinigung muß man noch den im Winter für die Heizung der Fabrik verwendeten Dampf in Rechnung ziehen, dessen Menge für ein nicht zu weitläufiges Gebäude praktisch mit 450 kg/Stunde anzunehmen ist. Auf 1000 kg Späne bezogen, ergibt das für eine Fabrik von 50 t Leistung 220 kg in 24 Stunden, für eine solche von 100 t Leistung 110 kg.

Bei Ausnützung der Rückflußwässer aus der Diffusion und der Verdampfung und des warmen Wassers aus den Kühlern erhält man, umgerechnet auf Dampf je 1000 kg Späne und unter Annahme eines 15%igen Verlusts bei der Strahlung, folgende Wärmemengen zurück:

aus der offenen Diffusion . . $\dfrac{949.5^{1}\,(100^{0} - 10^{0}) \times 0.85}{540} = 134$ kg

aus der geschloss. Diffusion . $= 120$ kg

aus dem 3-Körper-Verdampfer $\dfrac{1935^{1}(75^{0} - 10^{0}) \times 0.85}{540} = 198$ kg

aus dem Kühler . . . . $\dfrac{4000^{2}\,(35^{0} - 10^{0}) \times 0.85}{540} = 157$ kg

[1] Ableitung dieser Zahlen s. Kap. 2 u. 3.

[2] Die für die Abkühlung von 2000 l Brühe aus 1000 kg Spänen bei einer Anfangstemperatur des Wassers von 10° C und einer Endtemperatur von 35° C und einem Nutzwirkungskoeffizienten von 0.80 erforderliche Wassermenge

(Eine Anfangstemperatur von 10° C ist in den oben angeführten Berechnungen über die Diffusion angenommen.)

Die angeführten Wärmemengen können ausgenützt werden, indem man die erhaltenen Wässer für die Diffusion verwendet, bei der für 1000 kg Späne maximal 4000 l gebraucht werden und für die Dampfkessel, die auf 1000 l Späne etwa 2600 l Wasser bedürfen. Die Summe der oben aufgezählten Wassermengen, 949.5 + 1935 + 4000 = 6884.5, übersteigt den Bedarf der Diffusion und der Dampfkessel.

Verwendet man für die Diffusion Kondenswasser von der Diffusion (949.5 kg), von der Verdampfung (1935 kg) und erwärmtes Wasser aus den Kühlern, insgesamt in der Menge von 1116 kg (4000 — 949 — 1935 = 1116, welche Menge dem Wärmeinhalt nach 44 kg Dampf entspricht), dann kann man von dem Dampfverbrauch für die Diffusion abziehen für die offene Diffusion 134 + 198 + 44 = = 376 kg, abgerundet 370 kg, für die geschlossene 120 + 198 + 44 = = 362 kg, abgerundet 360 kg.

Außerdem erhält man barometrisches Wasser von 30° in 20—30-facher Menge des kondensierten Dampfes, das keine weitere Verwendung findet, wenn mit der Extraktfabrikation keine anderen Betriebe zusammenhängen. Der Gesamtverbrauch an Dampf von 3 Manometeratmosphären in einer Extraktfabrik, auf 1000 kg Holzspäne gerechnet, wird in folgenden Zahlen seinen Ausdruck finden, eine geschlossene Diffusion und Dreikörperverdampfer vorausgesetzt:

Tabelle 49

Bei Verarbeitung von	50 t	100 t Eiche in 24 Stund.
Diffusion	754 kg	754 kg
Verdampfung	720	720
Reinigung	340	340
Kraftverbrauch	170[1]	120[1]
Heizung im Winter	220	110
Summe	2204	2044
Abzüglich warmes Wasser für die Diffusion	360	360
	1844	1684

Den Dampfverbrauch auf die Leistung von 50 t in 24 Stunden, d. i. 2050 kg Späne je Stunde, oder auf 100 t gleich 4100 kg je Stunde bezogen, erhalten wir

3780, bzw. 6900 kg je Stunde

Es fragt sich, wieviel Dampf können wir aus den ausgelaugten Eichenspänen erhalten, wenn die Menge der gelösten Bestandteile zu 7% angesetzt wird.

[1] Im Hinblick auf den geringen Unterschied in Kalorien zwischen Dampf von 10 und von 3 atm., der die Fehlergrenzen der Bestimmung des Dampfverbrauchs für die Dampfmaschine nicht übersteigt, kann man in der Praxis den Dampfverbrauch für die Maschine (von 10 atm.) mit dem für die übrigen Operationen (von 3 atm.) addieren.

Bei stündlicher Verarbeitung von 2050 kg Spänen mit einem Wassergehalt von 30% erhält man an ausgelaugtem Material mit einem Wassergehalt von 60%:

$$2050 \times \frac{100 - (7 + 30)}{100 - 60} = 3230 \text{ kg}.$$

Die Verdampfung des ausgelaugten Materials ohne Economiser ist praktisch 1.3. Mit Economiser kann man aus Wasser von 70° C[1] im besten Falle solches von 130° erhalten. Dann erhöht sich die Verdampfungsfähigkeit um $\frac{640 - 70}{640 - 130} = 1.10$mal, d. h. sie wird $1.3 \times 1.10 = 1.43$.

Von 3230 kg ausgelaugtem Material erhalten wir $3230 \times 1.43 = 4620$ kg Dampf.

Überschuß von Dampf 840

Im Sommer, wo die Heizung der Räume fortfällt, wird dieser Überschuß noch um 450 kg größer sein. Beim Fehlen des Economisers wird dieser Überschuß stark sinken, sodaß wir nur $3230 \times 1.3 = 4300$ Dampf erhalten und der Überschuß sich auf 520 vermindert.

Bei Verarbeitung von 4100 kg Holzspänen pro Stunde erhalten wir im Kessel mit Economiser $6460 \times 1.43 = 9240$ kg Dampf

Überschuß an Dampf . . . . 2340 kg

4. Der Wasserverbrauch. Der Wasserverbrauch bei der Verarbeitung von 1000 kg Spänen setzt sich bei voller Verwertung der Kondensate und des Wassers aus den Kühlern nach den oben angeführten Daten aus folgenden Posten zusammen:

1. Kühler	4000 l
2. Dreikörper-Verdampfer	16000 l
	20000 l

Für die Verarbeitung von 100 t braucht man 2000000 l Wasser.

5. Die Bodenfläche der Fabrik und ihres Gebiets. Eine richtig projektierte Fabrik für die Verarbeitung von 100 t Eichenholz in 24 Stunden (entsprechend einer Erzeugung von ca. 16 t flüssigen Extrakts von 24° Bé) bedarf einer Fläche von mindestens 1200 m² und eines Kubikraumes von etwa 9000 m³ (ohne Nebengebäude). Der Flächenraum des Holzlagers für den halbfertigen Vorrat soll ca. 30.000 m² betragen, bei Lagerung in Stapeln von 2 m Höhe, 2 m Breite und 10 m Länge, mit 2 m breiten Zwischenräumen.

6. Ausländische Extraktfabriken. Schließlich führe ich einige Angaben über die Praxis des Baus von Extraktfabriken im Ausland an.

---

[1] Infolge des hohen Gehalts der Wasserdämpfe an Rauchgasen (bei 1.5fachem Luftüberschuß haben wir 2.04 kg Dampf auf 11.47 kg Rauchgase von 1 kg absolut trockenem Holz), erhält man bei 70° 0.172 kg Dämpfe auf 1 cbm Gas. Der Sattdampf wiegt 0.199 kg und bei 65° entspr. 0.174 und 0.162, d. h. die Kondensationstemperatur liegt zwischen 65 und 70°. Das Volumen der 11.47 kg Gase beträgt bei 0° 9.45 cbm, bei 200° 16.36 cbm.

Nach Angabe Watsons[1] soll eine Musterfabrik für Kastanienholzextrakt mit einer Erzeugung von 22.900 kg 25%igen Extrakts in 24 Stunden einen Gebäudeflächenraum von 2322.5 m^2 und einen Flächenraum für die Holzlager von 40.467 m^2 besitzen. Die Stapelhöhe des Holzes wird zu 1.25 angenommen (in Rußland 2 m), wobei etwa 40.000 m^3 Holz gelagert werden können, bei der angeführten Erzeugung ein Vorrat für 150 Tage. Der tägliche Verbrauch von Kastanienholz mit 5.5—6% Gerbstoffgehalt beträgt bei der angegebenen Erzeugung 253.4 m^3 zu 450 kg = 114.300 kg, die Ausbeute an 25%-igem Extrakt 17.6—22%. Der Wasserverbrauch macht 4,542.450 l aus. Bei 40%iger Steigerung der Erzeugung ist der Wasserverbrauch gegenüber der oben für eine Verarbeitung von 100 t Eiche angeführten Berechnung um 100% größer.

Dieser große Wasserverbrauch erklärt sich durch den starken Auszug der Brühen: von 1629 kg Holz zieht man 5677.5 l Brühe, d. i. die 3.49fache Brühenmenge von 1.5° Bé aus. Die Diffusionsbatterie besteht aus 14 hölzernen Diffuseuren, von denen 10 im Betrieb stehen. Von diesen 10 kommt einer zur Füllung, einer zum Entleeren. Die vier Reservediffuseure werden nur dann eingeschaltet, wenn die Auslaugung mangelhaft verläuft.

Die Diffuseure mit Untenentleerung werden 2.5 m über dem Boden aufgestellt, um die Entleerung, die mittels einer eigenen Maschine erfolgt, bequemer zu gestalten.

Das Fassungsvermögen der Diffuseure beträgt 21.7 Raummeter Holz oder 14.22 m^3 des dichten Holzes. Bis zum falschen Boden hat der Diffuseur einen Rauminhalt von 40.766 m^3, zwischen falschem und wirklichem Boden von 13.81 m^3, daher einen Gesamtinhalt von 54.58 m^3. Die Höhe beträgt 4.88 m, der Durchmesser 3.66 m. Das Volum der Brühe in einem solchen Diffuseur macht 34.065 m^3 aus, dazu kommt das Volum des dichten Holzes von 14.2 m^3, daher gesamter Nutzraum 48.28 m^3.

Im Verlauf von 24 Stunden werden von der beschriebenen, aus 10 in Betrieb stehenden Diffuseuren bestehenden Batterie 6 Diffuseure aufgearbeitet, d. h. die Extraktionsdauer beträgt 40 Stunden. Die Verdampfung erfolgt im Dreikörper-Apparat System Klasson: in die erste Kammer tritt Dampf von 109° C ein, die Brühentemperatur im ersten Körper beträgt 100° C, im zweiten 86°, im dritten 55°, das Vakuum im dritten 61 cm Quecksilbersäule. Die Flüssigkeit reicht in den Apparaten bis $^1/_3$ der Röhrenhöhe; bei diesem Niveaustand geht die Verdampfung am besten. Infolge der Entnahme von sehr schwachen Brühen reicht die ausgelaugte Lohe nicht für die Kesselheizung und man muß sie durch 12 t Kohle je 24 Stunden ergänzen.

Die Fabrik ist folgendermaßen angeordnet: zuerst kommen die Schneidemaschinen, dann die Diffuseure in Serien zu 14 Stück, dann die Kessel. Die Lohe wird aus der Diffusion auf einer Schmalspurbahn zu den Kesseln geführt.

[1] Hide and Leather, 1920, 2. Oktober.

Für die Erzeugung von Quebracho-Extrakt werden sehr große Fabriken gebaut.

Die größte Extraktfabrik in Argentinien, Villa Guillermina, hat eine 18mal so große Produktion als eine normale Fabrik für 16 t Eichenextrakt von 24° Bé in 24 Stunden, bei neunfacher Leistungsfähigkeit der Dampfkessel und vierfacher der Dampfmaschine.

Aus dieser Gegenüberstellung ist zu ersehen, welche Vorzüge in Bezug auf Energie- und Dampfökonomie das Quebrachoholz mit 20% Gerbstoff vor dem Eichenholz mit 5% Gerbstoff voraus hat.

Nach Tejessy (Häute- und Lederberichte 1919, Nr. 42, S. 5) erhält man bei der Extraktion von 30.000 kg Fichtenrinde in 24 Stunden 10.000 kg flüssigen Extrakt und 30.000 kg ausgelaugtes Material.[1] Beim Dreikörperverdampfer verbraucht man 80.000 kg Dampf, denen 27.000 kg Brennmaterial mit der Verdampfung von ca. 3 entsprechen. Es bleibt also ein Überschuß von 3000 kg Brennmaterial. Der Energiebedarf macht bei weitgehender Mechanisierung des Transportes ungefähr 150 PS aus. Zur Erzeugung von 150 PS werden in 24 Stunden etwa 31.200 kg Dampf von hohem Druck verbraucht, von denen man 28.000 kg als Abdampf erhält. Aber für die Gewinnung von 80.000 kg Abdampf braucht man eine Maschine von 370 PS. Es bleibt daher ein Überschuß von 3000 kg Brennmaterial und 220 PS. Von dem genannten Dampfverbrauch gehen etwa 36.000 kg für die Verdampfung auf. Wenn die Verdampfanlage mit einer Wärmepumpe ausgestattet ist, um die Brüden auf den für Heizzwecke nötigen Druck zu komprimieren, dann steigt der Energieverbrauch auf 240 PS und der Dampfverbrauch beschränkt sich auf die Extraktion, d. h. er bewegt sich um 50.000 kg. Infolgedessen bleibt ein Überschuß von 13.000 kg Brennmaterial.

Nach Projekt der Akt. Ges. Dubitel (UdSSR) erhalten wir bei der Extraktion von 70.000 kg Fichtenrinde (Analyse: T 8.6, NT 11.6; Anteilzahl 42.5; Wasser 17) in 24 Std. 10.000 kg festen veredelten Extrakt (Analyse: T 46, NT 38, Anteilzahl 55, Wasser 15) und 100.000 kg Lohe mit 55% Wasser. Der Dampfverbrauch im Dreikörperverdampfer ist gleich 140.000 kg in 24 Std., denen gerade 100.000 kg Lohe mit der Wasserverdampfung von 1,4 entsprechen.

Der Energiebedarf beträgt 300 PS. Zur Erzeugung dieser Kraft ist eine Dampfmaschine vorgesehen, die als Druckverminderungsventil für den gesamten hochgespannten Dampf von 15 Manometeratmosphären und 300° C auf die für den Heizprozeß gewünschte Spannung von 3 Manometeratmosphären dient.

[1] Offenbar umgerechnet auf 25—30% Wassergehalt, während die ursprüngliche Fichtenrinde einen solchen von 15—20% hatte.

Anhang.

Die Entwicklungsmöglichkeiten der Fabrikation von Gerbextrakten in der U. d. S. S. R.

1. Weltgerbstoffverbrauch und -produktion. Sehr interessant ist der Zusammenhang zwischen der Bevölkerungszahl und dem Gerbstoffverbrauche eines Landes; in der folgenden Tabelle sind die Bevölkerungszahlen einiger Länder dem Verbrauche von reinem pflanzlichen Gerbstoff im Jahre 1925 gegenübergestellt.

Tabelle 50

Länder	Einwohnerzahl	Verbrauch an rein pflanzlichem Gerbstoff in t
U. S. A.	105,700.000	115.500
Deutschland	64,500.000	61.500
Großbritanien	47,300.000	52.000
Frankreich	40,000.000	41.000
Union der S. S. R. . .	100,000.000	50.000
Italien	39,000.000	26.500

Während die ersten vier Staaten eine gewisse Gesetzmäßigkeit im Verhältnisse der Bevölkerungszahl zum Gerbstoffverbrauch erkennen lassen, fallen die Union der S. S. R. und Italien ganz aus diesem Rahmen heraus. Dies ist auch nicht zu verwundern, da sich die Union der S. S. R. durch ihren wirtschaftlichen und kulturellen Tiefstand und Italien durch seine abweichenden klimatischen Verhältnisse von den erstgenannten Staaten grundsätzlich unterscheiden.

Der Verbrauch an pflanzlichen reinen Gerbstoffen in den einzelnen Staaten im Jahre 1925:[1]

Tabelle 51

Staaten	Gerbmaterial in t u. %		Gerbextrakte in t u. %		Insgesamt t
Deutschland	29.523	48 %	31.949	52 %	61.500
Großbritanien	23.486	46 %	28.188	54 %	52.000
Frankreich	18.437	45 %	22.591	55 %	41.028
Italien	1.492	5·6%	24.952	94·4%	26.444
U. S. A.	42.066	36·4%	73.385	63·6%	115.451
Union der S. S. R. . .	25.000	50 %	25.000	50 %	50.000

Die Weltgerbstoffproduktion verteilt sich auf rohe Gerbmaterialien und auf Gerbextrakte (nach Steyer, Ledertechnische Rundschau, 1928, 279):

[1] Dr. Steyer, Ledertechnische Rundschau 1929, S. 1.

Tabelle 52

Gerbmaterial	Produktion in t	% T	Produktion in t rein. Gerbstoff	Wert in R.M.
Eichenrinde	330.000	10	33.000	40,000.000
Fichtenrinde	170.000	11.5	20.000	10,000.000
Weidenrinde	65.000	10	6.500	3,640.000
Malletrinde	5.000	42	2.100	1,400.000
Mangroverinde . . .	20.000	36	7.200	3,600.000
Mimosarinde	112.000	36	40.300	23,520.000
Hemlockrinde	150.000	10	15.000	11,155.000
Algarobilla	3.000	43	1.300	540.000
Divi-divi	8.000	41.5	3.320	2,400.000
Mirobalanen	62.800	34	21.350	12,820.000
Valonea	75.000	29	22.000	19,730.000
Knoppern	8.000	30	2.400	2,104.000
Gesamte Rohe Gerbmat.	988.800		174.470	130,899.000

Tabelle 53

Gerbextrakte	Produktion in t	% T	Produktion in t rein. Gerbstoff	Wert in R.M.
Mangrove extr. . . .	20.000	65	1.300	736.000
Mimosa „ . . .	18.150	64.5	11.700	8,700.000
Hemlock „ . . .	4.290	28	1.200	1,486.000
Eichenholz „ . . .	33.600	25.5	9.000	10,668.000
Kastanien „ . . .	282.000	30	84.750	68,360.000
Quebracho „ . . .	250.000	65	162.500	117,500.000
Urunday	2.800	64.5	1.800	1,110.000
Tizeraholz	3.250	64	2.080	800.000
Sumach	30.000	26 u. 18	6.600	8,640.000
Gambir	25.000	30—40	10.550	15,730.000
Katechu	15.000	50	7.500	9,500.000
Mirobalanen	2.160	60	1.300	821.000
Synth. Gerbstoffe Deutschlands	4.000	30	1.200	2,700.000
Gesamte Extrakte. . .	672.750		301.480	2,467.510

An der Weltproduktion von reinem pflanzlichen Gerbstoff beteiligten sich von den wichtigsten Gerbextrakten und rohen Gerbmitteln:

Quebrachoextrakt	mit 34.1	Prozent
Kastanienholzextrakt	„ 17.8	„
Mimosarinde	„ 8.5	„
Eichenrinde	„ 6.9	„
Valonen	„ 4.6	„
Mirobalanen	„ 4.5	„
Fichtenrinde	„ 4.2	„
Hemlockrinde	„ 3.2	„
Mimosaextrakt	„ 2.5	„
Gambir	„ 2.2	„
Eichenholzextrakt	„ 1.9	„
Katechu	„ 1.6	„
Mangroverinde	„ 1.5	„
Sumach	„ 1.4	„

2. Bedarf an Gerbstoffen in U. d. S. S. R. Vor dem Kriege wurden 60% des Bedarfs an Gerbmaterialien nach U. d. S. S. R. eingeführt; auf reinen Gerbstoff umgerechnet betrug die Einfuhr ungefähr 25.000 t Gerbstoff.

Für das Jahr 1928/29 sieht das Betriebsprogramm der Lederindustrie der Republik, so weit diese den im Ledersyndikat der Republik vereinigten Ledertrusts angehört, einen Gesamtbedarf an Gerbextrakt von 33.000 t Gerbstoff (import. 26.000 t, einheimischen 7000 t) und Gerbmaterialien, enthaltend 24.000 t Gerbstoff (import. 6000 t, einheim. 18.000 t), vor; außerdem den Bedarf der nichtsyndizierten Lederindustrie an Gerbmaterialien von 8000 t Gerbstoff.

3. Weltextraktproduktion.

Tabelle 54

Vergleichende Tabelle der Erzeugung von flüssigem Kastanien- und Eichenholzextrakt von 24° Bé in verschiedenen Ländern.

1. Slavonien	im Jahre 1919/20	60.000 t
2. Frankreich	im Jahre 1925	78.600 t
3. Italien	im Jahre 1925	90.000 t
4. Deutschland	im Jahre 1914	14.700 t
5. Union der SSR	im Jahre 1927/28	20.000 t
6. Spanien	im Jahre 1914	6.900 t
7. Vereinigte Staaten von Nordamerika	im Jahre 1922	175.300 t

Die Welterzeugung von Kastanien- und Eichenholzextrakten ist geringer als diejenige von festem Quebrachoextrakt, wovon in Argentinien und Paraguay im Jahre 1922 190.000 t hergestellt wurden, oder umgerechnet auf flüssigen Extrakt vom Gehalt des Kastanienholzextrakts, 2.6 so viel mehr, d. h. 494.000 t, wobei diese Menge 76% der möglichen Erzeugung entspricht.[1]

Die Vereinigten Staaten von Nordamerika verdienen in diesem Zusammenhange besondere Erwähnung wegen der gewaltigen Menge von Kastanienholzextrakt, die 90% der Gesamterzeugung der nordamerikanischen Gerbextraktindustrie darstellt; die übrigen 10% kommen auf Hemlock- und Eichenrindenextrakt. Im Jahre 1922 entsprach die Erzeugung nur 47.9% der Leistungsfähigkeit aller Extraktfabriken dieses Landes.

Der Verbrauch von Kastanienholzextrakt für die Bedürfnisse der amerikanischen Lederindustrie betrug im Jahre 1922 46,5% der Gesamtmenge der dort verbrauchten Extrakte, sowohl der einheimischen, als auch der eingeführten und 28.7% der Gesamtmenge der dort verbrauchten Gerbextrakte und -mittel. Der Verbrauch von Quebrachoextrakt in Nordamerika entsprach 47.1% des Gerbextraktverbrauches im Lande (immer auf den gleichen Gerbstoffgehalt bezogen).

Zur Herstellung der angeführten Menge Extrakt in den Vereinigten Staaten wurden 876.000 t Kastanienholz (chestnut oak — Castanea dentata) verbraucht, welche Menge durch das Abholzen von ca. 15.000 Hektar Wald (je 150 m³ Holz mit einem Gewicht von

[1] Ledertechnische Rundschau, Vogel, 1923, S. 138.

400 kg per Kubikmeter) erhalten wurde, wenn angenommen wird, daß alles Kastanienholz auf Extrakt verarbeitet wurde.

Da jedoch nach amerikanischen Angaben das Kastanienholz auch zu Bauzwecken dient und nur das, was für diese Verwendung nicht geeignet ist, in der Extraktfabrikation verbraucht wird, so kann man annehmen, daß der Holzschlag, welcher die Extraktfabrikation mit Rohstoff versorgt, 2—3mal so groß ist, als der oben angeführte.

Die Amerikaner sind sehr eifrig bemüht, ihre Lederindustrie, die, beiläufig bemerkt, der von ganz Europa einschließlich Englands gleich kommt, mit einheimischen Gerbstoffen zu versorgen. Einen Beleg hiefür finden wir beispielsweise in einem Artikel „Das Problem unserer wirtschaftlichen Unabhängigkeit in Bezug auf Gerbmaterial“[1] betitelt. Am Schlusse dieses Artikels wird folgendes gesagt: „Die Frage der wirtschaftlichen Politik zum Schutz und zur Erhaltung unserer natürlichen Reichtümer an pflanzlichen Gerbstoffen gehört zu den Fragen allererster Wichtigkeit für die Zukunft der amerikanischen Lederindustrie. Es muß bemerkt werden, daß unsere wirtschaftliche Unabhängigkeit, was Gerbstoff betrifft, vor allem von Arbeits- und Transportfragen abhängt.“ Wenn schon die Amerikaner eine solche Sprache führen über die Unabhängigkeit von auswärts in der Versorgung ihres Landes mit Gerbstoffen, so trifft dies für die meisten anderen Kulturstaaten umsomehr zu.

Außer den Vereinigten Staaten von Nordamerika stellt auch Frankreich viel Kastanienholzextrakt her, wo zurzeit in 35 Extraktfabriken jährlich 800.000 t Kastanienholz verarbeitet werden. Die kleinste Fabrik verarbeitet 30 t Kastanienholz in 24 Stunden, die größte 120 t, meistens aber 60 t. Kastanienholz, welches ein Jahr lagerte und 35% Feuchtigkeit enthält, gibt eine Ausbeute von 22% Extrakt bei 25° Bé.

Da 1 ha des Kastanienwaldes im Durchschnitt 50 Bäume enthält, die 100 t Holz geben, so wären 8000 ha jährlich erforderlich, um 800.000 t Kastanienholz zu liefern.

Gemäß der Statistik wurde die Fläche der Kastanienwälder in Frankreich im Jahre 1925 auf 206.020 ha geschätzt und die der bepflanzten Forstwirtschaften auf 55.160 ha.

Im Jahre 1905 schätzte man die Fläche der Kastanienwälder auf 350.000 ha und der bepflanzten Forstwirtschaften auf 90.000 ha, was darauf hindeutet, daß sich die Fläche der Kastanienwälder im Laufe von 20 Jahren fast 1,7mal vermindert hat.

Wie man sieht, geht die Vernichtung der Kastanienwälder in Frankreich für die Extraktfabrikation ziemlich rasch vor sich und wenn es so weiter geht, werden alle Kastanienwälder in 25 Jahren vollkommen verschwunden sein.

4. Gehaltreiche Gerbmittel in der U. d. S. S. R. Die Union der

[1] Journ. ALCA. 1924, 146.

S. S. R. ist verhältnismäßig nicht reich an gehaltreichen Gerbmitteln. Besondere Erwähnung verdienen folgende:

1. Perückenbaum (Rhus cotinus) mit einem Gerbstoffgehalt bis zu 20% und Nichtgerbstoffn bis 15%. Die mögliche Ernte im Kaukasus beträgt ungefähr 3000 t jährlich.

2. Die Wurzel des Taran (Polygonum alpinum All.), mit T — 20% und NT — 15% kommt im Kaukasus, Turkestan und in der Kirgisensteppe vor. Es können davon gegen 3000 t gesammelt werden.

3. Die Wurzel des Kermek (Statice latifolia, coriaria) T : NT = = 17 : 14%; möglicher Ertrag im Südosten der Union der S. S. R. ungefähr 10.000 t.

4. Die Wurzeln des Badan (Saxifraga crassifolia), T : NT = 20 : 18%; es können davon in Sibirien — Sajan, Altai, Baikal — ungefähr 10.000 t beschafft werden.

Von allen diesen Gerbstoffen besitzt besondere Bedeutung der Badan. Er eignet sich in erster Linie für Oberleder, kommt jedoch vorläufig wegen der Entfernung und der Unzulänglichkeit der Verkehrswege in Sibirien hauptsächlich für den Verbrauch an Ort und Stelle in Frage. Es hat sich allerdings in allerletzter Zeit herausgestellt, daß der Badan sehr gut in den nördlichen Gebieten des Reiches in der Breite von Leningrad gedeiht und es wäre dort der Anbau auf sonst unkultivierten Strecken zu erwägen. Damit eröffnen sich recht vielversprechende Aussichten für die Schaffung einer örtlichen Extraktindustrie, die außerdem in unmittelbarer Nähe der Weltverkehrszentren gelegen wäre und auf ein unbegrenztes Absatzgebiet rechnen könnte.

Durch entsprechende Veredlungsverfahren, welche das Verhältnis der Gerb- zu den Nichtgerbstoffen in beliebiger Weise zu beeinflussen erlauben, eröffnen sich ungeahnte Möglichkeiten für die Verwendung dieses Extrakts.

5. Die Kastanie. An Kastanienholz ist die Union der S. S. R. nicht reich; es gibt ausgedehnte Kastanienwaldungen längs des Ufers des Schwarzen Meeres in der geographischen Breite nördlich von Tuapse und südlich bis Suchum. Diese verbreiten sich meist an den Berghängen in mittlerer Höhe. In den Niederungen wächst der Kastanienbaum nicht. Diese Wälder versorgen die ortsansässige Bevölkerung mit Kastanienfrüchten und werden zu Bau- und Ausfuhrzwecken ausgebeutet. Aus diesem Grunde gestattet das Volkskommissariat für Land- und Forstwirtschaft nicht ihre Ausnutzung zur Extrakterzeugung.

Der kaukasische Kastanienbaum (Castanea Sativa Mill.) enthält, wie es sich im Ergebnis einer 3monatlichen Arbeit an der Maikoper Extraktfabrik erwiesen hat, im Durchschnitt 6.89% Gerbstoffe und 1.6% Nichtgerbstoffe bei 13% Feuchtigkeit.

Lufttrockenes Kastanienholz gibt eine Ausbeute von 20% Extrakt bei 24° Bé.

Nach den Untersuchungen der Kommission der Transkaukasischen Landwirtschaftsvertretung enthält das Kastanienholz 8—13%, manchmal sogar 16% Gerbstoffe. Der französische Kastanienbaum (Castanea vesca) enthält lufttrocken (ca. 20% Feuchtigkeit) ung. 8% Gerbstoffe.

Folgende Tabelle von Paessler zeigt den Gerbstoffgehalt der Castanea vesca nach dem Alter des Baumes, bei 14.5% Feuchtigkeit:

12 Jahre alt	5	% Gerbstoffe	1.1	%	Nichtgerbstoffe
15 „ „	6.9	„ „	1.3	„	„
17 „ „	6.3	„ „	1.7	„	„
18 „ „	5.2	„ „	1.1	„	„
27 „ „	8.8	„ „	1.2	„	„
28 „ „	8.8	„ „	4.1	„	„
37 „ „	10	„ „	1.0	„	„
71 „ „	10.7	„ „	1.1	„	„

Nach französischen Angaben enthält frisch gefälltes Kastanienholz 60% Feuchtigkeit und nachdem es ein Jahr gelegen hat, vermindert sich die Feuchtigkeit bis auf 35%. Indessen enthält frisch gefälltes Eichenholz nur 36—42% Feuchtigkeit.

6. Die Eiche. Den wichtigsten Ausgangsstoff für die Herstellung von Gerbextrakt in Rußland bildet gegenwärtig die Eiche. Während die Kastanie 8% Gerbstoff enthält, bei einer Umtriebszeit von 20—25 Jahren, besitzt die Eiche nur 5—6% Gerbstoff bei 80—100 Jahren Umtriebszeit. Beim Quebracho entspricht die Umtriebszeit derjenigen der Eiche, jedoch enthält das Quebrachoholz im Kern 20%, im Splint 3—4 und in der Rinde 6—8% Gerbstoff. Der Gehalt an Gerbstoff im Eichenholz ist sehr vom Alter abhängig; je älter die gesunde, nicht überstandene Eiche ist, desto mehr Gerbstoff enthält ihr Holz und desto weniger die Rinde.

Gemäß dem Jahresbericht der Freiberger Versuchsanstalt für Lederindustrie 1922—24 entsprach der Mittelwert sämtlicher Analysen von Eichenholzmustern folgenden Resultaten, welche nach der Schüttelmethode erhalten wurden: Gerbstoffe 5.9%; Nichtgerbstoffe 2.4%, bei 14.5% Feuchtigkeit; Anteilzahl 71. Der Gerbstoffgehalt schwankte zwischen 2.7% und 7.6%.

Smaic und Wladika[1] haben ihrerseits viele slavonische Eichen analysiert und bei 14.5% Feuchtigkeit als Mittel an Gerbstoffen 5.99% und an Nichtgerbstoffen 3.12% gefunden; Anteilzahl 65.7. Grenzwerte von Gerbstoffen 2.54% bis 11.67%, von Nichtgerbstoffen 2.65% bis 5.80%; Anteilzahl 66.9 bis 48.9.

Nach den bei uns ausgeführten Analysen aus den Jahren 1922 bis 1924 enthielt die kaukasische Eiche aus Maikop, welche mit Splint und Rinde zu Extrakt verarbeitet wurde, auf 14.5% Feuchtigkeit berechnet.

[1] Collegium. 1921, 147.

Im Jahre	Gerbstoffe in %	Nichtgerbstoffe in %	Anteilzahl
1922	5.83	3.38	63.3
1923	5.42	3.33	62.0
1924	5.21	3.10	62.6

Die Eiche aus dem Donezgebiet hatte gemäß den Analysen des Laboratoriums in Taganrog, auf 14.5% Wassergehalt berechnet, 5.6% Gerbstoffe und 2.53% Nichtgerbstoffe; Anteilzahl: 68.9.

Das Eichenholz aus der Tschuwaschskaja ASSR, aus den Gouvernements Nishnyi-Nowgorod, Pensa, Samara, hatte gemäß den Analysen des Laboratoriums des Koschsyndikats in Moskau, auf 14.5% Wassergehalt bezogen, im Mittel 4.9% bis 5.3% Gerbstoffe und 2.6% Nichtgerbstoffe; — aus dem Gouvernement Saratow 5.7% Gerbstoffe und 2.6% Nichtgerbstoffe. Nikischin (Westnik d. Lederindustrie u. d. Lederh., 1928, 298) analysierte das Eichenholz der Weißrussischen SSR nach Süden bis zum Gouvernement Podolien der Ukraine. Es enthielt bei 25% Wasser, von 4.86% bis 6.61% Gerbstoffe, bezw. bei 14.5% Wasser 5.54% bis 7.5%, mit der Anteilzahl von 63 bis 68%.

In der Extrakterzeugung ist es üblich, Holz mit einem Gerbstoffgehalt von nicht weniger als 5% (bei 15% Feuchtigkeit berechnet) zu verwenden, was bei der höchsten Feuchtigkeit von 40% im frisch gefällten Holz ungefähr 3.5% Gerbstoff entspricht.

Es muß bemerkt werden, daß bei langdauerndem Lagern der gefällten Eiche ihre Gerbstoffmenge abnimmt, infolge von Oxydation durch den Sauerstoff der Luft und die Lebenstätigkeit von Pilzen.

Um aus Eichenholz hochwertigen Extrakt zu erhalten, müssen die Rinde und der Splint entfernt werden, was ungefähr 25% der Gesamtmenge des Holzes entspricht.

Bei der Verarbeitung von Quebrachoholz wird der Splint, der eine Schicht von 1—1½″ bildet, d. h. etwa 30% der Gesamtmenge des Holzes ausmacht, entfernt. Wegen der hohen Transportkosten und des bedeutenden Unterschiedes im Gerbstoffgehalt des Holzes im Splint und Kern ist das vorteilhaft.

7. Gerbstoffgehalt in der Höhenrichtung der Eiche. Meine aus den Versuchen im Laboratorium der Extraktfabrik in Maikop- sowie aus denjenigen der Leder- und Extraktfabrik Taganrog[1] gezogenen Schlußfolgerungen haben bestätigt,[2] daß der Gerbstoffgehalt des Holzes der Wintereiche (Quercus sessiliflora) von unten zur Spitze hin zunimmt, was den Untersuchungen von Professor Henri (Nancy), die an Quercus robur ausgeführt wurden, widerspricht. Dieser fand, daß der Gerbstoffgehalt von unten nach oben abnimmt. Indem sich Prof. J. Paessler[3] sonst mit den

[1] P. Pawlowitsch, Collegium, 1925, 627.

[2] P. Pawlowitsch, Gerbmaterialien, Moskau 1923, 52.

[3] Eichenholz u. Eichenholzauszug, 1923, 5.

Angaben Prof. H e n r i's einverstanden erklärt, weist er darauf hin, daß das Holz der Zweige gerbstoffreicher ist, als dasjenige des Stammes.

Die Zunahme des Gerbstoffgehaltes im Holze des Stammes aufwärts und in den Zweigen steht im Widerspruch zu dem Grundgesetz, daß der Gerbstoffgehalt im Holz der Eiche mit dem Alter wächst, da der obere Teil und die Zweige jünger sind, als der untere Teil des Baumes.

Wie aus der graphischen Darstellung ersichtlich (Abb. 107), ist der Gehalt an Gerbstoff unmittelbar über der Erde ein wenig höher, als in Brusthöhe, zur Mitte und zum Wipfel hin sehen wir jedoch eine starke Erhöhung des Gerbstoffgehalts; ebenso ist zu ersehen, daß der Gehalt an Gerbstoff mit dem Alter zunimmt. In der 50jährigen Donetzeiche beträgt der Gehalt 7%, in der 70jährigen 8.5% (in mittlerer Höhe). Dagegen enthält die Eiche aus Maikop von 75 Jahren nur 6.5% und die 100-jährige 8% Gerbstoff.

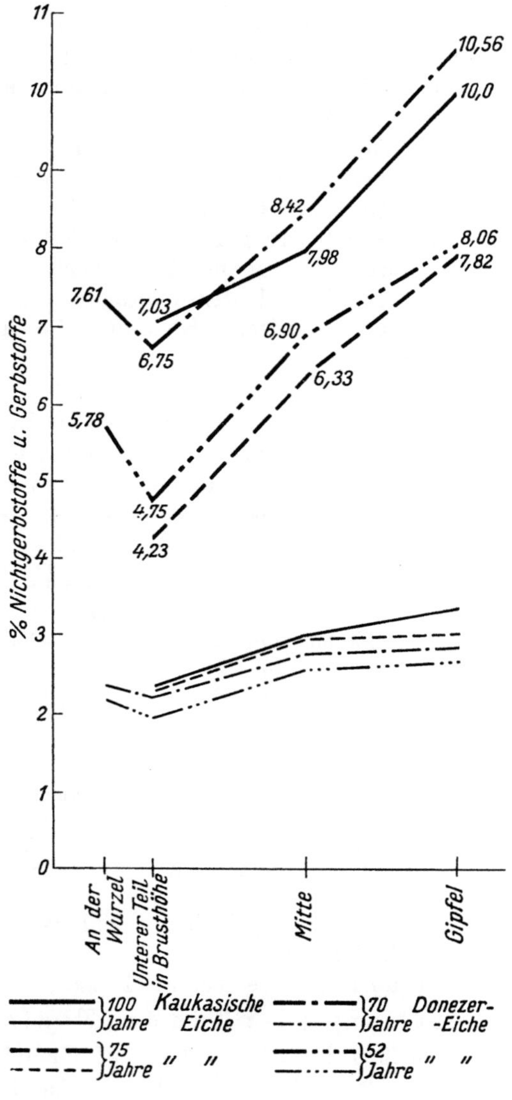

Abb. 107. Gerbstoffgehalt im Holze der Eiche

Die Rinde bedeckt sich im Alter mit einer abgestorbenen Borkenschicht und der Gerbstoffgehalt der Rinde sinkt deshalb von 10—11% in der Spiegelrinde (Alter 20 Jahre) auf 3 bis 4% (der Bäume im Alter von 75—100 Jahren).[1] Die Rinde von alten

[1] Prof. J. Paeßler, Die Eichenrinde, Freiberg i. Sa. 1923, S. 13.

Eichen, welche von der Borke befreit ist, enthält fast ebensoviel Gerbstoffe wie die Spiegelrinde. Im Splint ändert sich der Gerbstoffgehalt mit dem Alter und beträgt ungefähr 2%.

Die Rinde und der Splint machen zusammen (in 75—100jährigen Bäumen) ungefähr 20—25% der Gesamtmasse der Eiche aus, während in der jungen Eiche und in den Wipfeln und Zweigen alter Bäume die Rinde und der Splint ca. 50% der Gesamtmasse bilden.

8. Gerbstoffgehalt im Querschnitt und nach der Höhe der Kastanien. Der Gerbstoffgehalt ändert sich sowohl im Querschnitt als auch in der Längsrichtung. In wagerechter Verteilung enthält die Eiche am wenigsten Gerbstoff in den äußeren Schichten, im sogenannten Splint, ungefähr 1—2%. In den mittleren Schichten enthält sie am meisten und zum Kern hin nimmt der Gerbstoffgehalt wieder allmählich ab.

Das bestätigen Untersuchungen von Frey und Leinbach[1] über die amerikanische Kastanie, die in folgender Tabelle angeführt sind.

Tabelle 55

Wagrechte Verteilung der Gerbstoffe im Holze der Castanea dentata.

Nr. der Proben	Beschreibung der Proben	% der Gerbstoffe		
		Zentralzone	Zwischenzone	Am Umkreis
	Baumstumpf			
1	450 mm von der Erde	11.4	16.4	24
6	„ „ „ „ „	7.4	11.6	12.6
7	625 „ „ „ „	12.5	—	19
12	450 „ „ „ „	9.3	—	14.4
13	625 „ „ „ „	5.7	12.3	12.1
	Im Durchschnitt	9.3	13.4	16.4
	Baumstamm			
1	6 m von der Erde	10	—	15.8
7	12 „ „ „ „	7.2	—	14.7
	Im Durchschnitt	8.6	—	15.3

Wie man aus der Tabelle sieht, ist der Unterschied für die Kastanie bedeutend größer als für die Eiche, wahrscheinlich weil die Kastanie überhaupt reicher an T ist.

Verteilung der T in der Kastanie nach der Höhe.

Dieselben Forscher geben auf Grund zahlreicher Analysen folgende mittleren Werte für den Gerbstoffgehalt der amerikanischen Kastanie in verschiedenen Teilen nach der Höhe des Baumes.

Aus den Tabellen 55 und 56 ist ersichtlich, daß sich der Gerbstoffgehalt in lotrechter Richtung im Kastanienholz vom Stamm zum Baumstumpf erhöht und besonders groß in der Rinde ist.

[1] J. ALCA, 1925, 457.

Tabelle 56

Ort	% Gerbstoffe
Rinde des Baumstumpfes und Baumstammes auf der Höhe bis 1.5 m	12.7
Holz des Stammes Zentralzone	8.6
„ „ „ Umkreis	15.3
„ „ Stumpfes Zentralzone	9.3
„ „ „ Zwischenzone	18.4
„ „ Stumpfes Umkreis	16.4
„ der Wurzel	17.4
Rinde „ „	31.4

Unsere einzelnen Analysen der Eichenwurzel zeigen auch, daß der Gerbstoffgehalt in der Wurzel bedeutend größer als im Stamme ist.

Obwohl das Ausroden der Stümpfe mit Wurzeln mit darauffolgender Zerkleinerung bedeutend teurer ist im Vergleich mit der des Stammes, so kann man doch bei sachgemäßer Organisation und guten Zerkleinerungsmaschinen die Stümpfe mit Wurzeln erfolgreich verarbeiten.

In der letzten Zeit organisierte die Forestal Co. eiligst die Extraktherstellung aus Stümpfen und Wurzeln des Quebracho-Baumes und verarbeitet dabei nicht nur frische Stümpfe, sondern auch Stümpfe solcher Bäume, welche früher gefällt worden waren.

9. Die Eichenwälder. Die Eiche gehört zu der Familie der bechertragenden Pflanzen, da die Frucht der Eiche — die Eichel — von einem Becher umschlossen ist.

Es gibt viele Abarten der Eiche, welche durch die Form der Blätter, der Eicheln, der Becher und andere Merkmale gekennzeichnet sind. Im mittleren Rußland, besonders in den Gouvernements Minsk, Grodno, Mohileff, Tula, Nischegorodsk, in der tatarischen Republik (früher Kasan), Ulianoff (früher Simbirsk) und Woronesch herrscht die Stiel- oder Sommereiche, Quercus pedunculata Ehr. vor, mit langen Stengeln, an welchen die Eicheln zu 2 oder 3 hängen. Die weiblichen Kätzchen sind verhältnismäßig lang.

Im Süden, hauptsächlich in den Gouvernements Wolynsk, Kiew, Podolien, Donetz und Charkow ist die Trauben-, Winter- oder Steineiche (Quercus sessiliflora) verbreitet, die sich durch kurze weibliche Kätzchen auszeichnet, weshalb die Eicheln direkt an den Zweigen befestigt sind, ohne deutliche Anzeichen von Füßchen oder Stengeln. Die Wintereiche verliert ihre Blätter erst im tiefen Spätherbst und bewahrt sie nicht selten während des ganzen Winters, während die Sommereiche die Blätter im Herbst abwirft. In der Krim und im Kaukasus begegnet man noch der Filzeiche (Quercus pubescens Willd), deren Blätter beiderseits behaart sind; auch die jungen ein- und zweijährigen Zweige sind mit Flaum bedeckt. Diese Abart ist längs des

Ufers des Schwarzen Meeres von Batum nördlich bis Noworossisk verbreitet, ferner an der Eisenbahnlinie Armavir-Tuapse und im Gebiet von Maikop. Maikop ist zwischen zwei großen Massiven von Eichenwaldungen von etwa 60.000 ha gelegen.

Die Gesamtfläche aller in der U. d. S. S. R. vorhandenen Eichenwälder, welche dem Staat oder Bauerngemeinden gehören, beträgt 5 Millionen Hektar.

In der nachfolgenden Tabelle sind diejenigen Gouvernements angeführt, welche über Eichenwälder von mindestens 50.000 ha verfügen.

Gouvernement	Gesamtfläche in 1000 ha	Gegenwärt. Umtriebsfläche in ha	Holzvorrat auf 1 ha in m³
R. S. F. S. R.[1]			
Baschkizskaja ASSR.	750		
Tschuwaschkaja ASSR.	140		
Gouvern. Suratow	180		150
Gouvern. Samara	170		
Woronesch	70	160	290
Tambow	90	350	260 360
Ulianow (ehem. Simbirsk)	60	135	220
Tatarisch. Republik (ehem. Kasan)	200	1700	360–400
Kubano-Schwarzmeer-Gebiet	800	980	260–360
	2460		
U. S. S. R.[2]			
Wolhynien	180	730	280
Podolien	130	unbekannt	—
Odessa	75	380	220–260
Kiew	75	940	220–310
Tschernigow	75	500	130–360
Poltawa	65	unbekannt	—
Charkow	260	960	280
Donetz	65	350	160
	925		
BSSR. (Minsk)	90		
In der Union der SSR. im ganzen	3475		

Außer in den angeführten Gouvernements sind noch äußerst ausgedehnte Eichenwälder in Ost-Sibirien, ca. 1,200.000 ha, vorhanden.

Von besonderer Bedeutung sind die Wälder des Kubano-Schwarzmeergebiets, die am Nordabhang des kaukasischen Bergrückens gelegen sind, nicht höher als 900 m über dem Meeresspiegel. Besonders umfangreich sind diese Wälder im südlichen Teil dieses Gebiets, dem

[1] R. S. F. S. R. — Russ. Sozialist. Föderativ. Sowjet-Republik.
[2] U. S. S. R. — Ukrainisch Sozialist. Sowjet-Republik.

Ufer des Schwarzen Meeres entlang, nördlich von Batum bis Noworossisk, hauptsächlich von Suchum bis Tuapse, mit einem Holzvorrat von 530—630 m^3 auf das ha. Das Verhältnis der tatsächlichen Ausnutzung zur möglichen beträgt nur 10%.

Um zu berechnen, wieviel Eichenholz man aus den in der Tabelle angeführten Waldungen erhalten kann, nehmen wir an, daß der Vorrat an Eichenholz auf einem Hektar mit ausgewachsenen Bäumen 170 m^3 beträgt. Wenn man das Gewicht von 1 m^3 lufttrockenen Eichenholzes (mit 20% Wassergehalt) zu 460 kg rechnet, so erhalten wir 78 t Eichenholz auf das Hektar. Folglich können jährlich bei 100jährigem Umtrieb in der Union der S. S. R. (ohne Sibirien) 2,700.000 t beschafft werden.

Wie aus dieser Tabelle ersichtlich ist, beträgt die tatsächliche Umtriebsfläche ungefähr 10% der möglichen, d. h. die Wälder werden lange nicht vollständig ausgenutzt und augenscheinlich werden die Bäume überständig, faulen und gehen zugrunde.

Wenn man annimmt, daß bei wirtschaftlichem Haushalt ungefähr 40% als Bauholz ihre Verwertung finden, ungefähr 30% den Bedürfnissen der ortsansässigen Bevölkerung dienen sollen, und nur 30% für die Extrakterzeugung in Frage kommen, so erhält man 30% von 2,700.000 t = 810.000 t. Da ferner 6.5 kg Eichenholz 1 kg flüssigen Eichenholzextrakt von 24° Bé ergeben, so erhalten wir

$$\frac{810.000}{6.5} = 124.000 \text{ t Extrakt } 24^0 \text{ Bé, mit } 22\% \text{ T, d. h. zirka}$$

27.000 t Gerbstoffe.

Natürlich ist diese Berechnung nur annähernd richtig, aber auf alle Fälle zeigt sie, über welche gewaltigen Vorräte an Eichenholz die Union der S. S. R. verfügt.

10. Vergleich der Eichenwälder mit den Quebrachowäldern. Dieser Reichtum an Eichenholz tritt besonders hervor, wenn man einen Vergleich mit den Quebrachowäldern Argentiniens anstellt.

Die Fläche der Quebrachowälder in Argentinien beträgt 20 Millionen Hektar, d. h. bedeutend mehr, als unser mit Eichen bestandenes Areal; aber 1 ha Quebrachowald liefert bedeutend weniger Holz, nämlich nur 7000 kg, während von 1 ha Eichenwald bei uns 78.000 kg erhalten werden. Obgleich also das Areal der Quebrachowälder 5.75mal größer ist als dasjenige all unserer Eichenwälder in den daran reichsten Gouvernements (ohne Sibirien), ist doch die Ausbeute an Quebrachoholz von einem Hektar 11mal so klein, als diejenige von Eichenholz; infolgedessen kann man annehmen, daß wir an Eichenholz reicher sind, als Argentinien an Quebrachoholz.

Der Verbrauch an Quebrachoholz beträgt jährlich ungefähr 1 Million Tonnen, zu welchem Zweck 143.000 ha abgeholzt werden müssen.

Die Quebrachowälder Südamerikas, die zurzeit die wichtigste Gerbstoffquelle der ganzen Welt sind, werden nach einer Berechnung Vogels in 40 Jahren erschöpft sein.

Gegen den Einwand, daß Eichenholzextrakt teuer ist und gegen Quebrachoextrakt nicht aufkommen kann, will ich anführen, daß z. B. der Eichenextrakt der Extraktfabrik in Maikop im Kaukasus, nach Einführung einiger Verbesserungen des Transportwesens, wie z. B. die Einrichtung einer Seilbahn zum Zuführen des Holzes auf eine Entfernung von 10—20 km und nach Übergang zur Erzeugung von Festextrakt und Erweiterung des Betriebes bis zur Leistung von 13 t festen Extrakt in 24 Stunden etwa 50 GPf. für 1 kg Extrakt kostet, auf 64% Gerbstoff berechnet.

Wenn in Betracht gezogen wird, daß auf 64% Gerbstoff im Eichenholzextrakt ungefähr 9% Zuckerstoffe kommen, während im Quebrachoextrakt nur 1% davon vorhanden ist und daß aus diesen und anderen Gründen der Eichenholzextrakt auf dem Weltmarkt um 45% höher im Preise steht, so ist ersichtlich, daß der Eichenholzextrakt zu dem genannten Preise verhältnismäßig billiger zu stehen kommen wird als Quebrachoextrakt.

11. Die Fichte. Eine weitere wichtige Quelle der Gerbstoffgewinnung in der U. d. S. S. R. ist die Fichtenrinde (Abies excelsa).

Wenn der südrussische Gerber in den Norden des Landes kommt, ist er besonders von der Menge von Fichtenwäldern überrascht. Der Süden Rußlands ist wohl reich an Eichenwäldern, aber dieser Reichtum ist ein Nichts gegen den des Nordens an Fichtenwäldern.

Man frägt sich mit Erstaunen, warum im Norden die Fichtenrinde bisher noch nicht benützt wird, wenn auch nur in dem Maß, in dem die Südrussen das ihnen zur Verfügung stehende Eichenholz benützt haben.

Die Fichtenrinde ist reicher an Gerbstoffen: sie enthält 10—11% gegenüber 5—6% im Eichenholz.

Aus den statistischen Angaben in „Der Wald, seine Erforschung und Verwertung“, zweites Sammelwerk d. Abt. f. industrielle Geographie der Akademie der Wissenschaften d. U. d. S. S. R., 1924, S. 114, ist zu ersehen, daß die Gesamtfläche der Fichtenbestände in den Gouvernements: Archangelsk, Wologda, Nowgorod, Olonez, Pskow, Leningrad, Wjatka, Perm, annähernd 36,000.000 ha beträgt.

Außerdem verfügt nach den Angaben der „Forstschätze Rußlands“, Ausgabe der „Planwirtschaft“ 1925, S. 58, Sibirien über 10 Mill. ha der Verwertung zugängliche Fichtenwälder, d. i. 40% des ganzen sibirischen Bestandes an Fichtenwäldern.

Wie groß der Reichtum Rußlands an Fichtenwäldern ist, kann man daraus entnehmen, daß in Deutschland, dem von den anderen Ländern an Fichtenwäldern reichsten, nur eine Fläche von 2,492.122 ha mit Fichten bestanden ist. Prof. Paessler bezeichnet die deutsche 45.000 t ausmachende Jahresproduktion von Fichtenrinde als ungenügend und macht in seiner Broschüre „Vorschläge zur Erhöhung unserer Rindenerzeugung“ 1915, Angaben über die Möglichkeit, diese Menge bedeutend zu erhöhen.

Unter Zugrundelegung dieser Angaben soll im folgenden berechnet werden, wieviel Fichtenrinde in Rußland verfügbar gemacht werden könnte.

Normalerweise rechnet man für Fichtenwald mit einer 100jährigen Umtriebszeit. Unter Weglassung von Sibirien ergibt sich für das europäische Nordrußland eine für Holzschlägerung verfügbare Fläche von 360.000 ha. In Deutschland liefert 1 ha 430 m^3 Fichtenrinde. Von 360.000 ha würde man also 155 Millionen m^3 erhalten. Außerdem muß die alle 10 Jahre erfolgende Schlägerung der 30jährigen Fichten (zwecks Lichtung des Waldmassivs) in Betracht gezogen werden, von der $^2/_3$ der Gesamtfläche betroffen werden. Nach den für Deutschland geltenden, der Praxis entnommenen Mittelwerten liefert eine solche auswählende Schlägerung 40 m^3 Fichtenholz je Hektar.

36 Millionen Hektar ergeben also im Jahr:

$$36{,}000.000 \times {}^2/_3 \times {}^1/_{10} \times 40 = 96 \text{ Millionen Kubikmeter.}$$

Der Gesamtertrag an Fichtenholz beträgt also $155 + 96 = 251$ Millionen Kubikmeter. Es wird angenommen, daß in Deutschland etwa 0.3 des geschlägerten Holzes entrindet wird. 251×0.3 ergibt 75.3 Millionen Kubikmeter. Die Rindenmenge wird mit 10% angenommen, was einer Menge von 7.53 Millionen Kubikmeter Rinde entspricht. Den Rauminhalt der Rinde nimmt man 3.6mal so groß an; daraus ergibt sich $7.53 \times 3.6 = 27.1$ Millionen Raummeter. Das Gewicht eines Raummeters zu 125 kg angenommen, erhalten wir 3.38 Millionen Tonnen Fichtenrinde.

Die gleiche Berechnung ergibt für Deutschland nur 216.000 t, fast 5mal so viel, als der tatsächliche Ertrag von 45.000 t.

Wenn wir, so wie in Deutschland, $^1/_5$ des möglichen Rindenanfalls verwerten, erhalten wir ca. 650.000 t. Diese entsprechen bei 10% Gerbstoffgehalt und einem Ausnützungskoeffizienten von 80% ca. 50.000 t Gerbstoff, d. h. einer fast ebenso großen Menge, als Rußland bis zum Krieg benötigte.

Fichtenrinde wird als Nebenprodukt bei der Verarbeitung des Fichtenholzes auf Baumaterial, Brennholz oder Rohstoff für die Zellulosefabrikation erhalten. Man muß aber im Auge behalten, daß die Entrindung der Fichten und auch anderer Bäume nur im Frühling und Frühsommer leicht zu bewerkstelligen ist. Im Spätsommer, Herbst und Winter ist die Vereinigung von Holz und Rinde eine sehr innige und die letztere kann nur durch Herunterhobeln oder Dämpfen des Baumes entfernt werden. Im Hinblick darauf, daß die Hauptmenge des Fichtenholzes im Winter bereit gemacht wird, bedarf die Frage der Rindengewinnung ernstlichen Studiums. Wenn im Winter gefälltes Holz bis zum Frühjahr liegen bleibt, dann kommt es im Frühjahr zu einer Bewegung des Saftes zwischen Rinde und Holz, wie im lebenden Baum, und die Rinde läßt sich abziehen. Da dies aber nicht immer möglich ist, wurde in Deutschland während des Krieges von Gütschow vorgeschlagen, die Stämme zu dämpfen, worauf die Rinde sich leicht herunterziehen läßt.

Das Dämpfen erfolgt am Arbeitsort und wird in aus 3 Kammern

bestehenden Kasten von 4 Ster[1] Rauminhalt ausgeführt. Wie durch Versuche festgestellt wurde, tritt dabei kein Gerbstoffverlust ein. Nach dieser Behandlung läßt sich die Rinde auf die übliche Weise leicht entfernen und wird entweder auf Rahmen an der freien Luft durch 2—3 Tage bei gutem Wetter oder in einer Trockenanlage getrocknet. Bezüglich der Entfernung der Rinde vom Holz im Frühling oder Sommer könnte eingewendet werden, daß sie zum raschen Austrocknen und Springen des Holzes Veranlassung geben kann. Um dies zu vermeiden, ist es notwendig, Rindenringe von 20—30 cm Breite am Stammende, an der Mitte und oben am Stamm stehen zu lassen.

Der Einfluß des Wetters auf den Gerbstoffgehalt der Rinde ist nach den Untersuchungen Prof. Schroeders[2] unmerklich und es ist daher gleichgültig, wann die Entrindung erfolgt. Auch nach der Höhe vom Boden ist der Gerbstoffgehalt der gleiche. Mit dem Alter des Baumes wächst der Gerbstoffgehalt, bis sich eine Borke bildet, die nur 2—4% Gerbstoff enthält.

Die Borkenbildung erfolgt bedeutend später als bei der Eichenrinde; nicht selten hat eine 60—80jährige Fichte fast gar keine Borke.

Die Freiberger Versuchsstation gibt in ihrem Bericht für 1922—24 die mittlere Zusammensetzung von Fichtenrinde bei 14% Wassergehalt nach der Schüttelmethode mit 11.0% Gerbstoff und 7.7% Nichtgerbstoff an.

Nach den Analysen des Zentrallaboratoriums des Leningrader Ledertrusts enthält russische Fichtenrinde bei 13% Wassergehalt 7—14% Gerbstoff und 6—13% Nichtgerbstoff, am häufigsten 11—12% Gerbstoff und 8—10% Nichtgerbstoff. Interessant ist es, daß die Rinde von in kaltem Wasser geflößtem Holz 10% Gerbstoff und 3.2% Nichtgerbstoff enthält, also ein sehr hochwertiges Material mit großem Gerbstoffgehalt darstellt. Demgegenüber enthielt Rinde, die sich durch zwei Monate im sommerlich warmen Wasser befunden hatte, nur 1.97% Gerbstoff und 6.08% Nichtgerbstoff.

Nach den freundlichen Mitteilungen P. Jakimows über die Forschungen d. Staatl. Inst. f. angew. Chemie läßt sich bezüglich des Gerbstoffgehalts der Fichten folgendes sagen:

1. Bei den jungen Bäumen der Anpflanzungen I., II. und III. Klasse (von 10—60 Jahren) schwankt der Gerbstoffgehalt der Rinde verhältnismäßig wenig, selbst bei unterschiedlichen Wachstumsbedingungen.

2. Von der IV. Klasse (70—80 Jahre) angefangen, verändert sich die Zusammensetzung der Rinde, besonders im unteren Teil der Bäume. Bessere Wachstumsbedingungen (I. und II. Bonität) verursachen eine verstärkte Korkbildung, offenbar auf Kosten der Rindengerbstoffe. Umgekehrt, führen schlechtere Wachstumsbedingungen (schwere, schlecht drainierte Böden, starke Beengung u. a.) zu einer

[1] Raummaß gleich 1 m^3.

[2] Die Fichtenrinde, Freiberg 1923, Prof. Paessler.

schwächeren Korkbildung, wodurch die Gerbstoffe erhalten oder angereichert werden.

3. Die Höhenlage am Stamm hat nur bei den jungen Pflanzungen aller Bonitäten keine besondere Bedeutung. Bei den reiferen Jahrgängen der IV. und V. Klasse und gleichzeitig der besseren Bonitäten, mit unten stark ausgeprägter Korkbildung, ist der Unterschied im Gerbstoffgehalt (und überhaupt im Gehalt an löslichen Stoffen) schon klar ausgesprochen. Für ältere Jahrgänge (VI, VII) wird der Unterschied merklich.

Fichtenrinde ist sehr reich an Zuckern; im Mittel enthält sie auf 100 Teile Gerbstoff 30 Teile Zucker. In dieser Beziehung übertrifft sie alle bekannten Gerbmaterialien.

Die in Deutschland hergestellten Fichtenextrakte haben, demselben Bericht zufolge, meistens eine Dichte von 18—22° Bé, 17—23% Gerbstoff, und 59—68% Wasser. Konzentriertere Extrakte kommen selten vor. Zwei Proben von festem Extrakt enthielten 8—9% Unlösliches und lieferten sehr trübe Brühen. Die Aufgabe der Herstellung fester Fichtenextrakte ist also noch nicht in befriedigender Weise gelöst.

Was die Verwertung von Fichtenholz für die Gerbstoffgewinnung anbelangt, ist zu bemerken, daß dieses eine ganz unbedeutende Gerbstoffmenge enthält. Dagegen finden sich im Handel Extrakte aus Fichtenholz, die nichts anderes sind als die von der Zellulosefabrikation stammenden Abfall-Laugen: sie gehen unter der Bezeichnung Sulfit-Zellulose-Extrakte. Diese Extrakte enthalten keinen Gerbstoff, wohl aber solche Stoffe, hauptsächlich Ligninsulfosäuren und deren Salze, die von Hautpulver adsorbiert werden. Für sich allein können sie zum Gerben verwendet werden, besonders aber gemischt mit echten Gerbstoffen.

Die Sulfitablaugen sind infolge ihrer Giftigkeit eine schwere Last für die Zelluloseindustrie und aus diesem Grund ist ihre Verarbeitung zu Zellulose-Extrakten sehr wünschenswert. Zu diesem Zweck werden sie von Calzium und Schwefelsäure befreit und auf 30—35° Bé eingedickt.

Die oben besprochene Fichte gehört zur Familie der Nadelbäume (Pinaceae) und heißt Abies excelsa oder Picea vulgaris. Aber Rußland ist außerdem reich an anderen Arten von Nadelbäumen, die gleichfalls für die Extraktbereitung große Bedeutung haben, nämlich: Tanne (Pinus silvestris) und Rotlärche (Larix Sibirica, daurica) u. a. Der von Tannen bestandene Flächenraum übertrifft, besonders in Sibirien, den Flächenraum der Fichtenbestände.

Die Rotlärchenbestände sind in Europa ganz klein, in Sibirien aber bedeutend und nehmen in einem für die Verwertung bequem gelegenen Teil des Landes eine Fläche von 15,000.000 ha ein.

Nach den Analysen P. Jakimows enthält 56jährige Tannenrinde der 1. Bonität:

	unten	in der Mitte	oben am Baum
Gerbstoff	8.4%	7.2	7.1
Nichtgerbstoff	12.1%	13.6	12.5

80jährige Tannenrinde der III. Bonität enthält im Mittel 11.5% Gerbstoffe, 12.9% Nichtgerbstoffe und 3.8% Zucker.

Rotlärche enthält nach einer Analyse der Allruss. Leder Ges. in einem Muster alter Rinde ohne Kambium und Moos vom Jenissei 11.3% Gerbstoff und 3.3% Nichtgerbstoff, d. h. sie ist ein reiches und hochwertiges Gerbmaterial. Nach den Analysen von P. Jakimow und Weltistowa[1] enthält Lärchenrinde (Larix decidua var Sibirica) bei einer Dicke von 1.5 cm bis 10 cm (50—200 Jahre alt) Gerbstoff 19—8%, Nichtgerbstoff 9—5%.

12. Die Weide. Weidenrinde (Salicaceae) von 10% Gerbstoffgehalt ist der verbreitetste und hochgeschätzteste der russischen Gerbstoffe. Vor dem Krieg wurden etwa 150.000 t verbraucht und in den 90er Jahren bis 300.000 t, aber im Jahre 1913/14 fiel der Bedarf auf 70.000 t. Für das Jahr 1929 wird der Bedarf mit 200.000 t veranschlagt.

Die Weidenbestände sind im Vergleich zu den Fichten- oder anderen Gerbpflanzenwäldern nicht groß. So beträgt der Flächenraum der Weidenpflanzungen in Nordrußland in den Gouvernements: Archangelsk, Wologda, Nowgorod, Olonez, Pskow, Leningrad, Wjatka und Perm etwa 1,000.000 ha.[2]

Außerdem gibt es aber noch reiche Bestände in den Gouvernements Smolensk, Twer, Kostroma, Kasan, Ufim; doch bestehen hierüber keine genauen Daten.

Ungeachtet des kleinen Flächenraums der Pflanzungen kann die Gewinnung der Weidenrinde infolge ihrer raschen Erneuerung (vier Jahre) in größerem Maßstab organisiert werden, als es in den 90iger Jahren der Fall war.

Ein Hektar einer 4—5jährigen Weidenpflanzung kann einmal 5—7 t Rinde liefern, oder jedes Jahr 1, 1.5 und mehr Tonnen. Daher macht der jährlich mögliche Gesamtertrag ungefähr 1,250.000 Tonnen aus, was bei einem Gerbstoffgehalt von 10% und einem Ausnützungskoeffizienten von 80% einer Gerbstoffmenge von 100.000 t entspricht. Wenn nur $^1/_5$ dieser Menge ausgenützt wird, stehen 20.000 t Gerbstoff zur Verfügung.

13. Die Eichenrinde. Obgleich Rußland sehr reich an Eichenwäldern ist, fehlt bisher die organisierte Kultur besonderer 12—20 Jahre alter Eichenpflanzungen, wie sie in Deutschland vorhanden sind, wo im Jahre 1900 ungefähr 445.000 ha solcher Pflanzungen bestanden. Ein Hektar kann im Jahre 200 kg Rinde liefern, 445.000 ha etwa 90.000 t. In Rußland wurden vor dem Krieg ca. 66.000 t Rinde gesammelt.

Wenn wir auf Grund der oben angeführten Daten uns erinnern, daß ein Hektar ausgewachsene Eichen einmal in 80—100 Jahren 80 t Holz mit 5% Gerbstoffgehalt, d. h. im Mittel jedes Jahr 1 t (nach unten abgerundet), liefern kann, dagegen von den in Deutsch-

1 Westnik d. Lederindustrie u. d. Lederh., 1928, 208.

2 „Der Wald, seine Erforschung und Verwertung", 2. Sammlung d. „Industrielle Geographie", 1924, S. 114.

land speziell kultivierten Wäldern 200, im besten Fall 300 kg Rinde mit 10% T erzielt werden, so erscheint es klar, daß die Kultur von Eichenwäldern zum Zweck der Rindengewinnung unrentabel ist.

Bezüglich der Extrakte aus Eichenrinde ist zu bemerken, daß diese Fabrikation während des Krieges in Deutschland eingerichtet wurde, dann aber infolge der Minderwertigkeit des erhaltenen Extrakts einging.

14. Die Mimosarinde ist die gerbstoffreiche (im Mittel 34.5% Gerbstoff bei 14.5% Wassergehalt nach Paessler) Rinde einiger Akazienarten (acacia decurrens, mollissima, pycnantha, penninervis), die in Australien wild wachsen und in Süd-Afrika (Provinz Natal) gezüchtet werden. In der U. d. S. S. R. kann man in den Kreisen von Suchum und Batum als Unkraut wildwachsende Akazienarten (Acacia dealbata u. melanoxylon) in großer Menge antreffen. Diese Arten sind weniger gerbstoffreich. (Die erstere enthält nach den im Laboratorium der Großen Lederfabrik in Taganrog ausgeführten Analysen etwa 20%, die zweite etwa 13% Gerbstoff.)

Es ist daher notwendig, gerbstoffreichere Akazienarten zu kultivieren. Die Mimose wächst viel rascher als die Eiche: die Rindenerneuerung dauert 5—8 Jahre, 1 ha liefert jährlich im Mittel 1200 bis 1500 kg und sogar bis 2000 kg Rinde.

In Südafrika bestanden im Jahre 1926 288.425 acres (1 acre = 40.4678 Ar) mit Mimosabäumen bepflanzten Landes und es wurden für 592.830 £ Mimosarinde und für 324.337 £ Mimosarindenextrakt ausgeführt. Die in Südafrika mit Mimosenbäumen angepflanzte Fläche entspricht 116.813 ha (1168 km²).

Da man durchschnittlich 4 t Mimosarinde je acre ernten kann, sind z. B. zur Gewinnung von 1,000.000 t Rinde 250.000 acres nötig. Außer 4 t Rinde werden noch 20 t Holz je acre ausgebeutet, das in Afrika als Brennholz und für die Bergwerke sehr begehrt ist.[1]

Neben der Kultur der Mimose müssen in den Kreisen Suchum und Batum auch Kulturversuche mit Eukalypten (Eucalyptus occidentalis) angestellt werden, die eine unter dem Namen Malletorinde in den Handel kommende, gerbstoffreiche Rinde liefern (38% Gerbstoff bei 14.5% Wassergehalt nach Paessler), an Stelle der dort verbreiteten gerbstoffarmen Eukalypten (Eucalyptus globulus, viminalis, rostrata, mit 6—7% Gerbstoff).

Schlußbetrachtung

Der englische Konzern Forestal ist heute der Hauptlieferant von Quebracho-Extrakten, Mimosarinde und -Extrakt auf dem ganzen Weltmarkt. Das Kapital der Forestal-Gesellschaft beträgt 5,570.000 engl. Pfund, der Nutzen im Jahr 1925 202.000 Pfund
im Jahr 1926 289.000 Pfund

[1] Dr. Pollak. Gerber, 1929, S. 15.

die von ihr ausgebeuteten Wälder in Argentinien bedecken eine Fläche von 1,200.000 ha.

Die Union der S. S. R. wird imstande sein, eine großzügige Extraktindustrie zu organisieren und sich von der Forestal unabhängig zu machen, wenn die Forstwirtschaft in den Eichen-, Fichten-, Weiden- und Tannenwäldern so geleitet wird, daß gleichzeitig mit der Gewinnung von Holz und Rinde für die Extraktbereitung auch die Aufarbeitung von Werkholz erfolgt, so daß nur der bei der letzteren entstehende Abfall, sei es als Holz, sei es als Rinde, auf Extrakt verarbeitet wird, und daß weiter auch Badan, Taran, Kermek u. a. der zahlreichen Gerbmaterialien der Union der S. S. R. der Verwertung zugeführt werden.

Namenverzeichnis

Apellius 84
Arbusow 46, 92, 165

Balland 88
Bass 42, 43
Belavsky 73
Bergmann 10
Block 34
Bowker 8
Breßler 69
Browne 29, 30, 31
Bruère de la 81
Brunel 166
Bungenberg de Jong 21, 22, 23, 25
— s. a. Jong
Burton 21

Chadik 165
Chaikin 165
Chambard 77
Chiappero 216
Chintschin 217
Crede 18, 19

Dollfus 2, 4, 86
Donnan 20
Dumesny 134, 154, 186, 187

Eitner 123, 125, 126, 151, 168

Fischer 62, 63
Foley 86
Foster 20, 21, 22
Franke 84
Freudenberg 10, 62, 63
Freundlich 22
Frey 232
Frieden 54
Funk 27

Gansser 2, 4, 86, 88
Gayley 95, 128, 130, 131, 133, 134, 150, 151
Gnamm 8
Godillot 210, 211
Gondolo 3, 190, 191
Grahl 207, 213
Grasser 8, 21, 22, 66
Griffith 79
Gütschow 237

Haberlandt 121
Hallet 157
Hausbrand 178, 179, 186
Henri 230, 231
Hoppenstedt 39, 40
Hugonin 77
Hutchings 36

Jakimow 127, 135, 139 238, 239, 240
Jedliczka 77
Jong de 21, 22, 23, 25
Junghahn 87

Kapeliowitsch 69
Karatejew 151
Kelly 28, 30, 31, 45
Keme 80
Kern 18, 41
Koch 68
Kolesnikow 80
Kotelnikow 42, 43
Kubelka 73, 76, 77, 80, 90
Kurnakow 135

Leinbach 232
Lepetit 2, 4, 86
Lovibond 81, 128
Löwenthal 16

Maljean 88
Mayer 28
Mezey 41, 42, 48, 51
Michlin 69
Moeller 77
Morrison 36

Nance 165
Nerechtsky 217
Neuner 36, 37, 38
Nierenstein 10
Nihoul 140
Nikischin 90, 183, 230
Nisnewitsch 61
Noginsky 49
Noyer 134, 186, 187

Oberfell 66, 150
Odén 14
Oglietti 216
Orlow 217
Orth 28
Ostwald 80

Paeßler 3, 5, 43, 64, 124, 126, 128, 151, 229, 230, 236, 241
Parker 88, 125, 126, 127, 128, 134
Pawlowitsch 26, 71, 94, 110, 212
Peßkow 50
Pollak 87, 90, 91
Powarnin 63
Procter 20, 22, 40, 77, 83, 88, 125, 126, 127, 128, 134, 138, 146, 151

Radik 27
Ramm 163
Redlich 87
Ricevuto 21
Rider 122

Salomon 15, 42
Schapringer 71
Schell 11, 34, 35, 140
Schiller 44, 49
Schröder 25, 70, 238
Schurawlew 92
Schwarzberg 44
Searle 88
Sergejew 69

Shemotschkin 8
Silberberger 166
Silnizky 210
Smaič 6, 185, 229
Smetkin 135, 156
Smoluchowski 21
Sörensen 28
Sokolow 50
Sommerhof 84
Ssadikow 135
Steyer 224
Stiasny 14, 15, 19, 26, 36, 37, 38, 42, 84, 85
Stokes 74
Sujew 121

Tejessy 223
Thomas 20, 21, 22, 28, 30, 31, 39, 40, 45, 46, 48, 49, 52, 53, 54, 56, 57, 60, 61, 65, 67
Thuau 11, 34, 35, 67, 88
Time 96, 97
Tournecroft 122, 123
Toussaint 81
Tschernow 61, 80
Turenka 87

Vogel 6, 31, 235
Volhardt 43

Wallace 8
Watson 222
Weimarn 76
Weltistowa 240
Wilson 18, 19, 20, 39, 41, 51, 52, 54, 57, 68, 79, 82, 83, 86
Wladika 6, 185

Sachverzeichnis

Absetzgeschwindigkeit 74, 75, 187
Adsorption 36, 50, 51
Adstringenz 13, 39, 62
— Bestimmung 18
— Minimum 60
— Regelung 69
ALCA 18, 52, 80, 83
Anteilzahl 64, 67, 127
Aufgabedüse, System Pawlowitsch 199
Aussalzung 15, 28
— fraktionierte 15

Badan, Extraktion 121, 126
— fraktionierte Extraktion 135
— -Vorkommen 228
— -Extrakt 7
Belag auf den Wänden der Vakuumapparate 171, 180
Beschleunigtes Gerbverfahren 69
Bisulfit, Aufhellung der Extrakte 3
— Extraktion mit 167
— gegen die Gärung der Brühen 69, 88
— Wirkung 83
Blößenquellung, Maximum 60
Blume 9
Brühen 9, 10
— Abkühlung 186
— Absetzen 186
— Erwärmung 147
— Filtrieren 187
— Gärung 88
— Oxydation 81
— Reinigung 78, 185
— Sammelgefäß 159
— Säuregehalt 66
— Ultrafiltration 29, 30, 31
— Viskosität 187
Brühenwechsel, Einfluß 130
— im Verdampfapparat 176
— „in sich" 160
— umgekehrte 157
Brühenzirkulation 141

Chebulinsäure 62
Conveyor 144
Cotannide 64

Dehydratation 23, 26
— Bestimmung 23, 24
Desinfektionsmittel 69
Desintegratoren 117, 118
Dialyse v. Gerblösungen 36, 38
Diffuseure 120
— geschlossene 152
— offene 146
— Entleerung 156
— Material für 154
Diffusion 120
— fraktionierte 134
— geschlossene 152
— kontinuierliche 160
— offene 146
— in Bewegung 166
— in Gelatinegallerte 39
— System Neubäcker 157
— Dampfverbrauch 168
— Einfluß von pH 39
— Vergleich der offenen mit der geschlossenen 149
Diffusionsbatterie 123
Diffusionsgeschwindigkeit in der Blöße 13, 36, 41
— Abhängigkeit von pH 40
— Steigerung durch Temperaturerhöhung 59
Dispersität 13, 51
— Bestimmung 18, 29
— Einfluß von pH auf die 28
— Veränderung 26, 31
Dispersitätsgrad 13, 75, 187
Dreikörper-Verdampfer 170, 178, 179
Dubitel A. G. 223
Durchgerbungszahl 13, 43, 44, 48, 49
— Abhängigkeit von pH 45

Eiche 229
— Gerbstoffgehalt 230
Eichenholz-Extrakt 5, 72
Eichenholz, Extraktion 126, 151
Eichenrinde 240
Eichenwälder 233
— Vergleich mit den Quebrachowäldern 235
Einkörper-Verdampfer 178, 179

Elektrische Ladung der Gerbstoffteilchen 20, 51
Elevator 195, 199
Ellagengerbstoffe 9
Ellagsäure 9
Epikatechin 63
Esterotannide 64
Ewuco 199
Extrakte s. Gerbeextrakte
Extraktfabrik, Energieverbrauch 218
— Dampfverbrauch 219
— Wasserverbrauch 221
— Bodenfläche 221
— Ausländische 221
Extraktfabrikation, Entwicklungsmöglichkeiten in d. U. d. S. S. R. 224
Extraktgefäße 180
Extraktion von Badan 7
— von Fichtenholz 166
— von Fichtenrinde 126, 166
— von Holzspänen 94, 95
— von Kastanienholz 128
— von Sumachblättern 134
— von Weidenrinde 126
— Einfluß der Temperatur 123
— Einfluß von pH 140
— Vergleich aus reichen und armen Materialien 167
Extraktionsbottiche 141
Extraktionsdauer, Wirkung 130
Extraktionsmethoden 141

Farbengang 69
Färbung der Extrakte 79, 128
Feuerungen für die Verbrennung von Lohe 210—217
Fichte 236
Fichtenholz, Extraktion 166
Fichtenrindenextrakt 3
Fichtenrinde, Extraktion 126, 166
— Gewinnung 237
— kontinuierliche Diffusion 163
Filterpresse 78, 187
Flavone 65
Förderband 196
Forestal 4, 241, 242

Gambir 1
Gegenstromprinzip 122
Gerbbrühen s. Brühen
Gerbextrakte 1
— trockene 181, 182
— Färbung 79
— Gerbwirkung 9
— Spezifisches Gewicht 92
— Veredlung 69
— Weltverbrauch und Produktion 224, 225, 226
Gerbstoffe, gehaltreiche in der U. d. S. S. R. 227
— hydrolysierbare 63
— kondensierte 63
— Chemie 61
— Reaktionen 61
— Weltverbrauch und Produktion 224, 225, 226
— Zersetzung beim Sulfitieren 84
Gerbstoffausbeute bei verschiedenen Temperaturen 125, 128
Gerbstoffgehalt der ausgelaugten Lohe 134
— Bedeutung für den Gerber 13
— Bestimmung nach der offiziellen Methode der ALCA. 18
— — nach Löwenthal 16
— — nach Wilson-Kern 18, 19
Gerbstoffverluste, unbestimmte 168
Glocken-Rindenmühle 115
Gummi 65

Hammermühlen 118
Hautpulver-Gerbung 64
Hemlock-Extrakt 3
Hignette 193
— s. Superzentrifuge
Holzrohre 153
Houillard 207, 209
Hydratation 14
Hydratationsgrad 14, 51
Hydrolyse von Sohlenleder 46

Japanische Erde 1

Kalorisatoren 147
— Heizfläche 170
Kastanie 228
— Gerbstoffgehalt 232
Kastanienholzextrakt 3
— Erzeugung in Frankreich 227
— Verbrauch in Amerika 226
Kastanienholz-Extraktion 128
Kastanienholzrückstände als Heizmaterial 207
— Verarbeitung auf Papier 216
Kataphorese 21
Katechin 63
Katechu 1
Kek-Mühle 31, 32
Kermek 135, 228
Kestner-Apparate 7, 174, 182
Klettern, Prinzip des 174
Kletterröhren 183
Koagulation 23, 25, 26, 187
Koagulationsmittel 78
Kollagen, isoelektrischer Punkt 60
— Verbindungen mit Nichtgerbstoffen 65, 66

Kolloidmühlen 11, 31
Kondensat 180
Kratzenförderer 199

Ligninsubstanzen 65
Ligninsulfosäuren 194, 195, 239
Lohe, Gerbstoffgehalt der ausgelaugten 134
— Gewinnung von Papier 216
— Gewinnung von Zellulose 217
— Pressen 200
— Trocknen 201
— Trockene Destillation 216
— Verbrennen 95, 200, 210
— Verbrennungstemperatur 202, 205
— Verwertung 200
— Wassergehalt 200
— Wirkungsgrad des Kessels bei Verbrennung 204, 206, 207

Mangrove-Extrakt 2
Meßgefäße 170
Mimosa-Extrakt 2, 166
Mimosa-Rinde 241
Mirobalanen-Extrakt 5
Mischmaschinen 88
Multiplex-Apparate 176

Nancyverfahren 11
Nichtgerbstoffe 64
— Umwandlung in Gerbstoffe 82, 83
Offizielle Methode 18

Osmose 121
Oxydation der Gerbstoffe 81

Perückenbaum 228
pH 15
— -Verminderung beim Gerben 26
— Einfluß auf die Bindung von Quebrachogerbstoff durch Gelatine 54
— — — durch Hautpulver 56
— — — durch Sohlleder-Blöße 57
— — — auf die Diffusion 39
— — auf die Dispersität 28
— — auf die Extraktion 140
— — auf die Gerbung 52
— — auf die Oxydation 81
— — auf das Unlösliche 76
— Einhaltung 65
Phlobaphene 9
— Aufschließungen durch Sulfitierung 83, 84, 85
Plauson-Mühle 31, 33
Pneumatischer Förderer 199
Premier-Mühle 31

Pyrogallolgerbstoffe 9
— pH 80
— spez. Gewicht 92
— Verhalten gegen Formaldehyd-Salzsäure 39
Pyrokatechingerbstoffe 9
— pH 80
— spez. Gewicht 92
— Sulfitierung 83
— Verhalten gegen Formaldehyd-Salzsäure 39

Quebracho-Extrakt 4
— Verbrauch in Amerika 226
Quercetin 65

Raspelmaschine 110
Rauchgase, Ausnutzung ihrer Wärme 207
— Wärmeverlust 203
Rehydratation 24, 25, 26
Reinigung der Brühen 185
— — nach Methode Gondolo 3, 78, 190
— — mit Hydrozellulose 192
— — durch Zentrifugieren 192
Rider, Apparat 122
Rindenbrecher 115
Rindenmühlen 115
Rindenzerkleinerungsmaschinen 112, 119
Rohrleitungen, hölzerne 153

Sammelgefäß f. Brühen 159
Scheiben-Rindenmühle 115
Scheibenschneidemaschine 94
— amerikanische 110
— schwedische 101, 110
Schlepperförderer 199
Schnecke 197, 199
Schneckenpressen f. Lohe 201
Schneiden von Holz quer zur Faserrichtung 96
— — unter einem Winkel zur Faserrichtung 99
Schutzkolloide 70
Shredder 111
Sohlleder-Blöße, Einfluß von pH auf die Gerbung 57
Spezifisches Gewicht der Extrakte 92
Sulfitierung 27, 83
— der trockenen Extrakte 88
Sulfitzellulose-Ablauge 194
— Amerikanisches Verfahren d. Reinigung 194
— Deutsches Verfahren der Reinigung 194
Sulfitzellulose-Extrakt 7, 8, 65, 239
Sumachblätter, Extraktion 134

Sumach-Extrakt 5
Superzentrifuge 193

Tannase 10, 63
Tannide 61
Tannide, s. a. Gerbstoffe
Tannin 23, 62
Taran 135, 228
Temperatur, Einfluß auf die Extraktion 123
— Einfluß auf die Extraktion von Weidenrinde 165
Tizrah-Extrakt 6
Totgerbung 60
Tournecroft, Apparat von 122, 123
Transportvorrichtungen 195
Trillo 5
Trockenextrakt 181, 182
— Sulfitierung 88
„Triumph" 87
Trocknen der Lohe 201
Trommel-Kammerfilter 189
Trommelschneidemaschine 94, 101
Tschukra 135

Ultrafiltration von Brühen 29, 30, 31
Unlösliche Stoffe, Bestimmung 73
— Einfluß der Konzentration 75
— Einfluß von pH 76
— Rolle bei der Gerbung 77
Urunday 4, 5

Vakuum, Extrahieren 11
— Rolle des 170
— -Apparat 182
Vakuum-Apparat mit rotierender Trommel 185
Vakuumdiffuseure 165
Valex 5
Valonea-Extrakt 5
Verdampfapparate 171
— von Kestner 7, 174, 179, 182
— von Neubäcker 171
— von Schmidt 176, 182
— von Toepfer-Müller 185
— von Wiegand 176
— von Wolf 189
— von Yaryan 175, 176
Vierkörper-Verdampfer 177
Viskosität der Brühen 187
— der Extrakte 90
— der Kolloide 21

Walzenpressen f. Lohe 200, 201
Wasserbeschaffenheit 140
— Verhältnis zu Material 133
Wasserstoffionenkonzentration 15, 29
Weide 240
Weidenrinde-Extraktion 126
— Einfluß der Temperatur 165

Yaryan-Apparate 175, 176

Zentrifuge 192
Zentrifugieren 74, 75, 192
Zweikörper-Verdampfer 172, 178, 179

GPSR Compliance

The European Union's (EU) General Product Safety Regulation (GPSR) is a set of rules that requires consumer products to be safe and our obligations to ensure this.

If you have any concerns about our products, you can contact us on ProductSafety@springernature.com

In case Publisher is established outside the EU, the EU authorized representative is:

Springer Nature Customer Service Center GmbH
Europaplatz 3
69115 Heidelberg, Germany

Batch number: 10584556

Printed by Printforce, the Netherlands